高等职业院校土建专业创新系列教材

BIM 建模技术实务

冯晓利　陈丽明　主　编

刘　群　邹　惠　邓建辉　副主编

清华大学出版社

北京

内 容 简 介

本书以"岗课赛证"融通为设计思路，以职业工作能力培养为出发点，参照建筑信息模型技术员国家职业标准、1+X 建筑信息模型技能等级证书、全国 BIM 技能等级考试考评要求，以 Revit 软件实操为核心，优选职业技能证书考核真题为实操案例，引入企业真实工程项目图纸作为巩固学习的任务。本书按照"目标导学—理论展学—实操研学—任务固学"为总体框架，从技术认知、软件认知、单个构件创建到综合房屋模型创建，设置了由浅入深、层层递进的 7 个学习项目，旨在实现建筑信息模型建模技术的知识和技能培养。

本书提供了翔实的学习素材及资源，可作为高等职业院校在校师生学习建筑信息模型建模的教材，也可作为 BIM 职业技术人员的培训和工作组织参考书。

图书在版编目(CIP)数据

BIM 建模技术实务/冯晓利，陈丽明主编. --北京：清华大学出版社，2025.8.
(高等职业院校土建专业创新系列教材). --ISBN 978-7-302-69661-2

Ⅰ. TU201.4

中国国家版本馆 CIP 数据核字第 2025K3S839 号

责任编辑：孟　攀
封面设计：刘孝琼
责任校对：周剑云
责任印制：杨　艳

出版发行：清华大学出版社
　　　　　网　　　址：https://www.tup.com.cn, https://www.wqxuetang.com
　　　　　地　　　址：北京清华大学学研大厦 A 座　　　邮　　编：100084
　　　　　社 总 机：010-83470000　　　　　　　　　邮　　购：010-62786544
　　　　　投稿与读者服务：010-62776969, c-service@tup.tsinghua.edu.cn
　　　　　质量反馈：010-62772015, zhiliang@tup.tsinghua.edu.cn
　　　　　课件下载：https://www.tup.com.cn, 010-62791865
印 装 者：三河市铭诚印务有限公司
经　　销：全国新华书店
开　　本：185mm×260mm　　　　印　张：14.75　　　　字　数：349 千字
版　　次：2025 年 8 月第 1 版　　印　次：2025 年 8 月第 1 次印刷
定　　价：49.00 元

产品编号：106622-01

前　　言

党的二十大提出了高质量发展的总体目标，建筑业要通过工业化、数字化、智能化、绿色化等手段实现转型升级。建筑信息模型技术(Building Information Modeling，BIM)作为关键技术将在建筑行业起到重要作用，而社会及行业的发展对 BIM 人才的培养提出了更高要求。

本书分为 7 个项目。项目 1 为 BIM 技术认知，主要介绍 BIM 技术概念、特点、工具，展示 BIM 技术实施方法和流程，探讨 BIM 技术在国内外的发展现状和趋势。项目 2 为 BIM 建模基础，主要介绍 Revit 软件界面、操作基础，标高轴网基准图元和各类单项建筑构件创建方法及技巧。项目 3 为体量建模，主要介绍概念体量和内建体量的创建方法与技巧。项目 4 为族建模，主要介绍族建模的方法和技巧。项目 5 为综合体建模，模拟真实施工，从首层、中间层、屋面层和附属构件建模介绍房屋综合模型创建思路和方法。项目 6 为 BIM 成果输出，基于综合房屋模型介绍明细表、图纸创建与输出、视图渲染、漫游动画制作的方法与设置。项目 7 为 BIM 应用拓展，基于 BIM 模型应用和职业工作所需介绍 BIM 建模标准、建模规则、BIM 协同和 BIM 模型应用。

本书编写分工如下。

冯晓利(四川现代职业学院)、陈丽明(四川现代职业学院)担任主编，刘群(华西海外集团投资有限公司)、邹惠(四川现代职业学院)、邓建辉(四川现代职业学院)担任副主编。

项目 1 由刘群编写，项目 2 由邹惠、刘亚欧(四川现代职业学院)、黎真宇(四川托普信息技术职业学院)编写，项目 3、项目 7 由冯晓利编写，项目 4 由张益驰(眉山职业技术学院)编写，项目 5、项目 6 由陈丽明编写，附录由冯晓利、王旭东(四川时代信建工程管理有限公司)编写。

刘亚欧负责收集并编写案例。冯晓利负责审定项目 1、项目 5 和项目 6，陈丽明负责审定项目 2 和项目 4，邹惠负责审定项目 3，刘群负责完善、审定项目 7，邓建辉和刘芳语(四川现代职业学院)负责整理职业技能证书案例资源并承担统稿、校对工作，冯晓利负责本书最终的完善与定稿。

本书在编写过程中，得到了多方面的支持与帮助：感谢廊坊市中科建筑产业化创新研究中心和中国图学学会为本书提供 BIM 证书考评真题资源，感谢四川时代信建工程管理有限公司为本书提供各类工程案例资源和图纸资源，感谢四川现代职业学院李成、李欣为本书所做的组织与策划工作，感谢刘志川、龙云江、罗冰慧和钟志宏为本书整理图纸和视频资源。

鉴于编者水平有限，书中难免存在不妥之处，衷心希望各位读者给予批评、指正。

编　者

目　　录

项目 1　BIM 技术认知

1. 证书考核要求

(1) 掌握 BIM 技术的概念、特点与价值。

(2) 了解 BIM 技术的发展历史、现状与趋势，了解国内外 BIM 的政策。

(3) 了解 BIM 软件体系和硬件要求。

2. 知识要求

(1) 认识 BIM 技术的特点与优势。

(2) 了解 BIM 在国内外的发展历史及应用现状。

(3) 认识 BIM 技术的实施方法和流程。

3. 能力要求

(1) 能领会 BIM 技术价值。

(2) 能区分 BIM 软件。

4. 思维导图

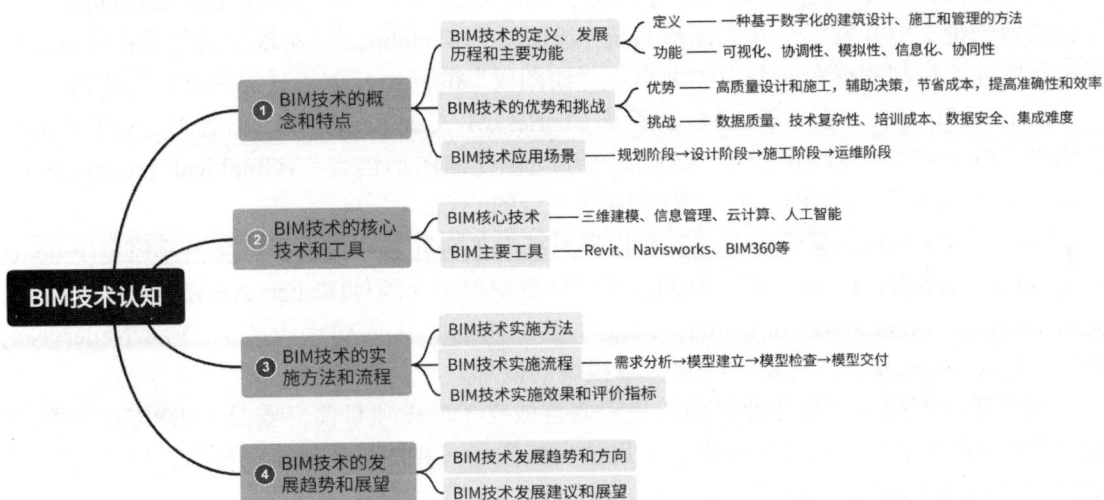

案例引入：港珠澳大桥是我国首座"桥、岛、隧一体化"的世界级交通集群工程。由中国铁建电气化局集团有限公司联合体、港珠澳大桥交通工程项目总经理部承建的港珠澳大桥主体工程交通工程，包括收费、通信、监控、交通安全设施、供配电、照明、通风、消防、给排水、综合管线、防雷接地、通信管道等，每个专业所用设备的种类、功能不同，系统之间数据相互交叉且设备之间的接口协议众多，连接复杂。在项目实施过程中，管理联合设计、施工、运营维护等不同阶段的众多系统，面临很大的困难。BIM 的出现在很大程度上改善了这一现状，重新定义了整个建设过程。

问题思考：在港珠澳大桥的建设过程中，BIM 在不同的阶段发挥了哪些作用？

理论展学

1.1 BIM 技术的概念和特点

1.1.1 BIM 技术的定义、发展历程和主要功能

1. BIM 技术的定义

BIM 是建筑信息模型的简称，是一种基于数字化技术的建筑设计、施工和管理的方法。BIM 技术可以实现建筑信息的集成。从建筑的设计、施工、运行直至建筑全生命周期的终结，各种信息始终整合于一个三维模型信息数据库中，设计团队、施工单位、设施运营部门和业主等各方人员可以基于 BIM 进行协同工作，能有效地提高工作效率，节省资源，降低成本，实现可持续发展。

2. BIM 技术的发展历程

BIM 技术起源于国家军事技术。美国和苏联等国为了提升其军事能力，开始积极研发 BIM 技术，因此，BIM 最早应用在军工企业中。

20 世纪 60 年代，美国麻省理工学院的伊凡·爱德华·萨瑟兰(Ivan Edward Sutherland)在他的博士论文中开发了交互式图形系统"绘图板"(Sketchpad)，实现了用光笔在计算机屏幕上画图并可控制图形在屏幕上的大小，"绘图板"的问世开创了计算机互动的先河。

20 世纪 70 年代，查尔斯·M. 伊斯曼(Charles M. Eastman)教授，借鉴制造业的产品信息模型，在 1977 年启动的另一个项目"互动设计的图形语言"(Graphical Language for Interactive Design，GLIDE)展现了现代 BIM 平台的特点。

20 世纪 80 年代，有学者对计算机模型系统深入研究后，提出了产品信息模型(Product Information Modeling)系统。同一时期，美国学者罗伯特·阿什(Robert Ash)在前人的基础上提出了建筑模型(Building Modeling)的概念。1992 年，范·内德韦恩(G.A. Van Nederveen)和托尔曼(Tolman)第一次提出了建筑信息模型的概念。

1987 年，英国主要建筑业机构的代表联合成立了建设项目信息委员会(BPIC)。它为建筑生产信息的内容、形式和编制提供了最佳实践指导，并在整个行业中传播。1997 年，英国的 BIM 标准 Uniclass 发布。

21 世纪初，美国 Autodesk 公司在发布的白皮书中赋予了 BIM "协同设计"与"构件驱动 CAD(object-oriented CAD)"的特征，并推出了自己的 BIM 软件产品，此后全球另外两大软件开发商 Bentley 和 Graphisoft 也相继推出了自己的 BIM 软件产品。从此 BIM 从一种理论变成了用来解决实际问题的数据化工具和方法。

2003 年，美国总务管理局(General Services Administration，GSA)通过公共建筑服务所(PBS)下属的总建筑师办公室(OCA)推出了国家 3D-4D BIM 项目，要求到 2007 年，所有的 GSA 项目全面 BIM 化。2007 年，美国国家建筑科学院(National Institute of Building Sciences，NIBS)依托其智慧建造联盟(Building SMART Alliance，BSA)推出酝酿已久的 BIM 标准集大成者——《美国国家 BIM 标准》(第一版)(NBIMS Version1-Part1)，为推动 BIM 在美国建筑市场的推广和应用提供了国家层面的标准支持。

2011 年 5 月，英国政府发表推动 BIM 的政策白皮书《政府建设战略》(Government Construction Strategy)，2013 年 3 月推出《PAS 1192-2 标准》以加强工程交付管理及财务管理，2015 年提出"英国数字建筑战略"(Digital Built Britain)第 3 级建筑信息模型—战略计划(level 3 building information modeling - strategic plan)。

随着 BIM 技术的不断进步更新和工业界应用的日渐成熟，美国国家建筑科学院于 2012 年和 2015 年分别推出《美国国家标准》第 2 版和第 3 版。2017 年年初，爱尔兰建筑信息技术联盟(Construction IT Alliance-CitA)发表了全球 BIM 应用纵览(Global BIM Study)报告，将英国 BIM 联盟(UK BIM Alliance)、建筑行业联合会(Construction Industry Council，CIC)、英国 BIM 工作组(UK BIM Task Group)和 building SMART 英国分部这四家机构列为英国推广实施 BIM 的关键引领者。2018 年 5 月 10 日，英国 NBS 权威机构发布了《NBS 国家 BIM 报告 2017》(*NBS National BIM Report 2017*)。报告中，指出根据调查 72%的调查对象相信在设计/建造/维护生命周期中节省成本将会被实现；65%的调查对象认为 BIM 有助于提高时间效率，减少项目从开始到结束的时间；46%的调查对象认为 BIM 有助于减少温室气体的排放；33%的调查对象认为 BIM 有助于改善贸易逆差。近 3/4 的调查对象了解并正在使用 BIM 技术。由此可以看到，BIM 技术已从试点走向了常规应用。BIM 技术发展历史如图 1-1 所示。

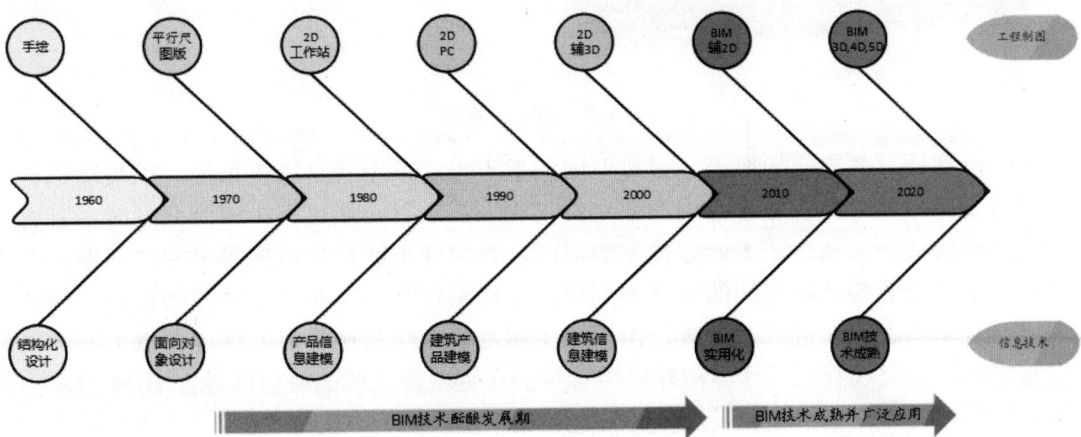

图 1-1　BIM 技术发展历史

在我国，BIM 行业市场已进入快速增长期，规模由 2016 年的 40.5 亿元增长至 2020 年的 119.1 亿元，2016—2020 年复合增长率为 31.0%。BIM 技术在创建、计算、管理、共享和应用海量工程项目基础数据方面具有前所未有的能力，让建筑业与制造业的管理差距大大缩小。从全专业建模、计算工程量，到分析各专业技术冲突、输出预留洞标注图，专业团队可在 10 天内完成 10 万平方米建筑面积的体量建模作业，比传统作业方法的综合工效快 5～10 倍，工作质量得到显著提升。

3. BIM 技术的主要功能

(1) 可视化。 对于建筑行业来说，可视化在建筑业的作用明显，例如在传统的施工图纸上，各个构件的信息采用线条绘制表达，其构造形式需要建筑业从业人员进行想象，而 BIM 技术提供的可视化功能，将以往的线条式构件以三维立体实物图形展示在人们面前，降低了视图的难度。建筑业设计方面的效果图不含有除构件的大小、位置和颜色以外的其他信息，缺少不同构件之间的互动性和反馈性。通过 BIM 呈现的可视化是一种能够在构件之间形成互动性和反馈性的可视化。由于整个过程都是可视化的，可视化的结果不仅可以用效果图展示及生成报表，更重要的是，项目设计、建造、运营过程中的沟通、讨论、决策都可以在可视化的状态下进行，如图 1-2 所示。

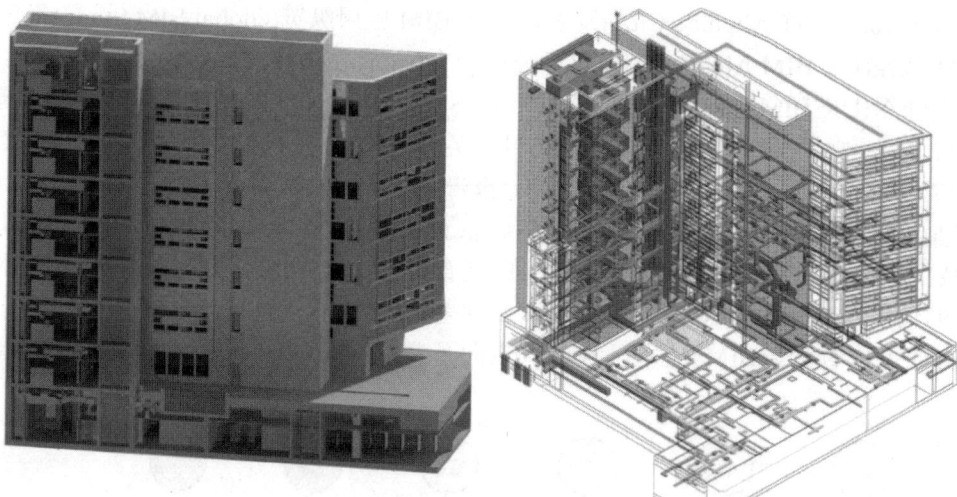

图 1-2 BIM 可视化

(2) 协调性。 各方面的协调是建筑业中的重点内容，不管是施工单位、供货商家，还是业主及设计单位，都在做着协调与配合的工作。在项目实施过程中遇到问题时，各有关人士就要开协调会，找出施工问题发生的原因，作出变更或补救措施等来解决问题。在设计时，由于各专业设计师之间的沟通不到位，往往出现各种专业之间碰撞的问题。例如，暖通等专业中的管道在进行布置时，由于施工图是各自绘制在各自的施工图纸上的，在施工过程中，可能发现有梁、柱等构件阻碍管线的布置，像这样的碰撞问题在 BIM 技术出现之前，只有在施工过程中才能发现，并且解决起来费时费力。BIM 技术的协调性就有助于发现这种问题，可以在 BIM 建模期对各专业的碰撞问题进行协调，生成协调数据，并提供解决方案。当然，BIM 的协调作用也并不是只有助于解决各专业间的碰撞问题，它还有助

于解决类似设备布置、安装净空要求等的协调，防火分区与其他设计布置的协调，以及地下排水布置与其他设计布置的协调等。

(3) 模拟性。 模拟性是指利用计算机对建筑物或建筑工程进行数字化模拟，并根据不同的需求和目标进行分析和评价。BIM技术可以实现对在不同阶段、不同条件下的建筑物或建筑工程的模拟，如结构分析、能耗分析、日照分析、风环境分析、消防安全分析、施工进度模拟、运营维护模拟等。这些模拟可以帮助设计师优化设计方案，提高设计质量和效率；也可以帮助施工单位制订合理的施工计划，降低施工风险和成本；还可以帮助运营单位监测和管理设施的运行状态和性能，延长设施的寿命和节约能源。

(4) 信息化。 信息化是指利用信息技术对建筑物或建筑工程相关的数据和信息进行收集、存储、处理、传递和共享。BIM技术可以实现对建筑物或建筑工程全生命周期内涉及的各种信息(如几何信息、非几何信息、时间信息、成本信息、加工制造信息等)进行统一管理和集成应用，形成一个动态更新和持续完善的信息数据库。这个信息数据库可以为各参与方提供所需的信息，并支持各种基于信息的决策和行动。通过BIM技术，可以实现信息的标准化、数字化、可视化和智能化，提高信息的质量和利用率，如图1-3所示。

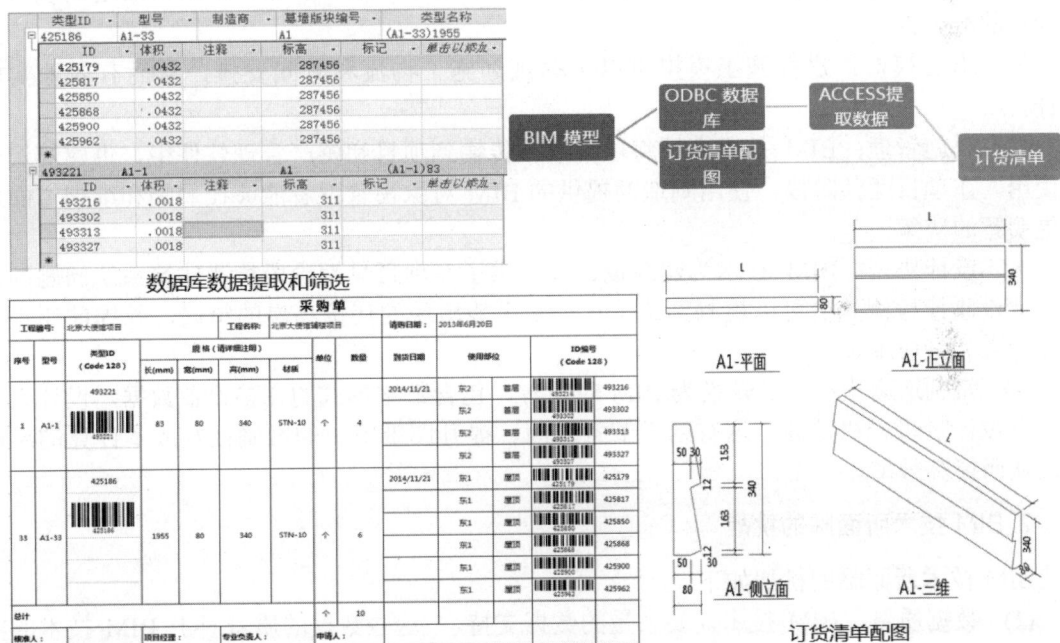

图1-3　BIM信息化应用

(5) 协同性。 协同性是指利用BIM技术，促进建筑物或建筑工程各参与方之间的沟通和合作，实现项目目标。BIM技术可以实现对建筑物或建筑工程的多维度、多层次、多专业、多阶段的协同设计、协同施工和协同运营，提高项目的整体效能和价值。通过BIM技术，可以实现信息的实时共享和交换，减少信息的冗余和误差；也可以实现流程的优化和标准化，减少流程的冲突和延误；还可以实现利益的平衡和共赢，减少各参与方的矛盾和纠纷。

1.1.2　在建筑业使用 BIM 技术的优势和挑战

1. BIM 技术的优势

BIM 技术的优势如下。

(1) 成功实施的 BIM 可提供更高质量的设计和施工项目，以及标准化信息，以便作出更明智的决策。

(2) 信息更加协调、可靠，可重用；提高设计团队的生产力，并实现可持续的、具有成本效益的建设项目。

(3) 设计可视化：利益相关者能够在项目建成之前更好地了解项目，从而作出更合理的设计和更明智的购买决策。

(4) 模拟和分析：进行虚拟测试，例如结构分析、能源使用分析和冲突检测，可在模型中而不是在现场经济高效地识别和解决问题。

(5) 材料统计和成本核算：可以实现自动数量统计和成本估算，从而提高建筑项目采购预算的准确性。

(6) 施工模拟：进行施工模拟可以主动规划施工物流和时间安排，从而有效地实施设计。

(7) 设施管理：BIM 技术支持将项目数据传输到项目和资产管理软件中，供建筑运营商使用。在项目运营阶段，使用制造商提供的 BIM 对象使管理者能够在规划和维护方面作出更明智的决策。

(8) 设计协调：BIM 技术为建筑设计师提供了在项目早期阶段检测建筑系统问题的机会。通过碰撞检测分析可以检测到施工过程中可能出现的代价高昂的错误，并提前纠正，从而节省大量成本。

(9) 将制造商模型产品转换为 BIM 对象时，包含数字形式的完整设备数据，设计人员可以在设计阶段轻松访问。这有助于节省时间、提升图纸细节的准确性及成本计算的准确性，从而提高效率。

2. BIM 技术所面临的挑战

BIM 技术所面临的挑战如下。

(1) 数据质量。 BIM 技术需要大量的数据支持，这些数据的质量对于 BIM 技术的实施至关重要。如果数据质量不好，可能会导致错误的设计和施工，从而增加成本和延长时间。

(2) 技术复杂性。 BIM 技术需要使用多种软件和技术，包括建模、可视化、数据分析等。这需要建筑行业人员具备较高的技术水平和专业知识，否则可能会影响 BIM 技术的实施效果。

(3) 培训成本。 由于 BIM 技术需要使用多种软件和技术，因此需要对建筑行业人员进行培训。这需要一定的成本和时间，可能会影响 BIM 技术的实施速度和效果。

(4) 数据安全。 BIM 技术需要处理大量的敏感信息，如建筑图纸、设计参数等，因此，需要采取有效的措施来保护数据的安全性和保密性。

(5) 集成难度。BIM 技术需要与其他系统和软件进行集成，如项目管理软件、施工管理系统等。这需要解决不同系统和软件之间的兼容性和互操作性问题，以实现数据的无缝交换和共享。

1.1.3　BIM 技术在不同领域和阶段的应用场景

BIM 技术可应用于建筑全生命周期，即从建筑的策划、设计、施工阶段，到建成后的运行维护阶段直至建筑寿命最终的拆除阶段。通过 BIM 技术，使建筑、结构、给排水、空调、电气等各个专业基于同一个模型进行工作，从而使真正意义上的三维集成协同工作成为可能。

(1) 在规划阶段，BIM 技术可以帮助项目团队进行场地分析、建筑策划、方案论证等工作，评估场地的使用条件和特点，制定和论证建筑设计依据，比较不同设计方案的成本和时间，从而作出合理的规划决策。例如，一个项目团队想要建造一个新的商业综合体，可以使用 BIM 技术来分析场地的地形、交通、气候等条件，进行合理的建筑布局和功能分区，比较不同的建筑风格和造型，评估项目的投资回报率和可持续性，从而确定最优的规划方案。

(2) 在设计阶段，BIM 技术可以帮助设计师进行可视化设计、协同设计、性能化分析、工程量统计等工作，提高设计的质量和效率，优化设计方案，发现并解决设计中的问题和冲突，提供准确的工程量信息，为后续施工和运营提供数据支持。例如，一个设计师想要设计一幢高层办公楼，可以使用 BIM 技术来创建三维模型，进行可视化设计和演示，与其他专业的设计师进行协同设计和信息交流，对建筑的结构、机电、消防等系统进行性能分析和优化，对建筑的材料、设备、工程量等进行统计和预算，从而提高设计质量和效率，BIM 模型图例，如图 1-4 所示。

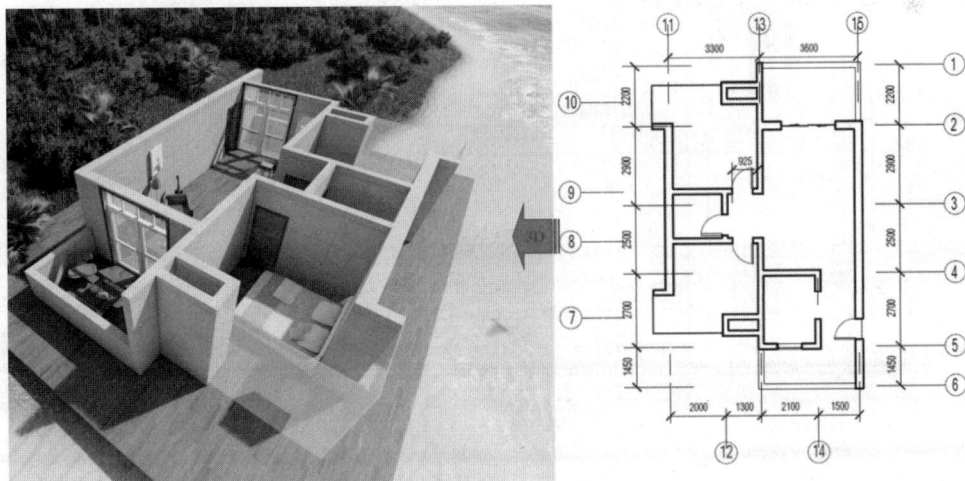

图 1-4　BIM 模型图例

(3) 在施工阶段，BIM 技术可以帮助施工单位进行综合管线深化设计、场地使用规划、施工系统设计、施工进度模拟、施工组织模拟、数字化建造、施工质量与进度监控、物料

跟踪等工作，提高施工现场的工作效率，降低施工的风险和成本，保证施工质量和进度。例如，一个施工单位想要施工一个大型体育馆，可以使用 BIM 技术进行管线综合和碰撞检测，避免施工中的问题和冲突；绘制详细的施工图纸和进行说明；制定合理的场地使用和物料管理方案；模拟施工进度和施工组织；采用数字化建造的方法，监控施工质量和进度；从而提高施工现场的工作效率和安全性。

(4) 在运维阶段，BIM 技术可以帮助运营单位进行设备管理、能耗管理、安全管理、维修管理等工作，监测和管理设施的运行状态和性能，延长设施寿命和节约能源，提高设施的可持续性。例如，一个运营单位想要运营一个智能化的医院，可以使用 BIM 技术来管理医院的设备信息和维修记录，监测医院的能耗情况和节能措施，保证医院的安全性和卫生性，进行设备的预防性维修和更换，从而延长设备寿命和节约能源成本。

1.2　BIM 技术的核心技术与工具

1.2.1　BIM 技术的核心技术

三维建模是 BIM 技术的基础，通过对建筑物的各个构件和系统进行三维化的描述，形成一个真实的虚拟模型，提供可视化、协调性、模拟性和优化性的功能。三维建模不仅包含几何信息，还包含物理信息、专业属性和状态信息，以及非构件对象(如空间、运动行为)的状态信息，如图 1-5 所示。

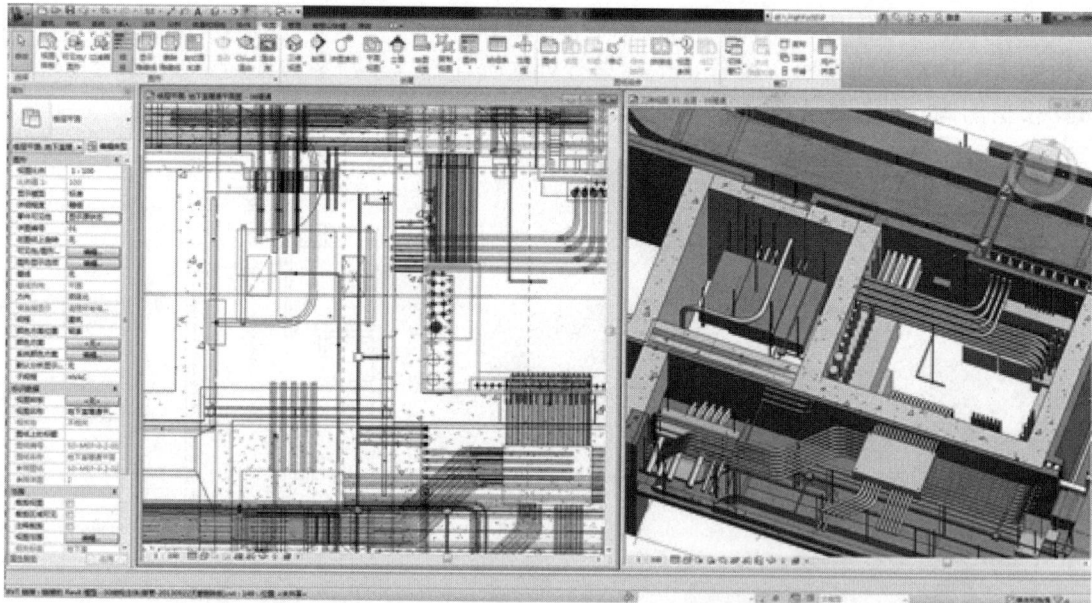

图 1-5　BIM 三维模型应用

信息管理是 BIM 技术的核心，通过对建筑物的各种数据和信息进行收集、存储、更新、共享和传递，形成一个完整的建筑信息库，支持项目各阶段和各方的决策和协作。信息管

理不仅涉及模型内部的数据和信息，还涉及模型外部的数据和信息，如合同、计划、预算、规范等。

云计算是 BIM 技术的云服务支撑，通过互联网和大数据技术，将 BIM 模型和信息库部署在云端服务器上，实现跨平台、跨地域、跨时间的数据访问和处理，提高项目的协同效率和安全性。云计算还可以提供弹性的计算资源和存储空间，满足不同规模、不同复杂度的项目需求。

人工智能与 BIM 技术的结合，能有效地强化 BIM 技术应用的范围和深度，通过运用机器学习、深度学习、自然语言处理等技术，对 BIM 模型和信息库进行智能化的分析、优化、推荐和预测，提高项目的设计质量和创新性。人工智能还可以辅助人类进行复杂或危险的任务，如质量检测、安全监测、故障诊断等。

1.2.2　BIM 技术的主要工具

BIM 不是软件但离不开软件。所有的利益相关者参与共建 BIM，这并不意味着可以用一个超级软件创建 BIM。BIM 的创建和应用是一个合作过程，这个过程存在多种格式的数据信息，BIM 使用 IFC(工业基础分类)数据模型，通过 IFD(国际字典框架)保障模型信息的交换和互通，让各环节有需要的人员都可以参与到 BIM 工作中。BIM 信息传递关系如图 1-6 所示。

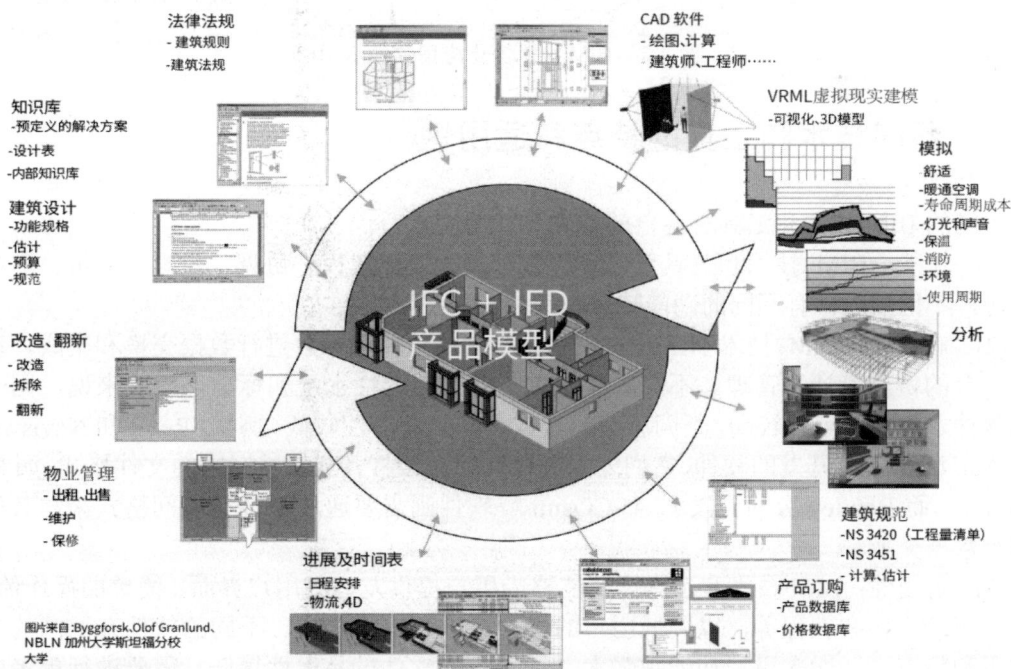

图 1-6　BIM 信息传递关系

BIM 虽不是软件，但它是业务案例(任务)应用软件输入信息的一部分，任务应用软件按一定的规则应用及创建 BIM 数据。应用 BIM 技术的主要软件有 Revit、Navisworks、BIM360 等。

(1) Revit 是一款由 Autodesk 公司开发的建筑信息模型(BIM)软件，可以用于建筑设计、结构设计、机电设计和施工等领域。Revit 可以创建和编辑三维模型，同时生成二维图纸和报表，支持多用户协同工作和参数化设计。Revit 还可以与 Autodesk 公司开发的其他软件和第三方软件进行数据交换，实现跨平台的协同设计。

(2) Navisworks 是一款由 Autodesk 公司开发的项目审阅软件，可以用于建筑、工程和施工等领域。Navisworks 可以打开和整合多种格式的三维模型，具有可视化、协调、模拟和分析等功能。Navisworks 还可以与 BIM360 进行集成，实现云端的数据共享和问题管理。

(3) BIM360 是一款由 Autodesk 公司开发的云端建筑管理平台，可以用于建筑、工程和施工等领域。BIM360 可以提供文档管理、设计协作、模型协调、质量管理、安全管理、进度管理、成本管理等功能，支持项目团队在云端进行数据访问和处理，提高项目的协同效率和安全性。

除了上述软件以外，还有一系列 BIM 技术深化应用软件，其主要用途和类型如图 1-7 所示。

BIM可持续（绿色分析软件）	BIM机电分析软件	BIM结构分析软件	碰撞检测软件	造价管理软件	运营管理软件	渲染漫游软件
• Echotect • IES • Green Building Studio • PKPM	• Designmaster • IES Virtual Environment • Trane Trace • 宏业 • 博超 • 广联达magicad	• ETABS • STAAD • Robot • PKPM	• Bentley Projectwise Navigator • SolibriModel Checker	• Solibri • Innovaya • 鲁班 • 宏业斯维尔三维算量 • 广联达	• ArchiBUS • FacilityONE • 宏业斯维尔BIM5D • 广联达BIM5D	• Lumion • Fuzor • 3Dmax • Twinmotion

图 1-7 BIM 技术深化应用软件示例

1.2.3 不同技术和工具的特点和适用性

不同的 BIM 技术和工具有各自的特点和适用性。

(1) 功能：BIM 技术和工具可以实现多种功能，如建模、协调、模拟、分析、渲染、管理等，不同的软件有不同的功能特色和优势。

(2) 兼容性：BIM 技术和工具需要能够与其他软件和平台进行数据交换和集成，以实现跨平台的协同设计和管理。不同的软件有不同的兼容性水平和标准，一般来说，同一厂商的软件之间的兼容性较高，不同厂商的软件之间的兼容性较低。例如，Revit 和 Navisworks 都是 Autodesk 公司开发的软件，它们之间可以互相直接打开或链接对方的文件格式，如 RVT 或 NWD；而 Bentley 公司开发的 AECOsim 等软件则需要通过 IFC 等中间格式来与其他软件进行数据交换。

(3) 易用性：BIM 技术和工具需要能够为用户提供友好的用户界面、简单的操作流程、丰富的帮助文档和教程等，以降低用户的学习成本和使用难度。不同的软件有不同的易用性水平和特点，一般来说，功能越强大、越专业的软件，易用性越低，需要进行更多的学习和练习；功能越简单、越通用的软件，易用性越高，更容易上手。例如，Revit 是一款功能强大但也相对复杂的软件，用户需要掌握其内在逻辑、参数化设计、族编辑等知识和技能；而 Fuzor 和 Lumion 等软件则相对简单易用，用户只需要导入模型并选择材质、灯光、动画等效果即可。

1.3　BIM 技术的实施方法和流程

1.3.1　BIM 技术的实施方法

BIM 技术的实施方法是指在建筑项目的各个阶段，如何有效地应用和管理 BIM 技术和工具，以提高项目的质量、效率和协同性，需要通过以下几个方面进行考虑。

(1) BIM 执行计划。BIM 执行计划是指在项目开始前，制定的一份关于如何使用 BIM 技术和工具的详细说明文档，包括 BIM 的目标、范围、流程、标准、责任、交付物等内容。BIM 执行计划可以帮助项目各参与方明确各自的角色和任务，规范 BIM 的操作和管理，促进 BIM 的有效实施。

(2) BIM 标准和规范。BIM 标准和规范是指在使用 BIM 技术和工具时，需要遵循的一系列规则和要求，包括 BIM 模型的结构、内容、格式、质量、命名等。BIM 标准和规范可以保证 BIM 模型的一致性、准确性和可交换性，便于项目各参与方之间的数据共享和协作。

(3) BIM 合同和协议。BIM 合同和协议是指在使用 BIM 技术和工具时，需要签订的一些法律文件，包括 BIM 服务合同、BIM 协作协议、BIM 知识产权协议等。BIM 合同和协议可以明确项目各参与方之间的权利和义务，规定 BIM 模型的所有权、许可权、使用权等方面，保护各方的利益和安全。

1.3.2　BIM 技术的实施流程及措施

BIM 技术的实施流程是指在建筑项目的各个阶段，如需求分析、模型建立、模型检查、模型交付等，利用 BIM 软件和平台，对建筑信息进行创建、管理、分析和应用的一系列步骤，如图 1-8 所示。

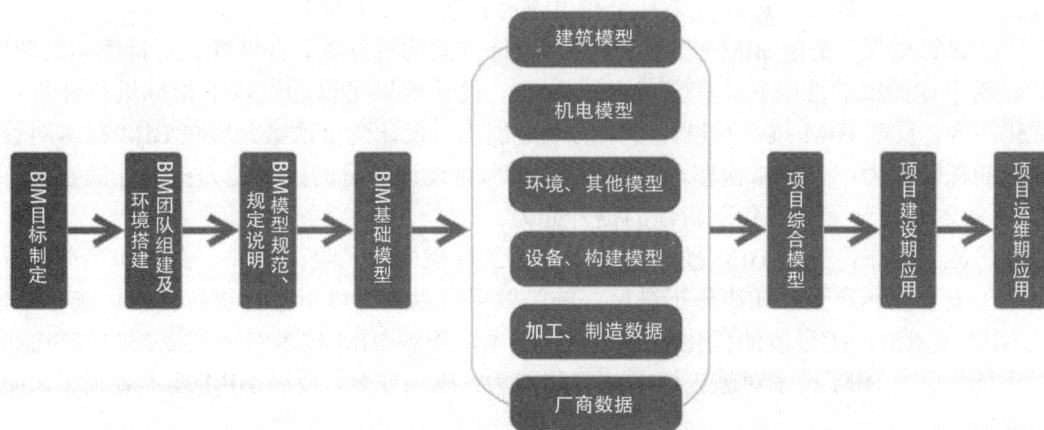

图 1-8　BIM 技术的实施流程

(1) 需求分析是指在项目开始前，根据业主的要求和目标，确定项目的 BIM 应用范围、深度、标准和目标，制定 BIM 执行计划和协议，明确 BIM 团队的组织架构、职责分工、信息交流方式等。

(2) 模型建立是指在项目的设计阶段，根据不同专业的设计图纸或数据，利用 BIM 软件建立各专业的三维模型，并将其集成为一个综合模型，包含建筑信息的几何、非几何和属性等方面。

(3) 模型检查是指在项目的设计或施工阶段，利用 BIM 软件或平台对各专业或综合模型进行质量、空间、进度、成本等方面的检测和分析，发现并解决模型中存在的错误、冲突、偏差等问题，优化模型的质量和可施工性。

(4) 模型交付是指在项目的竣工或运维阶段，根据业主或其他相关方的要求，向其提交项目的 BIM 交付物，如模型文件、图纸文件、报告文件等，并保证交付物的格式、内容和质量符合约定的标准。

BIM 执行计划的实施措施是指在项目开始前，根据 BIM 的目标、范围、流程、标准、责任、交付物等内容，制定一系列具体的操作步骤和方法，以保证 BIM 的有效实施和管理。实施措施通常以 BIM 工作方案或计划形式出现。

1.3.3 BIM 技术的实施效果和评价指标

BIM 技术的实施效果和评价指标是指在建筑项目的各个阶段，如设计、施工、运维等，利用 BIM 软件和平台，对建筑信息进行分析、优化、管理和应用后产生的一系列成果和衡量 BIM 技术应用水平的标准。

1. 实施效果

实施效果是指 BIM 技术在项目中的应用能够带来的具体的、可量化的或可感知的好处，如提高设计质量、降低施工成本、缩短工期、节约资源、提升管理水平等。实施效果可以从设计效果、施工效果、运维效果几个角度进行评价，具体如下。

(1) 设计效果，是指 BIM 技术能够提高设计方案的可行性、合理性、创新性和美观性，以及提高设计图纸的准确性、完整性和一致性。设计效果可以通过以下指标进行评价：方案优化次数，反映 BIM 技术对设计方案的改进能力；设计变更次数，反映 BIM 技术对设计稳定性的保障能力；设计错误率，反映 BIM 技术对设计质量的控制能力；设计满意度，反映 BIM 技术对设计美观性和创新性的提升能力。

(2) 施工效果，是指 BIM 技术能够降低施工过程中的风险、冲突、变更和浪费，以及提高施工安全性和质量，加快施工进度。施工效果可以通过以下指标进行评价：施工工期，反映 BIM 技术对施工进度的优化能力；施工成本，反映 BIM 技术对施工资源的节约能力；施工质量，反映 BIM 技术对施工标准的保障能力；施工安全，反映 BIM 技术对施工风险的预防能力。

(3) 运维效果，是指 BIM 技术能够提高建筑物的运行效率、节能性能、舒适度和延长建筑物的寿命，以及降低运维成本和维修次数。运维效果可以通过以下指标进行评价：运行费用，反映 BIM 技术对运维成本的节约能力；节能率，反映 BIM 技术对建筑物能耗的降低能力；舒适度，反映 BIM 技术对建筑物环境质量的提升能力；维修频率，反映 BIM 技术对建筑物寿命的延长能力。

2. 评价指标

评价指标是指用于衡量 BIM 技术在项目中应用程度和水平的一系列定量或定性的标准，如应用范围、深度、模型质量、数据共享等。评价指标可以从以下几个角度进行制定。

(1) 应用范围，是指 BIM 技术在项目中涉及的专业领域和工作阶段的广度，如建筑、结构、机电等专业领域，以及规划、设计、施工、运维等阶段。应用范围可以通过以下指标进行衡量：应用专业数，反映 BIM 技术在项目中涵盖的专业领域的数量；应用阶段数，反映 BIM 技术在项目中涵盖的工作阶段的数量。

(2) 应用深度，是指 BIM 技术在项目中实现的功能和服务的复杂度和高级性，如模型建立、模型检查、模型交付等。应用深度可以通过以下指标进行衡量：应用功能数，反映 BIM 技术在项目中实现的功能和服务的数量；应用功能级别，反映 BIM 技术在项目中实现的功能和服务的复杂度和高级性。

(3) 模型质量，是指 BIM 技术在项目中建立的模型的准确性、完整性和一致性，以及符合相关标准和规范的程度。模型质量可以通过以下指标进行衡量：模型准确率，反映 BIM 技术在项目中建立的模型与实际情况或设计要求的吻合程度；模型完整率，反映 BIM 技术在项目中建立的模型包含的信息和属性的充分程度；模型一致率，反映 BIM 技术在项目中建立的模型与其他专业或阶段模型的协调程度；模型标准化程度，反映 BIM 技术在项目中建立的模型符合相关标准和规范的程度。

(4) 数据共享，是指 BIM 技术在项目中实现的信息交流和协作的有效性和便利性，以及利用相关平台和工具的普及程度。数据共享可以通过以下指标进行衡量：数据交流频率，反映 BIM 技术在项目中实现的信息交流和协作的频繁程度；数据交流效果，反映 BIM 技术在项目中实现的信息交流和协作的质量和效率；数据平台使用率，反映 BIM 技术在项目中利用相关平台和工具进行数据共享和管理的普及程度；数据平台使用效果，反映 BIM 技术在项目中利用相关平台和工具进行数据共享和管理的便利性和有效性。

1.4　BIM 技术的发展趋势和展望

1.4.1　BIM 技术的国内外发展现状和水平

我国 BIM 技术的发展起步于 2000 年左右，经过 20 多年的探索和实践，取得了一定的成果和进步。目前，我国 BIM 技术在一些重大工程项目中得到了广泛应用。根据国家统计局的数据，2016 年我国新开工项目计划总投资金额为 49 万亿元，2021 年中国 BIM 市场规模已达 117 亿元，如图 1-9 所示。

我国政府也出台了一系列政策和规范，鼓励和推动 BIM 技术在建筑业中的普及和标准化。例如，住房城乡建设部发布了《关于推进建筑信息模型应用的指导意见》《2016—2020年建筑业信息化发展纲要》等文件，提出了 BIM 技术在工程设计、施工、运营维护全过程

的应用目标和要求。同时，住房城乡建设部也牵头制定了一批 BIM 相关的国家标准和规范，如《建筑信息模型施工应用标准》《建筑信息模型设计交付规范》等。此外，各省市也根据自身情况出台了一些地方性的 BIM 政策和标准，如《北京市建设工程 BIM 应用管理办法》《上海市建设工程 BIM 应用管理办法》等。

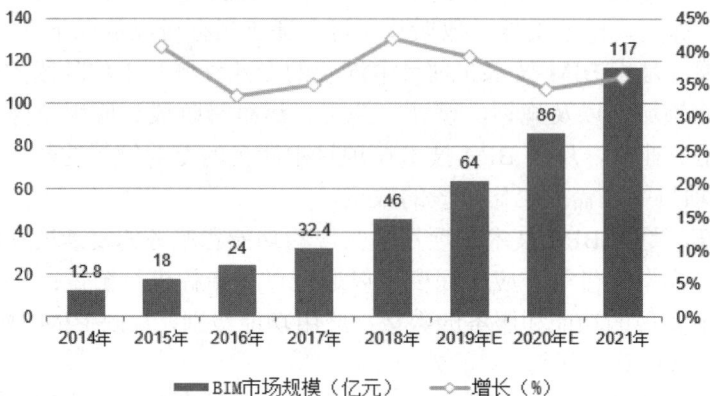

图 1-9　BIM 技术近年在国内市场规模及增长应用发展状况

我国建筑业在政策的引导和支持下，积极探索和实践 BIM 技术在各个阶段和领域的应用，取得了一些成效和进步。目前，我国建筑业 BIM 技术应用范围覆盖到了设计、施工、运维产业全链条，并逐渐形成了一定的应用规律。一些优秀的企业和项目通过 BIM 技术实现了设计优化、施工模拟、进度控制、成本核算、运维管理等多方面。

国外 BIM 技术的发展相对于我国要早一些，部分较早接触 BIM 技术的国家其与 BIM 相关的产业链也更加完整，相关规范更完备，技术更具有优势，复合型人才储备较国内更多。例如，美国、英国、日本等国家，在 BIM 技术的政策、标准、教育、应用等方面都有较为成熟和先进的体系。例如，美国在 2007 年发布了《美国建筑业信息模型标准》(NBIMS-US)，为 BIM 技术在美国建筑业中的推广和应用提供了统一的规范。英国在 2011 年发布了《政府建设战略》(GCS)，要求到 2016 年所有的政府投资项目必须采用 BIM 技术，并制定了四个级别的 BIM 成熟度模型(Level 0-3)，为 BIM 技术在英国建筑业中的发展提供了明确的目标和路径。日本建筑学会(JIA)在 2012 年发布了从设计师视角出发的 BIM 导则《JIA BIM 导则》，从 BIM 团队建设、BIM 数据处理、BIM 设计流程、应用 BIM 进行预算与模拟等方面为日本的设计院和施工企业应用 BIM 提供了指导。

1.4.2　BIM 技术的发展趋势和方向

目前 BIM 技术的主流发展趋势是数字孪生、智慧建造和绿色建筑等方向。

(1) 数字孪生，是指通过数字技术将真实世界中的物理实体或系统与虚拟世界中的数字模型相对应，实现两者之间的数据交互和同步更新，从而实现对真实世界的模拟、分析和优化。BIM 技术可以为建筑行业提供数字孪生的基础，通过 BIM 模型可以实现对建筑物的全生命周期管理，从规划、设计、施工到运维，都可以利用 BIM 模型进行信息集成、协同工作、性能分析、成本控制等。未来，随着大数据、物联网、云计算等新技术的日趋成熟，BIM 技术将能够更好地与这些技术相结合，实现对建筑物的实时监测、智能预警、远程控制等功能，提高建筑物的安全性、效率和可持续性。

（2）智慧建造，是指利用 BIM 技术和其他先进技术，如人工智能、机器人、无人机等，对建筑施工过程进行智能化管理和自动化执行，从而提高施工质量和效率，降低施工成本和风险。BIM 技术可以为智慧建造提供数据支撑和可视化平台，通过 BIM 模型可以实现对施工进度、资源、质量等方面的精确控制和优化配置，同时可以利用 BIM 模型与其他设备或系统进行数据交换和指令传递，实现施工过程的自动化或半自动化。未来，随着 5G 网络的普及和边缘计算技术的发展，BIM 技术将能够更快速地与现场设备或系统进行通信和协作，实现施工过程的实时反馈和调整。

（3）绿色建筑，是指在建筑设计、施工和运营过程中充分考虑节能、环保、健康等因素，最大限度地减少对环境和资源的消耗和污染，最大程度地提高建筑物的舒适性和延长建筑物的使用寿命。BIM 技术可以为绿色建筑提供评估工具和优化方案，通过 BIM 模型可以对建筑物的能耗、排放、材料等方面进行模拟分析，从而选择最佳的设计方案或改进措施。

1.4.3　BIM 技术的展望

根据目前 BIM 技术的发展，未来 BIM 技术将在全面数字化转型、数字孪生、与人工智能的结合，以及 BIM 模型的开放性及互操作性上有更大的发展。未来 BIM 技术将更加智能化、数字化和全面化，并且具有更好的开放性和互操作性，在建筑产业链中的应用也将不断地深化和扩展，并向其他行业拓展。

任务研学

请根据前面所学知识，结合任务信息完成拓展任务。

任务名称	任务内容
拓展任务　作品赏析　四川省大学生 BIM 建模竞赛获奖作品赏析(四川现代职业学院参赛队)(微课视频)	 四川省大学生 BIM 建模竞赛获奖作品赏析(四川现代职业学院参赛队)

项目 2 BIM 建模基础

目标导学

1. 证书考核要求

(1) 掌握 BIM 建模软件的界面设置、硬件环境设置的方法。

(2) 掌握标高、轴网的创建方法。

(3) 掌握建筑构件创建方法，如建筑柱、墙体及幕墙、门、窗、楼板、屋顶、天花板、楼梯、栏杆、扶手、坡道等。

(4) 掌握结构构件创建方法，如柱、结构墙、结构板等。

(5) 掌握建筑构件建模流程。

(6) 掌握实体属性定义与参数设置方法。

(7) 掌握生成三视图、标记创建及编辑方法。

(8) 掌握注释类型及注释样式的设定方法。

(9) 掌握实体编辑方法，如移动、复制、旋转、偏移、阵列、镜像、删除、创建组、草图编辑等。

(10) 掌握标注类型及其标注样式的设定方法。

(11) 掌握洞口的创建方法。

2. 知识要求

(1) 熟悉软件界面设置和工作环境设置。

(2) 熟练掌握标高与轴网的编辑类型修改方法。

(3) 熟练掌握标高与轴网的具体绘制方法与技巧。

(4) 熟练掌握复制、阵列、移动、镜像、拾取偏移等编辑方法。

(5) 掌握墙体、屋顶的编辑类型修改方法，熟练掌握拉伸屋顶、迹线屋顶的绘制方法。

(6) 熟练掌握建模方法和基本程序。

3. 能力要求

(1) 熟练应用绘制、复制、阵列、移动、镜像、拾取偏移等编辑方法创建标高与轴网。

(2) 能根据项目需要绘制出不同类型的标高与轴网。

(3) 能根据图纸熟练创建拉伸屋顶和迹线屋顶。

(4) 能根据图纸熟练绘制各类建筑构件和结构构件。

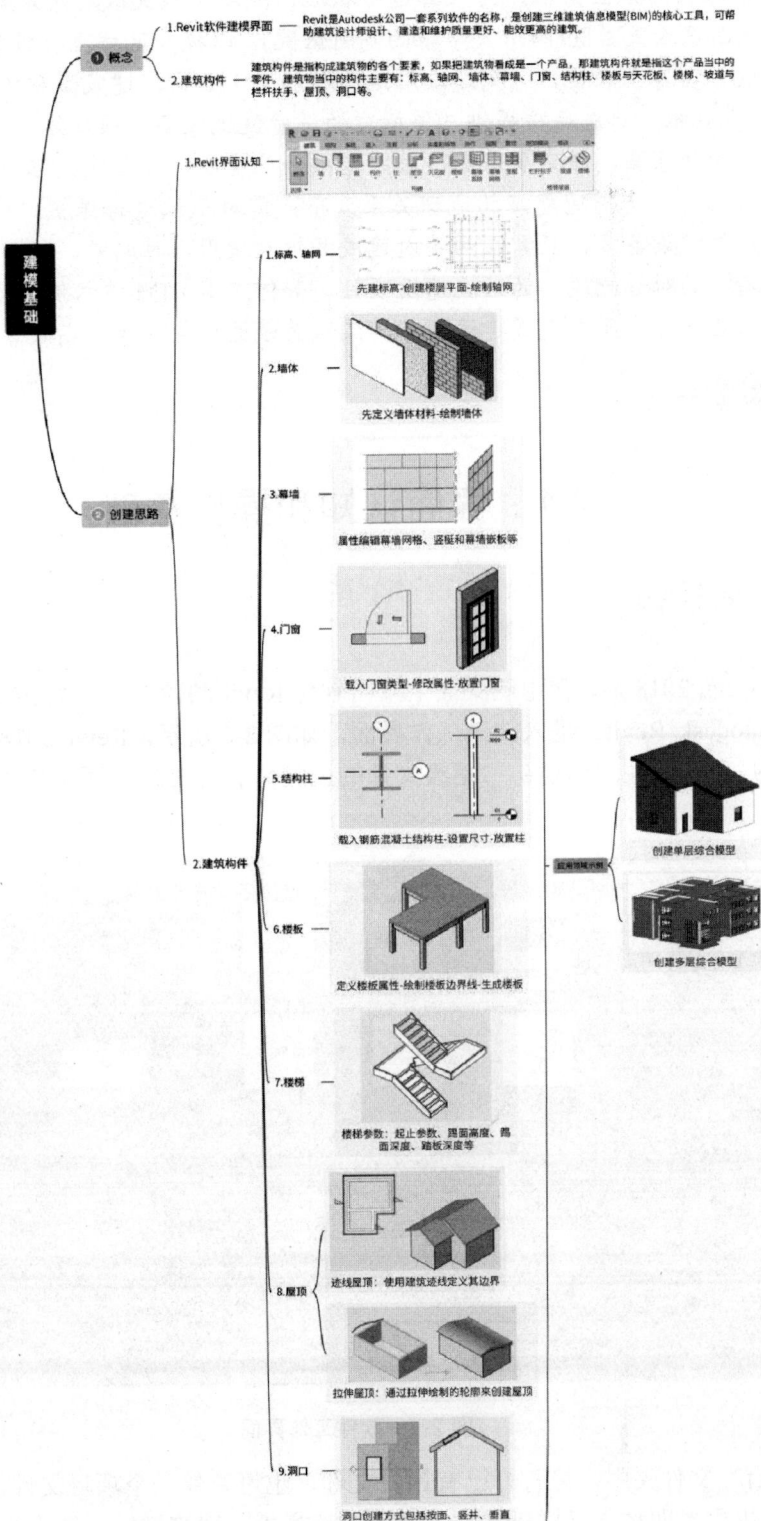

4. 思维导图

概念

1. Revit软件建模界面 —— Revit是Autodesk公司一套系列软件的名称，是创建三维建筑信息模型(BIM)的核心工具，可帮助建筑设计师设计、建造和维护质量更好、能效更高的建筑。

2. 建筑构件 —— 建筑构件是指构成建筑物的各个要素，如果把建筑物看成是一个产品，那建筑构件就是指这个产品当中的零件。建筑物当中的构件主要有：标高、轴网、墙体、幕墙、门窗、结构柱、楼板与天花板、楼梯、坡道与栏杆扶手、屋顶、洞口等。

建模基础

创建思路

1. Revit界面认知

2. 建筑构件

　1. 标高、轴网 —— 先建标高-创建楼层平面-绘制轴网

　2. 墙体 —— 先定义墙体材料-绘制墙体

　3. 幕墙 —— 属性编辑幕墙网格、竖梃和幕墙嵌板等

　4. 门窗 —— 载入门窗类型-修改属性-放置门窗

　5. 结构柱 —— 载入钢筋混凝土结构柱-设置尺寸-放置柱

　6. 楼板 —— 定义楼板属性-绘制楼板边界线-生成楼板

　7. 楼梯 —— 楼梯参数：起止参数、踏面高度、踢面深度、踏板深度等

　8. 屋顶 —— 迹线屋顶：使用建筑迹线定义其边界；拉伸屋顶：通过拉伸绘制的轮廓来创建屋顶

　9. 洞口 —— 洞口创建方式包括按面、竖井、垂直

应用领域示例

创建单层综合模型

创建多层综合模型

案例引入：2024 年，随着城市化进程的加速，人口密度不断增加，原有的医疗设施已难以满足日益增长的就医需求。为改善这一状况，成都市人民政府决定新建一所综合性医院——成都高新区人民医院(四川大学华西高新医院)，以提升区域医疗服务水平。该项目规划为综合医院，占地 168 亩，一期建设用地面积约为 120 亩，建筑面积约为 36 万平方米，规划床位数 2000 张，建成后将提供三甲标准的医疗健康服务。项目体量大、结构复杂、机电系统繁多、管线密集、净高要求高、医疗专项专业度高，并与地铁 5 号线接驳，地铁区域空间有限且固定，与周边建筑物地理关系复杂，需对地铁进行保护，施工要求高，技术难度大，专用机械设备多，且需在两年内建成并投入使用，时间紧、任务重、要求高。

问题思考：面对如此庞大的医院建设项目，如何应用 BIM 技术使该项目在有限的时间内，既确保工程质量，高效完成建设任务，又能兼顾医院运营后的高效管理呢？

理论展学

2.1　界面认知和操作基础

2.1.1　界面认知

安装好 Revit 2018 后，在电脑桌面上双击软件 Revit 2018 快捷图标或在电脑【开始】菜单中启动 Autodesk Revit，进入软件工作界面，如图 2-1 所示，Revit 2018 提供了两种文件的创建：一是项目文件的创建；二是族文件的创建，软件工作界面中部为软件提供的案例项目。

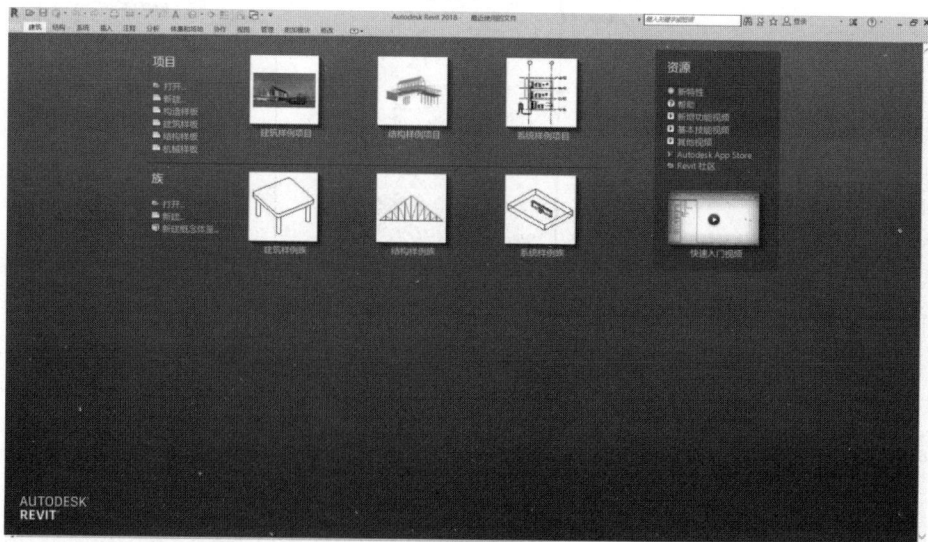

图 2-1　软件工作界面

在"项目"文件夹中，可打开已有项目文件，也可新建一个项目文件，项目文件为 rvt 格式。Revit 提供了四种项目样板文件，包括构造样板、建筑样板、结构样板和机械样板。

项目样板是一种提高绘图效率、统一绘图标准、保证出图质量，在项目开始前根据项目特点预制的样板文件，兼具统一性与特殊性。项目样板类别如表 2-1 所示，项目样板工作界面如图 2-2 所示。

表 2-1 项目样板类别

样板类别	应用范围
构造样板	构造样板应用范围较广泛，专业特点不明显，各类设置基本通用，可以理解为其他几类样板的整合
建筑样板	建筑样板针对建筑专业，无内嵌结构专业族，无结构平面视图，主要用于表现建筑立面效果
结构样板	结构样板针对结构专业，无内嵌门族、窗族等，无建筑平面视图，主要用于表现建筑结构特征
机械样板	机械样板主要用于水、暖、机电等专业，主要包含 HVAC 系统构件

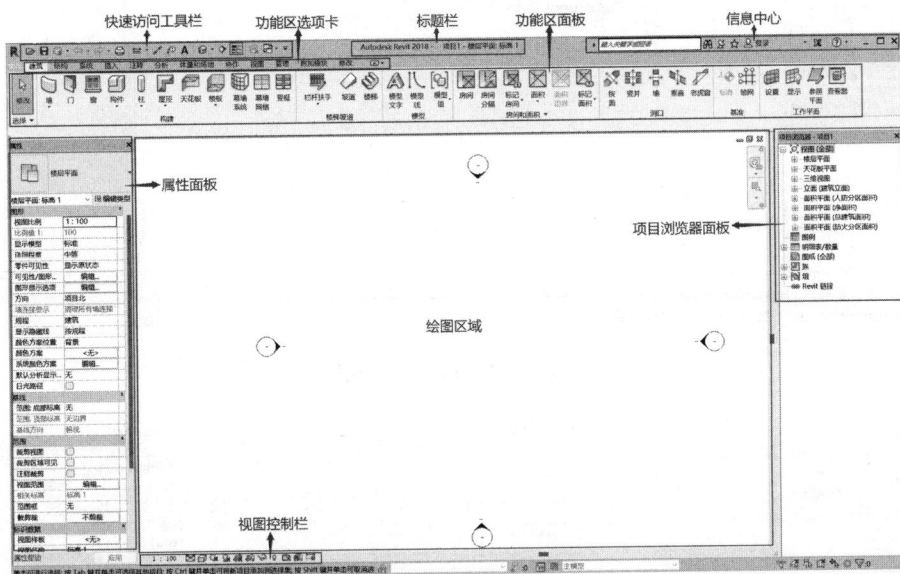

图 2-2 项目样板工作界面

在"族"文件夹中，可以打开已有族文件，也可以新建族文件或者新建概念体量，族文件为 rfa 格式。Revit 建立族文件的第一步是选择族样板，族样板的选择决定了族的类型。Revit 提供了众多可供选择的族样板，包含了不同的参数和功能，如公制常规模型模板、公制自适应模型模板等。选择合适的族样板是族能够成功创建的关键，且不同类型的族构件对后面的整体模型也有着重要影响。族样板工作界面如图 2-3 所示。

1. 应用程序菜单

应用程序菜单提供对常用文件的操作，例如"新建""打开"和"保存"，还允许使用更高级的操作(如"导出"和"发布")来管理文件。单击"文件"按钮打开应用程序菜单，如图 2-4 所示。在应用程序菜单上，单击"最近使用的文档"按钮，可以看到最近打开的文件的列表。

2. 快速访问工具栏

快速访问工具栏包含一组默认工具，可以对该工具栏进行自定义，使其显示最常用的工具。快速访问工具栏可以显示在功能区的上方或下方。如果从快速访问工具栏删除了默认工具，可以在"自定义快速访问工具栏"的下拉列表中选择要添加的工具，来重新添加这些工具，如图 2-5 所示。需要注意的是：选项卡里的某些工具无法添加到快速访问工具栏中。

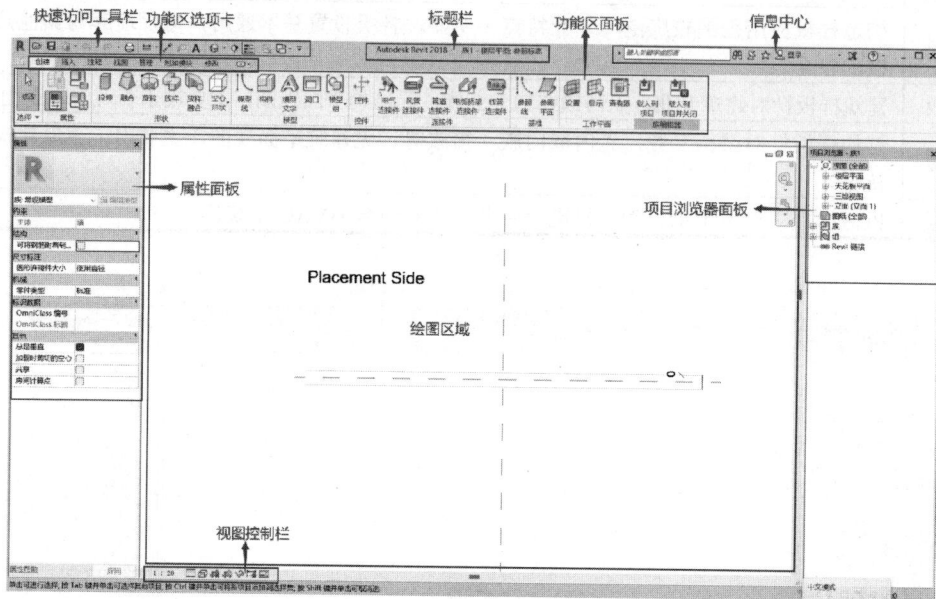

图 2-3　族样板工作界面

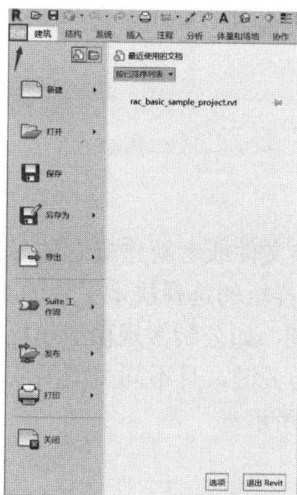

图 2-4　应用程序菜单

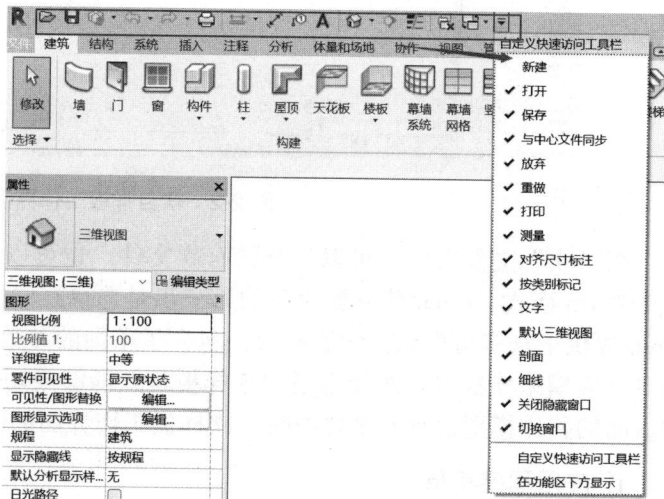

图 2-5　自定义快速访问工具栏

3. 标题栏

标题栏主要显示当前所使用的 Autodesk Revit 软件版本，当前文件的名称、格式，以及

视图所在图纸等信息,如图 2-6 所示。

Autodesk Revit 2018 -　双面嵌板玻璃门 - 三维视图: {三维}

图 2-6　标题栏

4. 信息中心

信息中心包括一些常用的数据交互访问工具,如图 2-7 所示,通过信息中心可以访问许多与产品相关的信息源。信息中心对于初学者来说十分重要,当遇到不会的操作时,可在信息中心输入关键字或短语进行搜索,Autodesk Revit 会检索出相应的操作内容,从而帮助用户解决问题。

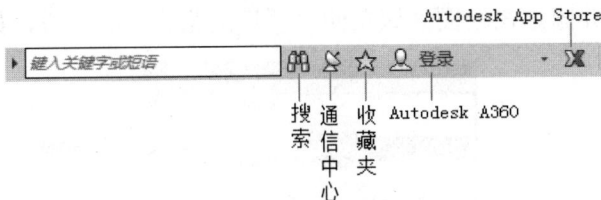

图 2-7　信息中心

(1) 搜索:在搜索框中输入要搜索信息的关键字,然后单击"搜索"按钮,即可在联机帮助中快速查找信息。

(2) 通信中心:可以接收支持信息、产品更新信息及订阅的 RSS 提要信息。

(3) 收藏夹:显示存储的重要链接。

(4) Autodesk A360:使用该工具可以访问与 Autodesk Account 相同的服务,但增加了 Autodesk A360 的移动性和协作优势。个人用户可通过申请的 Autodesk 账户,登录到自己的云平台。

(5) Autodesk App Store:单击此按钮,可以登录到 Autodesk 官方的 App 商店网站下载不同系列软件的插件。

5. 功能区选项卡

功能区选项卡位于快速访问工具栏下方,默认状态下,共有"建筑""结构""系统""插入""注释""分析""体量和场地""协作""视图""管理""附加模块""修改"12 个选项,如图 2-8 所示。

建筑　结构　系统　插入　注释　分析　体量和场地　协作　视图　管理　附加模块　修改

图 2-8　功能区选项卡

6. 功能区面板

功能区面板位于功能区选项卡之下,当选择不同的选项或图元时,功能区里的相关命令会随之进行切换,例如,"建筑"选项与"结构"选项里的功能区面板所显示的按钮是不一样的,如图 2-9、图 2-10 所示。

图 2-9 "建筑"选项

图 2-10 "结构"选项

7. 属性面板

属性面板可以查看和修改用来定义 Revit 中图元属性的参数。第一次启动 Revit 时，属性面板处于打开状态并固定在绘图区域左侧"项目浏览器"的上方，如图 2-11 所示。

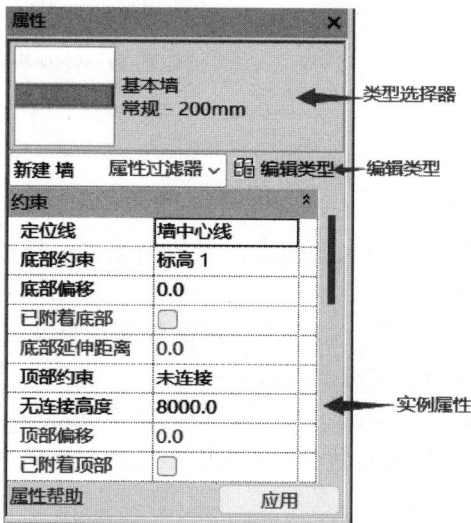

图 2-11 属性面板

(1) 类型选择器：显示当前选择的族类型，并提供一个可从中选择其他类型的下拉列表。

(2) 属性过滤器：该过滤器用来标识将由工具放置的图元类别，或者标识绘图区域中所选图元的类别和数量。如果选择了多个类别或类型，则选项板上仅显示所有类别或类型所共有的实例属性。当选择了多个类别时，使用过滤器的下拉列表可以仅查看特定类别或视图本身的属性。

(3) 编辑类型：单击此按钮，打开相关的"类型属性"对话框，该对话框用来查看和修改选定图元或视图的类型属性。

(4) 实例属性：大多数情况下，属性面板既显示可由用户编辑的实例属性，又显示只读实例属性。当某属性的值由软件自动计算或赋值，或者取决于其他属性的设置时，该属性可能是只读属性，不可编辑。

8. 项目浏览器面板

项目浏览器面板用于显示当前项目中所有视图、图例、明细表、图纸、族、组和其他部分的逻辑层次，如图 2-12 所示。展开和折叠各分支时，将显示下一层项目。项目浏览器面板位于属性面板下方，可根据自身的作图习惯，将项目浏览器面板置于绘图区域的右侧。

(1) 打开视图。双击视图名称打开视图，也可以在视图名称上右击，选择"打开"命令，打开视图。

(2) 打开放置了视图的图纸。在视图名称上右击，打开如图 2-13 所示的快捷菜单，选择"打开图纸"命令，打开放置了视图的图纸。如果快捷菜单中的"打开图纸"选项不可用，则要么视图未放置在图纸上，要么视图是明细表或可放置在多个图纸上的图例视图。

(3) 将视图添加到图纸中。将视图名称拖曳到图纸名称上或拖曳到绘图区域中的图纸上。

(4) 从图纸中删除视图。在图纸名称下的视图名称上右击，在打开的快捷菜单中选择"从图纸中删除"命令，删除视图。

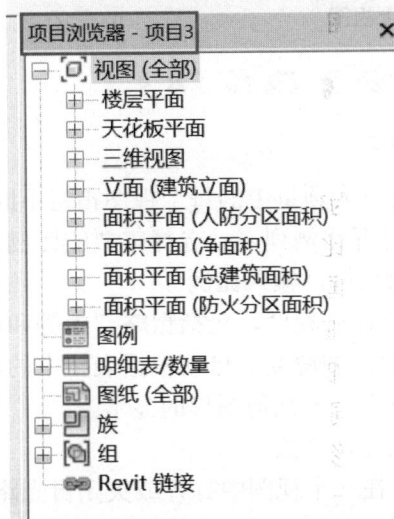

图 2-12   项目浏览器面板

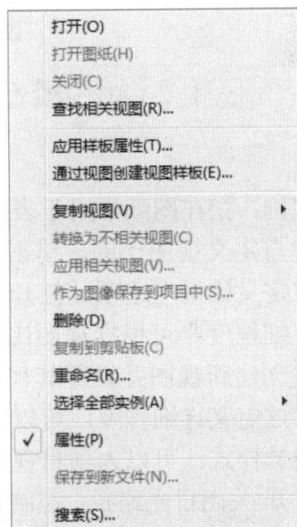

图 2-13   快捷菜单

9. 绘图区域

绘图区域位于软件工作界面的中间位置，占据 Autodesk Revit 软件工作界面的大部分空间。默认状态下，绘图区域只显示一个视图，用户可根据作图习惯和需要，选择"视图""窗口""平铺"命令(快捷键为 WT)，同时显示两个以上的视图，如图 2-14 所示。

10. 视图控制栏

视图控制栏如图 2-15 所示，其主要作用依次是控制比例、详细程度、视觉样式、打开/关闭日光路径、打开/关闭阴影、裁剪视图、显示/隐藏裁剪区域、临时隐藏/隔离、显示隐藏的图元、临时视图属性、显示分析模型、显示约束等内容，位于绘图区域左下角。

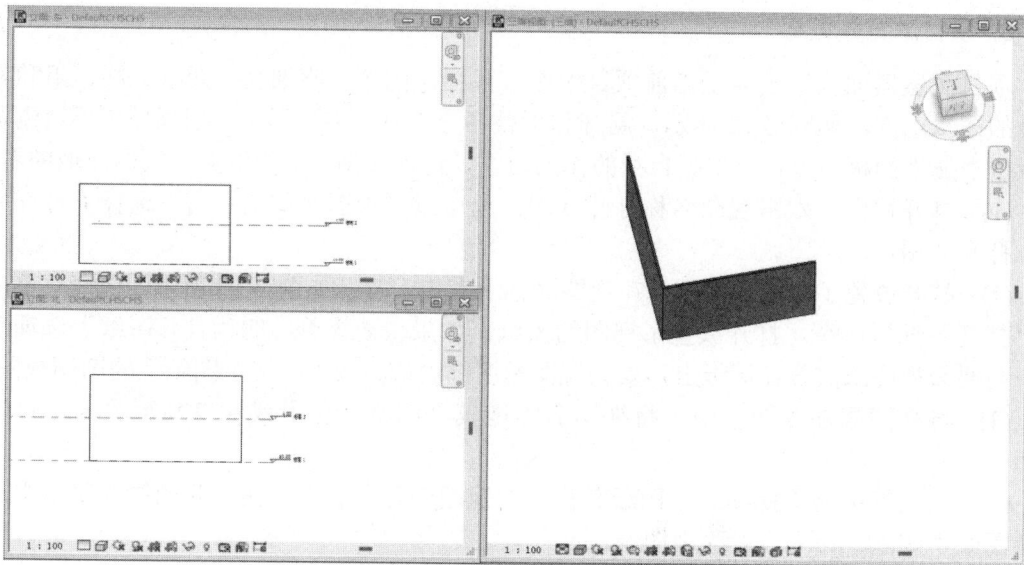

图 2-14　显示两个以上视图

图 2-15　视图控制栏

(1) 比例：指在图纸中用于表示对象的比例，可以为项目中的每个视图指定不同比例，也可以创建自定义视图比例。单击"比例"按钮，打开比例列表，选择需要的比例，也可以选择"自定义比例"选项，打开"自定义比例"对话框，输入比例。

(2) 详细程度：可根据视图比例设置新建视图的详细程度，包括粗略、中等和精细。当在项目中创建新视图并设置其视图比例后，视图的详细程度会自动根据表格中的排列进行设置。通过定义详细程度，可以影响不同视图比例下同一几何图形的显示。

(3) 视觉样式：可以为项目视图指定许多不同的图形样式。

(4) 打开/关闭日光路径：控制日光路径可见性。在一个视图中打开或关闭日光路径时，其他任何视图都不受影响。

(5) 打开/关闭阴影：控制阴影的可见性。在一个视图中打开或关闭阴影时，其他任何视图都不受影响。

(6) 裁剪视图：定义了项目视图的边界。在所有的图形项目视图中显示模型裁剪区域和注释裁剪区域。

(7) 显示/隐藏裁剪区域：可以根据需要显示或隐藏裁剪区域。在绘图区域中，选择裁剪区域，则会显示注释和模型裁剪。内部裁剪是模型裁剪，外部裁剪则是注释裁剪。

(8) 临时隐藏/隔离："隐藏"工具可在视图中隐藏所选图元，"隔离"工具可在视图中显示所选图元并隐藏所有其他图元。

(9) 显示隐藏的图元：临时查看隐藏图元或取消隐藏。

(10) 临时视图属性：包括启用临时视图属性、临时应用样板属性、最近使用的模板和恢复视图属性四种视图选项。

(11) 显示分析模型：可以在任何视图中显示分析模型。

(12) 显示约束：在视图中临时查看尺寸标注和对齐约束，以解决或修改模型中的图元。显示约束绘图区域将显示一个彩色边框，以指示处于显示约束模式。所有约束都以彩色显示，而模型图元以半色调(灰色)显示。

11. 视图魔方(View Cube)

View Cube 出现在三维视图绘图区域的右上角，通过旋转 View Cube，可以观察三维模型的各个视口，如图 2-16 所示。一般会使用鼠标来查看三维模型，例如，使用鼠标滚轮向上滚动放大模型、向下滚动缩小模型，按住 Shift+鼠标滚轮可以旋转模型。

(1) 单击 View Cube 上的某个角，可以根据由模型的三个侧面定义的视口将模型的当前视图重定向到四分之三视图，单击其中一条边缘，可以根据模型的两个侧面将模型的视图重定向到二分之一视图，单击相应面视图，将视图切换到相应的主视图。

(2) 如果在从某个面视图中查看模型时 View Cube 处于活动状态，则四个正交三角形会显示在 View Cube 附近。使用这些三角形可以切换到某个相邻的面视图。

(3) 单击或拖动 View Cube 中指南针的东、南、西、北字样，切换到西南、东南、西北、东北等方向视图，或者绕上视图旋转到任意方向视图。

(4) 单击"主视图"　按钮，不管视图目前是何种视图，都会恢复到主视图方向。

(5) 从某个面视图查看模型时，两个滚动箭头　按钮会显示在 View Cube 附近。单击按钮，视图以 90°逆时针或顺时针进行旋转。

(6) 单击"关联菜单"　按钮，打开如图 2-17 所示的关联菜单。

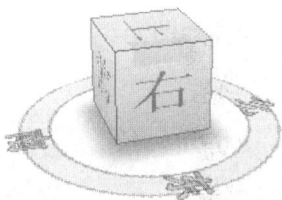

图 2-16　View Cube

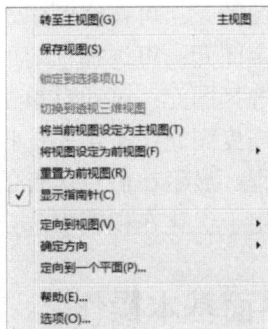

图 2-17　关联菜单

转至主视图：恢复随模型一同保存的主视图。

保存视图：使用唯一的名称保存当前的视图方向。此选项只允许在查看默认三维视图时使用唯一的名称保存三维视图。如果查看的是以前保存的正交三维视图或透视(相机)三维视图，则视图仅以新方向保存，而且系统不会提示用户提供唯一名称。

锁定到选择项：当视图方向随 View Cube 发生更改时，使用选定对象可以定义视图的中心。

切换到透视三维视图：在三维视图的平行和透视模式之间切换。

将当前视图设定为主视图：根据当前视图定义模型的主视图。

将视图设定为前视图：在 View Cube 上更改定义为前视图的方向，并将三维视图定向

到该方向。

重置为前视图：将模型的前视图重置为其默认方向。

显示指南针：显示或隐藏围绕 View Cube 的指南针。

定向到视图：将三维视图设置为项目中的任何平面、立面、剖面或三维视图的方向。

确定方向：将相机定向到北、南、东、西、东北、西北、东南、西南或顶部。

定向到一个平面：将视图定向到指定的平面。

12. 状态栏

状态栏在屏幕的底部，如图 2-18 所示。状态栏会提供有关要执行的操作的提示。高亮显示图元或构件时，状态栏会显示族和类型的名称。

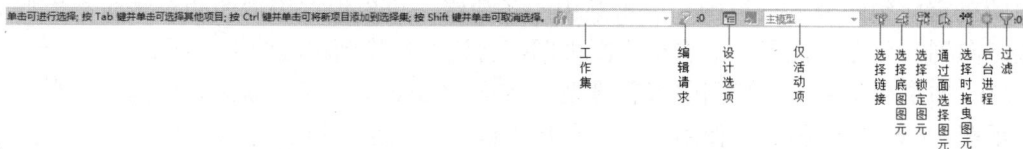

图 2-18　状态栏

工作集：显示处于活动状态的工作集。

编辑请求：对于工作共享项目，表示未决的编辑请求数。

设计选项：显示处于活动状态的设计选项。

仅活动项：用于过滤所选内容，以便仅选择活动的设计选项构件。

选择链接：可在已链接的文件中选择链接和单个图元。

选择底图图元：可在底图中选择图元。

选择锁定图元：可选择锁定的图元。

通过面选择图元：可通过单击某个面来选中某个图元。

选择时拖曳图元：不用先选择图元就可以通过拖曳操作移动图元。

后台进程：显示在后台运行的进程列表。

过滤：用于优化在视图中选定的图元类别。

2.1.2　界面基本操作

1. 关于属性面板、项目浏览器面板

如果在制图过程中，一不小心将属性面板、项目浏览器面板关闭，可通过选择"视图""用户界面""勾选相应面板"命令将其重新打开。

2. 关于立面

在项目浏览器面板中，双击"立面(建筑立面)"，可以创建标高，默认状态下软件提供了两层标高，可以通过复制的方法创建更多的标高。

3. 关于楼层平面

在项目浏览器面板中，双击"楼层平面"，默认状态下，有场地、标高 1 和标高 2 三

个平面视图，平面视图的数量与标高成一一对应关系。如果在立面上创建了更多的标高，其相应的平面视图可以通过选择"视图""平面视图""楼层平面"命令加载所有的标高平面视图。

4. 关于隐藏窗口

在绘图过程中，用户需要在平面视图、立面视图及三维效果图中不断切换，以便查看具体创建位置和效果，每切换一次视图，前面的视图会作为隐藏窗口隐藏在当前视图之下，形成叠加窗口，如图 2-19 所示。当需要新建一个文件时，可单击快速访问工具栏中的"关闭隐藏窗口"按钮，如图 2-20 所示，关掉所有的隐藏窗口，然后再关闭当前窗口。当然，关闭软件，重新打开软件也可以，只是需要多花一些时间。

图 2-19　叠加窗口

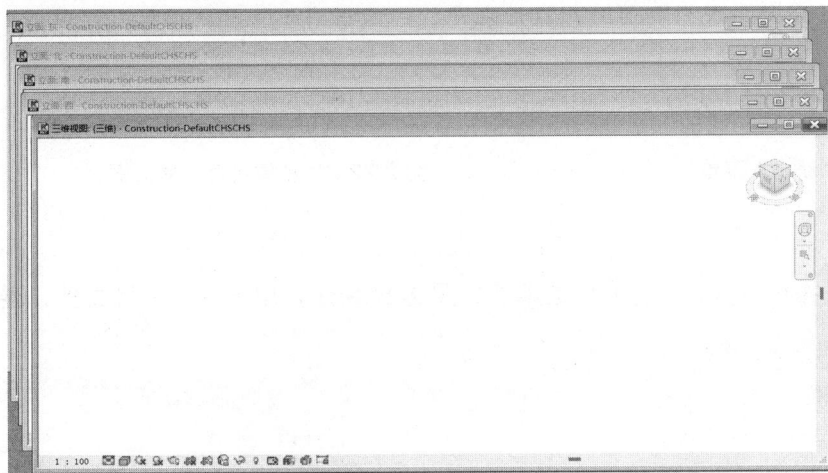

图 2-20　"关闭隐藏窗口"按钮

2.1.3　项目新建、打开、保存等操作

1. 新建

单击"新建"下拉按钮，打开"新建"菜单，如图 2-21 所示，用于创建项目文件、族文件、概念体量等。

(1) 在文件程序菜单中，选择"新建""项目"命令，打开"新建项目"对话框，如图 2-22 所示。

(2) 在"样板文件"下拉列表中选择样板，也可以单击"浏览"按钮，打开图 2-23 所示的"选择样板"对话框，选择需要的样板，单击"打开"按钮，打开样板文件。

(3) 选中"项目"选项，单击"确定"按钮，创建一个新项目文件。

注意：在 Revit 中，项目文件是整个建筑物设计的联合文件。建筑的所有标准视图、建筑设计图及明细表都包含在项目文件中，只要修改模型，所有相关的视图、施工图和明细表都会随之自动更新。

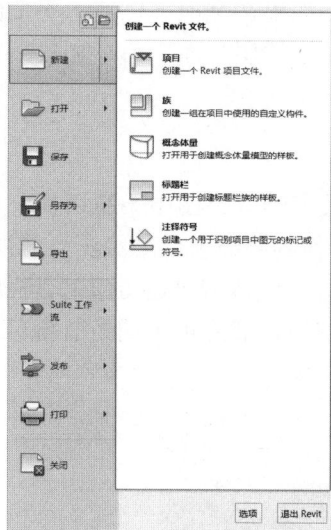

图 2-21　"新建"菜单

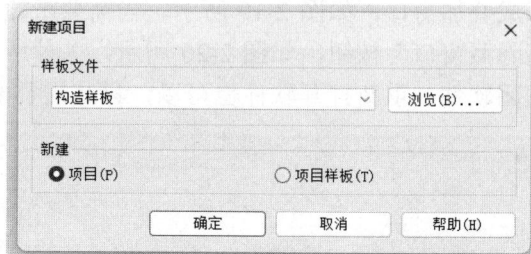

图 2-22　"新建项目"对话框

2. 打开

单击"打开"下拉按钮，打开"打开"菜单，如图 2-24 所示，用于打开项目文件、族、IFC、样例文件等。

图 2-23　"选择样板"对话框

图 2-24　"打开"菜单

(1) 项目：选择此命令，打开"打开"对话框，在对话框中选择要打开的 Revit 项目文件，如图 2-25 所示。

(2) 族：选择此命令，打开"打开"对话框，可以打开软件自带族库中的族文件或用户自己创建的族文件，如图 2-26 所示。

图 2-25 在"打开"对话框中选择 Revit 项目文件

图 2-26 在"打开"对话框中选择族文件

(3) Revit 文件：选择此命令，可以打开 Revit 所支持的文件，例如扩展名为.rvt、.rfa、.adsk 和.rte 的文件。

(4) 建筑构件：选择此命令，在"打开"对话框中选择要打开的 Autodesk 交换文件。

(5) IFC：选择此命令，可以打开 IFC 类型文件。IFC 文件格式含有模型的建筑物或设施，也包括空间的元素、材料和形状。IFC 文件通常用于 BIM 工业程序之间的交互。

(6) IFC 选项：选择此命令，打开"导入 IFC 选项"对话框，在该对话框中可以设置 IFC 类型名称对应的 Revit 类别。此命令只有在打开 Revit 文件的状态下才可以使用。

(7) 样例文件：选择此命令，打开"打开"对话框，在该对话框中可以打开软件自带的样例项目文件和族文件。

3. 保存

选择"保存"命令，可以保存当前项目文件、族文件、样板文件等。若文件已命名，则 Revit 自动保存。若文件未命名，则弹出"另存为"对话框(见图 2-27)，命名后保存。在"保存于"下拉列表框中可以指定保存文件的路径；在"文件类型"下拉列表框中可以指

定保存文件的类型。为了防止因意外操作或计算机系统故障导致正在绘制的图形文件丢失，可以设置自动保存当前图形文件。

图 2-27　"另存为"对话框

4．另存为

单击"另存为"下拉按钮，打开"另存为"菜单，如图 2-28 所示，可以将文件保存为项目、族、样板和库四种类型文件。选择其中一种命令后打开"另存为"对话框，Revit 用另存名保存。

5．导出

单击"导出"下拉按钮，打开"导出"菜单，如图 2-29 所示，可以将项目文件导出为其他格式文件。

图 2-28　"另存为"菜单

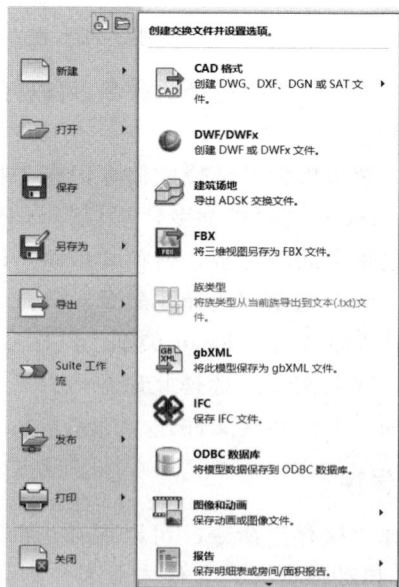

图 2-29　"导出"菜单

(1) CAD 格式：选择此命令，可以将 Revit 模型导出为 DWG/DXF/DNG/ACIS 四种格式。

(2) DWF/DWFx：选择此命令，打开"DWF 导出设置"对话框，可以设置需要导出的视图和模型的相关属性。

(3) FBX：选择此命令，打开"导出 3ds Max(FBX)"对话框，将三维模型保存为 FBX 格式供 3ds Max 使用。

(4) 族类型：选择此命令，打开"另存为"对话框，将族类型从当前族导出到文本文件。

(5) gbXML：选择此命令，打开"导出 gbXML"对话框，将设计导出为 gbXML，选择"使用能量设置"或"使用房间/空间体积"来生成文件。

(6) IFC：选择此命令，打开 ExportIFC 对话框，将模型导出为 IFC 文件。

(7) ODBC 数据库：单击此命令，打开"选择数据源"对话框，将模型构件数据导出到 ODBC 数据库中。

(8) 图像和动画：选择此命令，打开下拉菜单。将项目文件中所制作的漫游、日光研究以及渲染图形以相对应的文件格式保存。

(9) 报告：选择此命令，打开下拉菜单，将项目文件中的明细表和房间/面积报告以相对应的文件格式保存。

(10) 选项：选择此命令，打开下拉菜单，导出文件的参数设置。

6. Suite 工作流

选择此命令，打开"Suite 工作流"对话框，将项目无缝传递到套包内的各个软件当中。

7. 发布

选择此命令，打开"发布"菜单，将当前场景导出为不同格式发布到 Autodesk Buzzsaw 中，实现资源共享，如图 2-30 所示。

8. 打印

选择此命令，打开"打印"菜单，可以将当前区域或选定的视图和图样进行预览并打印，如图 2-31 所示。

(1) 打印：选择此命令，打开"打印"对话框，设置打印属性并打印文件。

(2) 打印预览：预览视图打印效果，查看没有问题后可以直接单击"打印"按钮进行打印。

(3) 打印设置：选择此命令，打开"打印设置"对话框，定义从当前模型打印视图和图样时或创建 PDF、PLT 或 PRN 文件时使用的设置。

9. 最近使用的文档

在菜单的右侧会默认显示最近打开文件的列表。使用该下拉列表可以修改最近使用的文件的顺序。

图 2-30 "发布"菜单

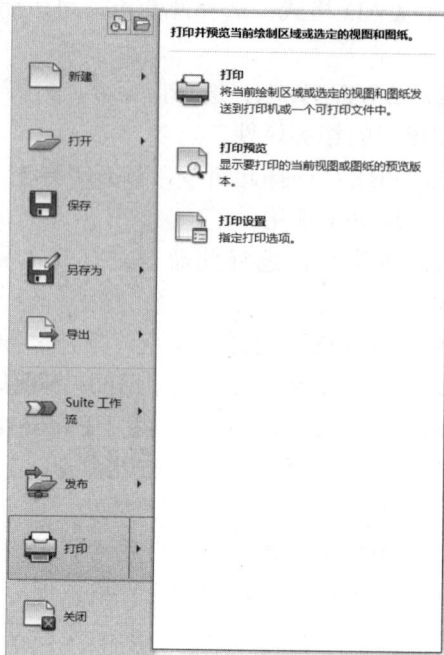

图 2-31 "打印"菜单

2.1.4 视图控制工具

Autodesk Revit 在对视图进行移动、旋转、缩放操作时，有多种控制方法，可使用鼠标结合键盘操作，或使用导航栏操作或使用 View Cube 工具进行控制，用户可结合自身习惯选择使用。

1. 使用鼠标结合键盘的操作方法

以软件自身提供的建筑样例项目文件为例，打开项目文件并单击快速访问工具栏中的"默认三维视图"按钮切换到三维视图中，如图 2-32 所示。

放大或缩小视图：鼠标放到视图区中，滚动鼠标滚轮可以放大或缩小视图，向上滚动为放大视图，向下滚动为缩小视图。

移动视图：在视图区中按住鼠标滚轮并移动，可平移视图位置。

旋转视图角度：按住键盘上的 Shift 键，同时按住鼠标滚轮并移动鼠标，可将视图进行任意角度的查看。

回复原始位置和大小：双击鼠标滚轮，可将视图放回原始位置和原始大小。

2. 使用导航栏的操作方法

在三维视图中，导航栏位于绘图区的右上角位置，默认状态下，导航栏为用户提供了两个工具：一个是全导航控制盘；别一个是区域放大。视图导航栏如图 2-33 所示。

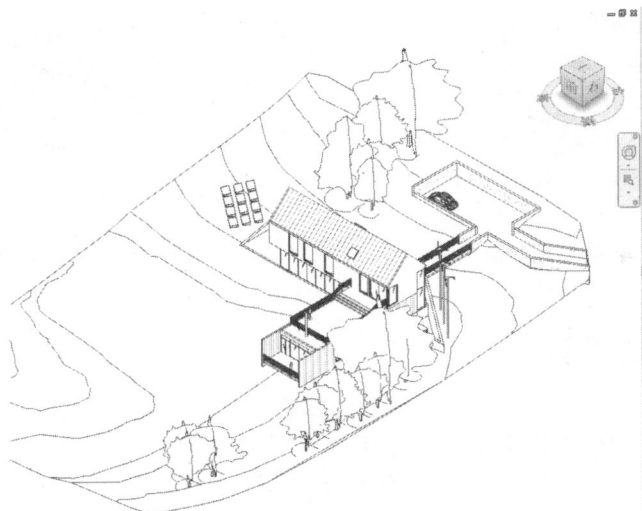

图 2-32　三维视图

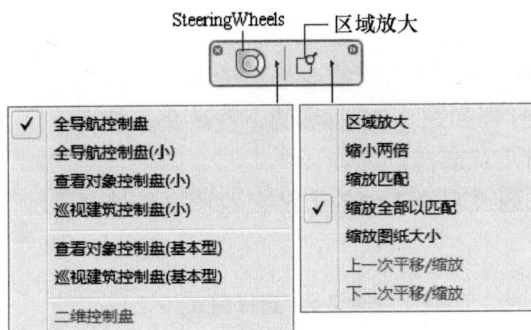

图 2-33　视图导航栏

全导航控制盘：单击此按钮，绘图区中显示全导航控制盘图标，如图 2-34 所示，光标只能在导航盘中移动切换按钮，光标移动至某一按钮上时，该按钮显示为绿色，此时单击鼠标左键并拉动，视图可进行平移、缩放或环视观察。光标移动到导航盘边界继续移动时，导航盘可跟随光标进行位移。

区域放大：单击此按钮，在视图区中框选出需要局部放大的区域，所框区域会在整个绘图区进行放大，匹配绘图区大小。

3. 使用 View Cube 工具的操作方法

在三维视图中，View Cube 工具位于绘图区的右上角位置，该工具为用户提供了模型的上、下、左、右、前、后六个正面视图查看，及东、南、西、北四个方向显示，如图 2-35 所示。

该工具只能旋转查看视图图元的角度和方向，不能用来平移或缩放视图。将鼠标放置到该图标上，并单击拖动时，视图图元跟随转动。

图 2-34　全导航控制盘

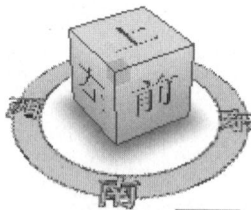

图 2-35　View Cube 工具

2.1.5　图元编辑工具

Autodesk Revit 为用户提供了多种实用高效的图元编辑工具。在编辑某创建好的图元时，需要对图元进行选择，然后修改图元属性或进一步编辑图元。下面介绍图元选择、图元编辑的几种常用方法。

图 2-36　"选择"下拉菜单

1. 图元选择

(1) 控制图元选择的选项：单击"修改"选项卡"修改"面板中的"选择"按钮，打开如图 2-36 所示的下拉菜单。使用其中的选项控制选择的图元及选择行为。

(2) 选择图元：可以通过表 2-2 中的方法在绘图区域选择图元。

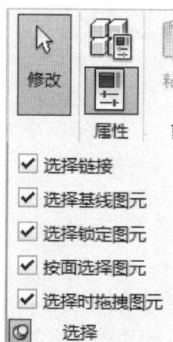

表 2-2　选择图元

目标	操作
定位要选择的所需图元	将光标移动到绘图区域中的图元上：Revit 将高亮显示该图元并在状态栏和工具提示中显示有关该图元的信息
选择一个图元	单击该图元
选择多个图元	在按住 Ctrl 键的同时单击每个图元
选择特定类别的全部图元	选择所需类型的一个图元，使用快捷键 SA(表示"选择全部实例")
选择某种类别的所有图元	在图元周围绘制一个拾取框，并单击"修改-选择多个"选项卡"选择"面板中的"过滤器"按钮，打开"过滤器"对话框，选择所需类别，并单击"确定"按钮
取消选择图元	在按住 Shift 键的同时单击每个图元，可以从一组选定图元中取消选择该图元
重新选择以前选择的图元	在按住 Ctrl 键的同时按左箭头键

(3) 选择多个图元：使用以下方法选择多个图元。

在按住 Ctrl 键的同时，单击每个图元。如果要选择多个图元，并且需要使用 Tab 键来选择与其他图元非常接近的某个图元，在按 Tab 键时不要按住 Ctrl 键。

将光标放在要选择的图元一侧，并对角拖曳光标以形成矩形边界，从而绘制一个选择框。要仅选择完全位于选择框边界之内的图元，从左至右拖曳光标。要选择全部或部分位

于选择框边界之内的任何图元，从右至左拖曳光标。

按 Tab 键高亮显示连接的图元，然后单击选择这些图元。

使用"选择全部实例"工具可以在项目或视图中选择某一图元或族类型的所有实例。

在绘图区域中，单击未选定的项目可将其添加到选择集中。要将选定的项目从选择集中删除，请单击该项目。光标将指示正在对选择集执行的操作是添加(+)还是删除(−)。

(4) 使用过滤器选择图元：当选择中包含不同类别的图元时，可以使用过滤器从选择中删除不需要的类别。例如，如果选择的图元中包含墙、门、窗和家具，可以使用过滤器将家具从选择中删除。

将光标放置在图元的一侧，并沿对角线拖曳光标，以形成一个矩形边界定义选择框，如图 2-37 所示。要仅选择完全位于选择框边界之内的图元，从左至右拖曳光标。要选择全部或部分位于选择框边界之内的任何图元，从右至左拖曳光标。

单击"修改 - 选择多个"选项卡"选择"面板中的"过滤器"按钮，打开如图 2-38 所示的"过滤器"对话框。修改选择内容时，对话框中和状态栏上的总数会随之更新。

选择类别后，单击"确定"按钮。

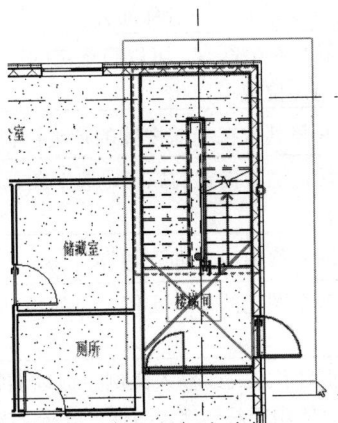

图 2-37　选择框

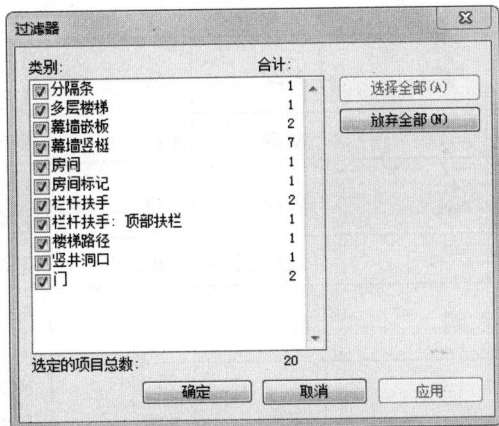

图 2-38　"过滤器"对话框

在项目中，单击选中某一图元，再右击，选择"全部实例(A)""在视图中可见(V)"，则可选中该图元的所有同类型图元。需要注意的是，这种方法只能选择一个类型的图元，选择过滤器可以选择多个类型的图元。

2. 图元编辑工具

Autodesk Revit 建模过程中，需要对图元进行对齐、镜像、移动、复制等操作，这些操作在"修改"面板中，在选中图元、创建图元时，在功能区面板中均会出现，如图 2-39 所示。当选择要修改的图元后，会打开"修改|××"选项卡，选择的图元不同，打开的"修改|××"选项卡也会有所不同，但是"修改"选项卡中的操作工具是相同的，修改命令如表 2-3 所示。下面对常用的几个图元编辑工具进行介绍。

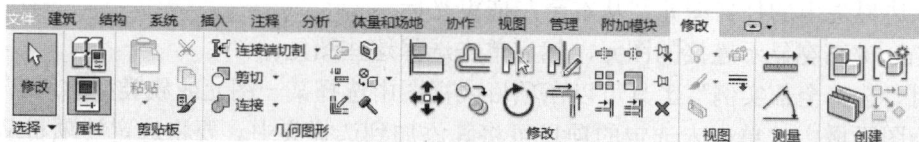

图 2-39 "修改"选项卡

表 2-3 修改命令介绍

序号	图标	常用操作	快捷键	功能描述
1		对齐	AL	可以将一个或多个图元与选定图元对齐,通常用于对齐墙、梁和线,偶尔用于其他类型图元
2		偏移	OF	将选定的图元(例如线、墙或梁)复制或移动到其长度的垂直方向上的指定距离处
3		镜像	MM/DM	镜像分为拾取轴镜像(MM)和绘制轴镜像(DM),两者的区别在于是否有对称轴。镜像可以用于图元的翻转,也可用于对称模型的快捷绘制,将已经绘制好的图元,通过镜像命令完成另一对称部分
4		移动	MV	好似方向标,上下左右全都有。可以将选定的图元移动到当前视图的指定位置
5		复制	CO	用于复制图元,并将其放在当前视图的指定位置
6		旋转	RO	可 360 度任意旋转,绕着指定的原点,选中图元,指定角度就可以旋转
7		修剪/延伸	TR	可将一个或多个图元修剪或延伸到边界
8		阵列	AR	可以创建一个或多个图元的多个实例,可线性创建、可半径创建
9		缩放	RE	放大镜原理,通过图形方式或输入比例系数以调整图元的尺寸和比例,适用于线、墙、图像、链接、DWG 和 DXF 导入、参照平面以及尺寸标注的位置
10		拆分	SL	可以将选定的图元进行拆分
11		锁定、解锁、删除	UP/PN/DE	锁定负责锁住,解锁负责打开,删除即删掉不需要的图元或者图纸

(1) 对齐图元:可以将一个或多个图元与选定图元对齐。此工具通常用于对齐墙、梁和线,也可以用于其他类型的图元。可以对齐同一类型的图元,也可以对齐不同族的图元。可以在平面视图(二维)、三维视图或立面视图中对齐图元。对齐图元具体步骤如下。

单击"修改"选项卡"修改"面板中的"对齐"按钮,打开选项栏,如图 2-40 所示。选择要与其他图元对齐的图元。选择要与参照图元对齐的一个或多个图元。在选择之前,将光标在图元上移动,直到高亮显示要与参照图元对齐的图元部分时为止,然后单击该图元,对齐图元。

如果希望选定图元与参照图元保持对齐状态,单击锁定标记来锁定对齐,当修改具有对齐关系的图元时,系统会自动修改与之对齐的其他图元,如图 2-41 所示。

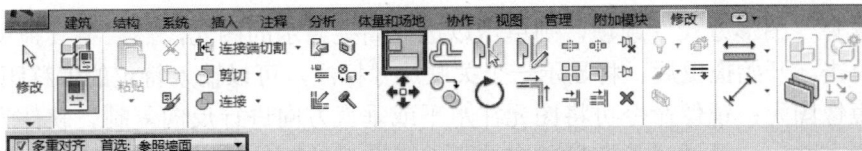

图 2-40　"对齐"工具

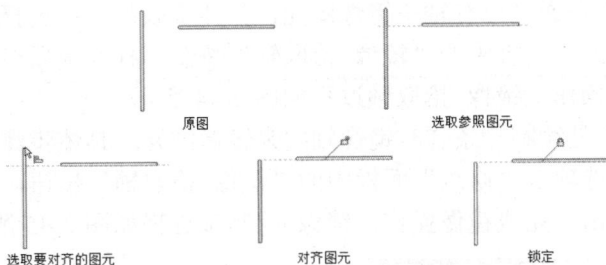

图 2-41　对齐过程图

（2）偏移图元：将选定的图元，如线、墙或梁复制移动到其长度的垂直方向上的指定距离处。可以对单个图元或属于相同族的图元链应用"偏移"工具。可以通过拖曳选定图元或输入值来指定偏移距离。

"偏移"工具的使用限制条件：只能在线、梁和支撑的工作平面中偏移它们；不能对创建为内建族的墙进行偏移；不能在与图元的移动平面相垂直的视图中偏移这些图元，例如，不能在立面图中偏移墙。

偏移图元的具体步骤如下。

单击"修改"选项卡"修改"面板中的"偏移"按钮，打开选项栏，如图 2-42 所示。在选项栏中选择设置偏移距离的方式。

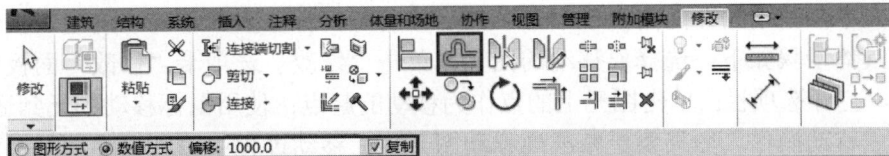

图 2-42　"偏移"工具

选择要偏移的图元或链，如果选择"数值方式"选项并指定了偏移距离，则将在放置光标的一侧在离高亮显示图元该距离的地方显示一条预览线，如图 2-43 所示。

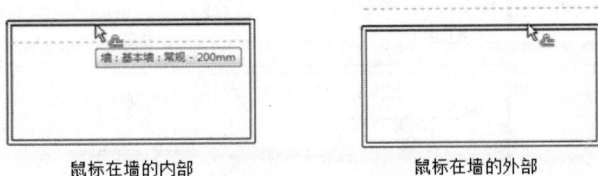

鼠标在墙的内部　　　　　　　　　　鼠标在墙的外部

图 2-43　偏移方向

根据需要移动光标，以便在所需偏移位置显示预览线，然后单击，将图元或链移动到该位置，或在那里放置一个副本。

如果选择"图形方式"选项，则单击以选择高亮显示的图元，然后将其拖曳到所需距离并再次单击。开始拖曳后，将显示一个关联尺寸标注，可以输入特定的偏移距离。

(3) 镜像图元：镜像命令可将图元往水平或垂直方向进行反向复制。软件为用户提供了两种镜像方法：一是通过拾取轴的方法；二是通过绘制轴的方法。无论选择哪种方法，都是比较简单的操作，用户可根据实际需要进行选择。

"镜像-拾取轴"是通过已有轴来镜像图元，具体步骤如下：选择要镜像的图元；单击"修改"选项卡"修改"面板中的"镜像-拾取轴"按钮，打开选项栏；选择代表镜像轴的线；单击，完成镜像操作。镜像-拾取轴过程如图2-44所示。

"镜像-绘制轴"是绘制一条临时镜像轴线来镜像图元，具体步骤如下：选择要镜像的图元；单击"修改"选项卡"修改"面板中的"镜像-拾取轴"按钮，打开选项栏；绘制一条临时镜像轴线；单击，完成镜像操作。镜像-绘制轴过程如图2-45所示。

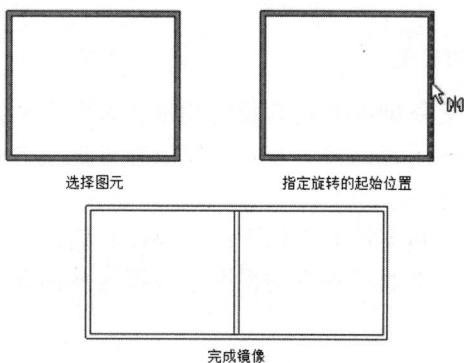

图 2-44　镜像-拾取轴过程　　　　　　　　图 2-45　镜像-绘制轴过程

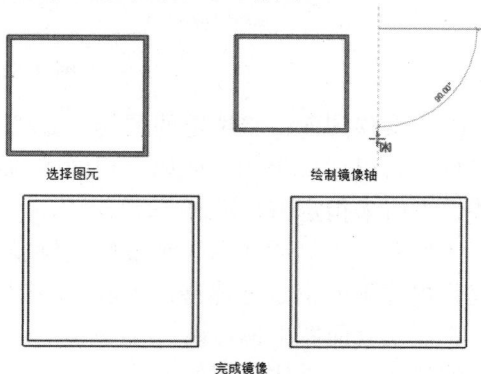

(4) 移动图元：移动命令可将项目文件中的图元从一个地方移动到另一个地方。移动的时候，先单击移动物体的角点或端点，然后移动到目标位置，单击"确定"按钮，即可实现。其具体步骤如下：选择要移动的图元；单击"修改"选项卡"修改"面板中的"移动"按钮，打开选项栏；单击图元上的点作为移动的起点；使用鼠标移动图元到适当位置；单击，完成移动操作。如果要更精准地移动图元，在移动过程中输入要移动的距离即可。移动过程如图2-46所示。

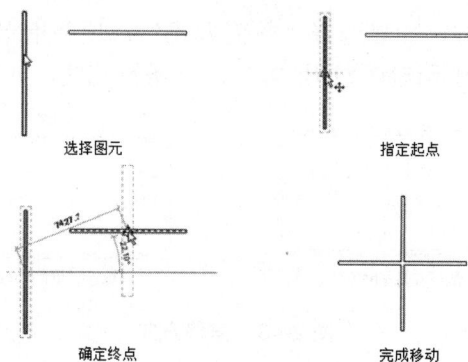

图 2-46　移动过程

（5）复制图元："复制"工具可对项目文件中的图元进行复制。"修改"面板中的"复制"工具只能复制一个图元，如图 2-47 所示；"编辑图元"面板中的"复制"工具可复制多个，同时约束复制的方向，即控制朝水平方向或垂直方向进行复制。

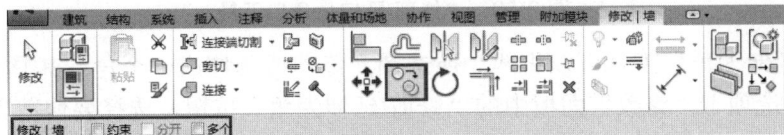

图 2-47　"复制"工具

（6）旋转图元："旋转"工具，可对项目文件中的图元进行旋转，所需角度可在左下角的"角度"进行设定，同时可以根据需要选择是否进行旋转复制，以及设定旋转的中心点位置，如图 2-48 所示。并不是所有的图元都可以围绕任何轴旋转。例如，墙不能在立面视图中旋转，窗不能在没有墙的情况下旋转。

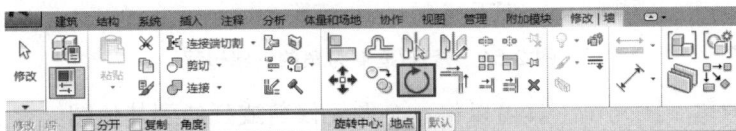

图 2-48　"旋转"工具

旋转图元具体步骤如下：选择要旋转的图元；单击"修改"选项卡"修改"面板中的"旋转"按钮，打开选项栏；单击以指定旋转的开始位置放射线，此时显示的线即表示第一条放射线，如果在指定第一条放射线时用光标进行捕捉，则捕捉线将随预览框一起旋转，并在放置第二条放射线时捕捉屏幕上的角度；通过鼠标移动图元到适当位置；单击，完成旋转操作。如果要想更精准地旋转图元，在旋转过程中输入要旋转的角度即可。旋转过程如图 2-49 所示。

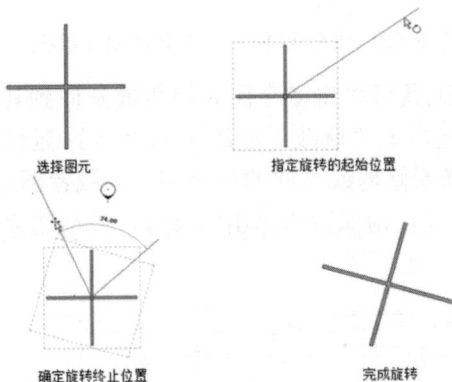

图 2-49　旋转过程

（7）修剪/延伸图元：在修改面板中，"修剪/延伸为角"工具可把多余的图元修剪掉或将未绘制完整的图元进行延伸直到两图元相交成角，此外，软件还为用户提供了两个工具，分别是"修剪/延伸单个图元"和"修剪/延伸多个图元"，这两个工具不能延伸为角，如图 2-50 所示。

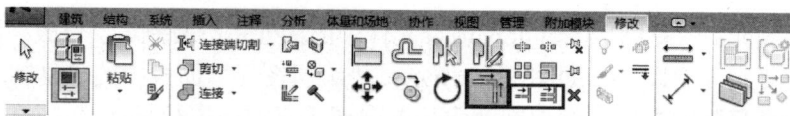

图 2-50 "修剪/延伸为角"工具

"修剪/延伸为角"工具可以将两个所选图元修剪或延伸成一个角。其具体步骤如下：单击"修改"选项卡"修改"面板中的"修剪/延伸为角"按钮，选择要修剪/延伸的一个线或墙，单击要保留的部分，再选择要修剪/延伸的第二个线或墙，最后根据所选图元修剪/延伸为一个角，如图 2-51 所示。

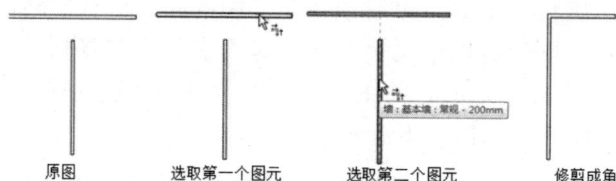

| 原图 | 选取第一个图元 | 选取第二个图元 | 修剪成角 |

图 2-51 修剪/延伸为角的创建过程

"修剪/延伸单一图元"工具可以将一个图元修剪或延伸到其他图元定义的边界。其具体步骤如下：单击"修改"选项卡"修改"面板中的"修剪/延伸单个图元"按钮；选择要用作边界的参照；选择要修剪/延伸的图元。如果此图元与边界(或投影)交叉，则保留所单击的部分，修剪边界另一侧的部分，如图 2-52 所示。

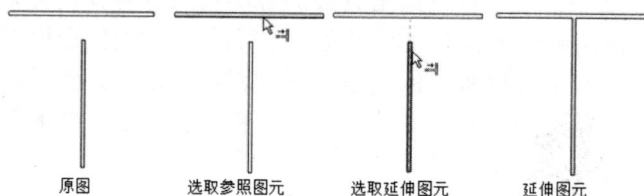

| 原图 | 选取参照图元 | 选取延伸图元 | 延伸图元 |

图 2-52 修剪/延伸单一图元的创建过程

"修剪/延伸多个图元"工具可以将多个图元修剪或延伸到其他图元定义的边界。其具体步骤如下：单击"修改"选项卡"修改"面板中的"修剪/延伸单个图元"按钮；选择要用作边界的参照；单击以选择要修剪或延伸的每个图元，或者框选所有要修剪/延伸的图元。如果此图元与边界(或投影)交叉，则保留所单击的部分，修剪边界另一侧的部分，如图 2-53 所示。

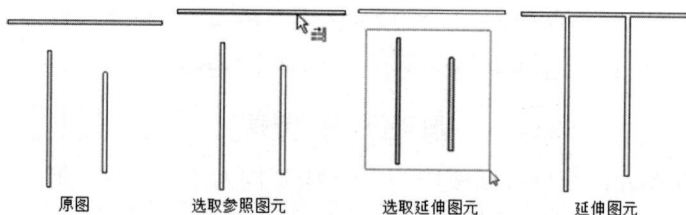

| 原图 | 选取参照图元 | 选取延伸图元 | 延伸图元 |

图 2-53 修剪/延伸多个图元的创建过程

(8) 拆分图元：通过拆分工具，可将图元拆分为两个单独的部分，可删除两个点之间的线段，也可在两面墙之间创建定义的间隙。拆分工具有两种："拆分图元"和"用间隙拆分"。"用间隙拆分"工具可以在拆分点位置上，设定拆分间隙的大小。"拆分图元"工具可以拆分墙、线、栏杆护手(仅拆分图元)、柱(仅拆分图元)、梁(仅拆分图元)、支撑(仅拆分图元)等图元，如图 2-54 所示。

图 2-54 "拆分图元"工具与"用间隙拆分"工具

"拆分图元"工具可以在选定点剪切图元(例如墙或管道)，或删除两点之间的线段。其具体步骤如下：单击"修改"选项卡"修改"面板中的"拆分图元"按钮，打开选项栏；在图元上要拆分的位置处单击，拆分图元。如果勾选"删除内部线段"复选框，则单击另一个点来删除一条线段，如图 2-55 所示。

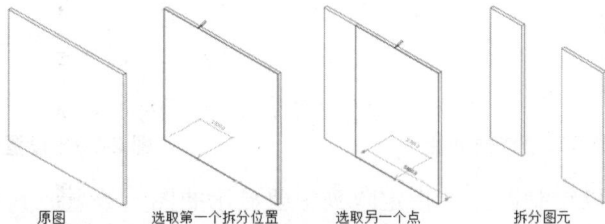

原图　　　　　选取第一个拆分位置　　　　　选取另一个点　　　　　拆分图元

图 2-55 拆分图元的创建过程

"用间隙拆分"工具将墙拆分成已定义间隙的两面单独的墙。其具体步骤如下：单击"修改"选项卡"修改"面板中的"用间隙拆分"按钮，打开选项栏；在选项栏中输入连接间隙值；在图元上要拆分的位置处单击，拆分图元，如图 2-56 所示。

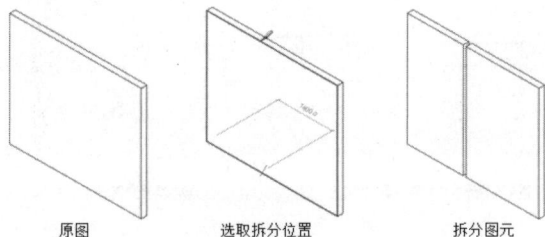

原图　　　　　选取拆分位置　　　　　拆分图元

图 2-56 用间隙拆分的创建过程

(9) 阵列图元："阵列"一个非常重要的工具，熟练掌握该工具会大大提高制图的效率。在编辑图元中的"阵列"工具，用户可设定需要阵列的数量、是以旋转还是以移动的方式进行阵列及该数量是到达第二个还是到达最后一个，在水平阵列或垂直阵列时，还可以启用"约束"，使阵列更加高效，如图 2-57 所示。

"线性阵列"可以指定阵列中的图元之间的距离。其具体步骤如下：单击"修改"选项卡"修改"面板中的"阵列"按钮，选择要阵列的图元，按 Enter 键，打开选项栏，单击

"线性"按钮；在绘图区域中单击以指明测量的起点；移动光标显示第二个成员尺寸或最后一个成员尺寸，如图 2-58、图 2-59 所示，单击确定间距尺寸，或直接输入尺寸值；在选项栏中输入副本数，也可以直接修改图形中的副本数字，完成阵列。

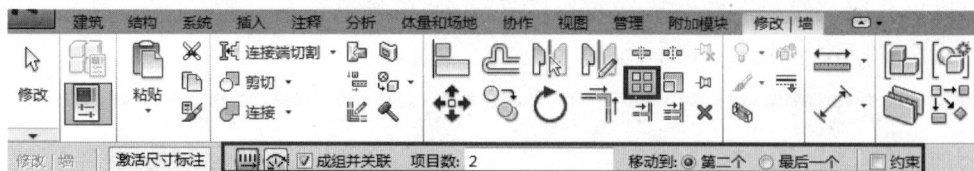

图 2-57 "阵列"工具

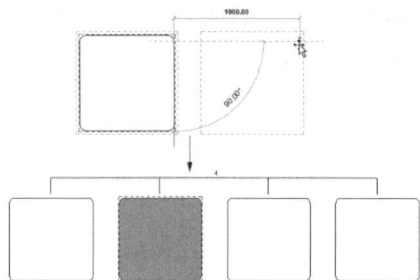

图 2-58 设置第二个成员间距

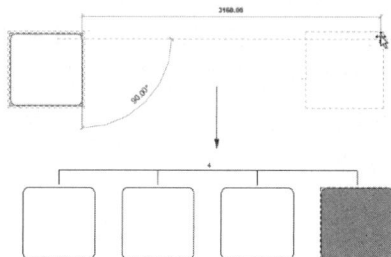

图 2-59 设置最后一个

"半径阵列"可以绘制圆弧并指定阵列中要显示的图元数量。其具体步骤如下：单击"修改"选项卡"修改"面板中的"阵列"按钮，选择要阵列的图元，按 Enter 键，打开选项栏，单击"半径"按钮；指定旋转中心点，在大部分情况下，都需要将旋转中心控制点从所选图元的中心移走或重新定位；将光标移动到半径阵列的弧形开始的位置；输入旋转角度和副本数。也可以指定第一条旋转放射线后移动光标放置第二条旋转放射线来确定旋转角度。半径阵列过程如图 2-60 所示。

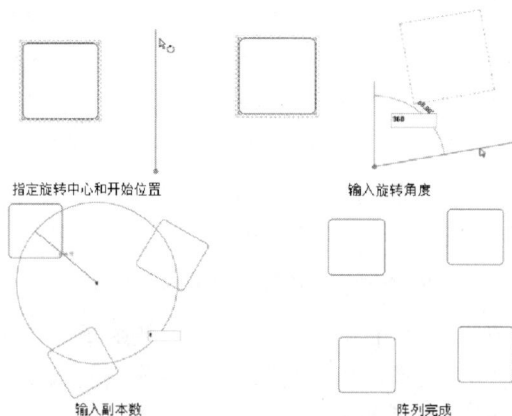

图 2-60 半径阵列过程

(10) 锁定、解锁图元："锁定"工具用来将图元进行锁定。锁定图元后，用户将不能对其进行移动等操作，如果不小心将该图元删除，将会出现一条警告信息，告知用户该图

元已被锁定；若需要对锁定的图元进行操作，需要先将其进行解锁，如图 2-61 所示。

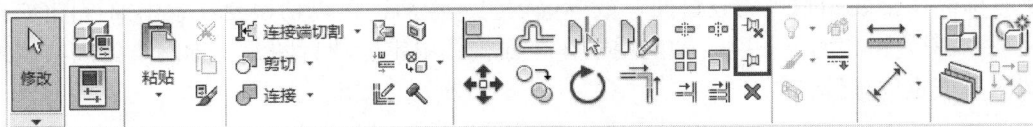

图 2-61　"锁定""解锁"工具

(11) 缩放图元："缩放"工具适用于线、墙、图像、链接、DWG 和 DXF 导入、参照平面及尺寸标注的位置。可以通过图形方式或输入比例系数来调整图元的尺寸和比例，如图 2-62 所示。

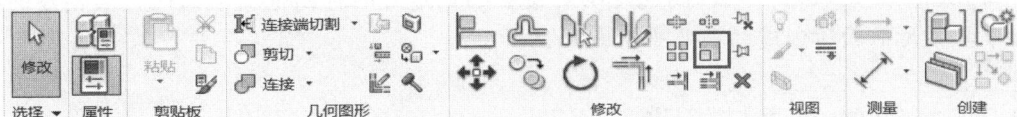

图 2-62　"缩放"工具

缩放图元大小时，需要考虑以下事项。

- 无法调整已锁定的图元。需要先解锁图元，然后才能调整其尺寸。
- 调整图元尺寸时，需要定义一个原点，图元将相对于该固定点均匀地改变大小。
- 所有选定图元都必须位于平行平面中。选择集中的所有墙必须都具有相同的底部标高。
- 调整墙的尺寸时，插入对象(如门和窗)与墙的中点保持固定的距离。
- 调整大小会改变尺寸标注的位置，但不改变尺寸标注的值。如果被调整的图元是尺寸标注的参照图元，则尺寸标注值会随之改变。

链接符号和导入符号具有名为"实例比例"的只读实例参数。它表明实例大小与基准符号的差异程度。可以调整链接符号或导入符号来更改实例比例。

缩放图元的具体步骤如下：单击"修改"选项卡"修改"面板中的"缩放"按钮，选择要缩放的图元，打开选项栏；在图形中单击以确定原点；如果选择"图形方式"选项，则移动光标定义第一个矢量，单击设置长度，然后再次移动光标定义第二个矢量，系统根据定义的两个矢量确定缩放比例；如果选择"数值方式"选项，则输入比例系数，缩放图元。

2.2　标高与轴网

2.2.1　基本概念

标高是 Revit 模型使用的基准，用于确定模型重要特征的高程，反映建筑构件在高度方向上的定位。例如，建筑的一层、二层、屋面、女儿墙顶部等任何重要垂直基准线定义为标高。在建模开始前，应对项目的层高和标高信息做整体规划，建模时，Revit 将通过标高确定建筑构件的高度和空间高度。

轴网属于基准图元，作用就是为绘制三维模型提供平面位置参考，属于定位作用。轴网是与标高水平面相垂直的竖直面，故标高创建完成后，可以切换至任意平面视图(如楼层平面视图)来创建和编辑轴网，轴网用于在平面视图中定位项目图元。轴网与标高共同组成建筑的三维定位系统。

注意：在 Revit 中，标高实际上是一组空间高度上相互平行的平面。Revit 会在立面识图、剖面识图中显示标高的投影。因此，仅需要在一个立面视图中绘制和修改标高，在其他视图中会自动修改标高信息。同时，在平面视图中放置图元时，默认情况下每个图元会使用相关的标高基准作为底部和顶部定位标高，受基准标高的约束，当修改标高时，图元的底部和顶部标高也会随着移动。创建模型时，要先建标高，后建轴网，一般情况下在楼层平面视图创建的轴网，默认高度是刚好覆盖已创建好的标高范围，因此，后创建的楼层平面中看不见前面所创建的参照平面或轴网。

2.2.2 标高的创建与修改

1. 新建项目

在 Revit 中绘图时，一般是先建标高，再建轴网。在正式建模之前，需要新建项目。在软件初始界面，选择"项目""新建"命令，在弹出的"新建项目"对话框中，在"样板文件"下拉列表中，选择"建筑样板"，单击"确定"按钮，如图 2-63 所示。

图 2-63　新建项目

注意：此任务只讲解标高创建及修改的主要命令和操作，而非实际项目，实际项目建模见"实操研学"部分。

2. 绘制标高

新建项目文件，并保存文件为 rvt 格式，将"文件保存选项"下的最大备份数改为 1，如图 2-64 所示。

在 Revit 工作界面的"项目浏览器"中双击"立面(建筑立面)"，会出现东、北、南、西四个立面视图，单击任一立面视图，例如"东"，绘图界面就切换到"东"立面，如图 2-65 所示。

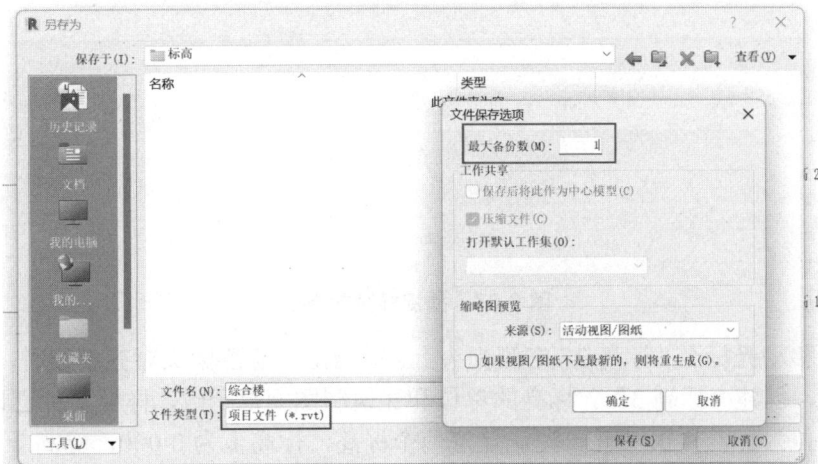

图 2-64　项目文件保存

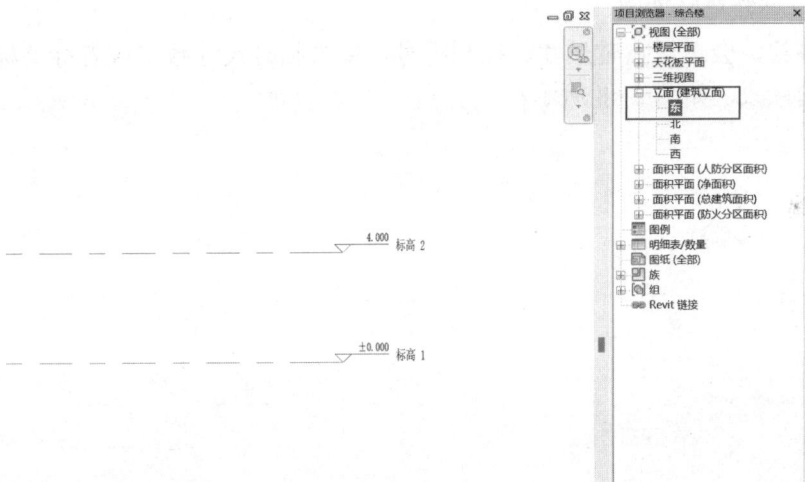

图 2-65　立面视图

选择"建筑"功能区面板下的"基准""标高"命令，这时功能区选项卡上会高亮显示"修改|放置 标高"，这时可以通过绘制功能或者拾取功能绘制标高，如图 2-66 所示。

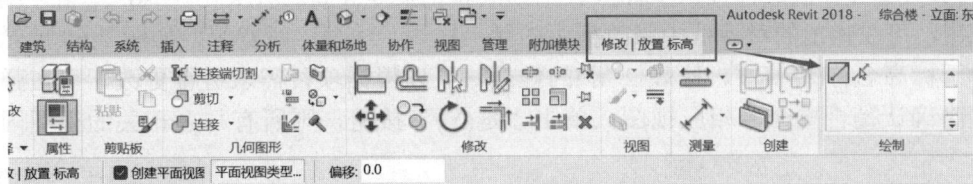

图 2-66　绘制标高

移动光标到绘图窗口中"标高 2"左侧标头正上方，当出现蓝色标头对齐虚线时，单击捕捉标高起点，如图 2-67 所示。

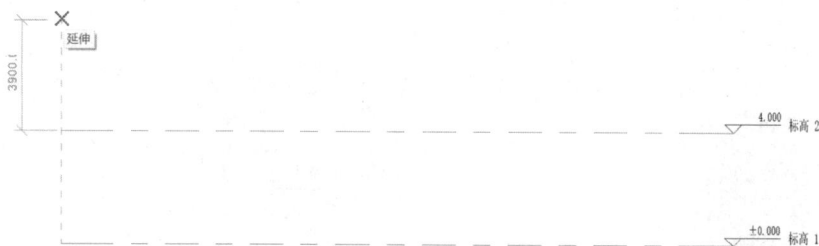

图 2-67　捕捉标高起点

从左向右移动光标至"标高 2"右侧标头上方，当出现蓝色标头对齐虚线时，再次单击，捕捉标高终点，创建"标高 3"。标高的单位和建筑制图规范一致，样板文件已设置标高对象标高值的单位为 m，样板文件已默认建好两个标高，标高 1 为 0-000，标高 2 为 4-000。

注意：标高只能在立面视图或者剖面视图中创建和编辑。

3. 编辑标高和修改标高

选择标高线，会出现临时尺寸、控制符号，单击临时尺寸数字或者标高标头数字，可完成对标高的修改，如图 2-68 所示。

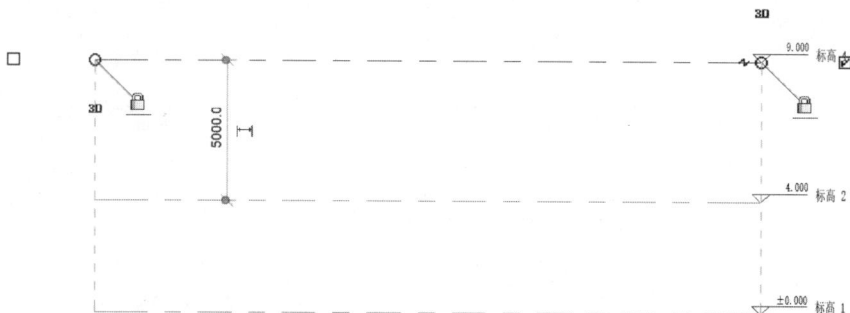

图 2-68　编辑标高

对标高名称和样式的修改，可通过编辑标高标头族来实现，也可以在"属性"选项卡中完成标高标头的类型样式。单击已绘制的标高线，在"属性"选项卡中可以修改标高的标头形式，Revit 样板文件提供上标头、下标头和正负零标高三种类型样式，单击"编辑类型"按钮，可在弹出的对话框中修改标头的显示样式、线型、线宽等，如图 2-69 所示。其中，对于标高名称(标高 1、标高 2 等)的修改，可以根据项目需求进行更改，可在弹出的提示框中确认是否重命名相应视图，单击"是(Y)"按钮，则所有与之相关的视图同步更新名称。

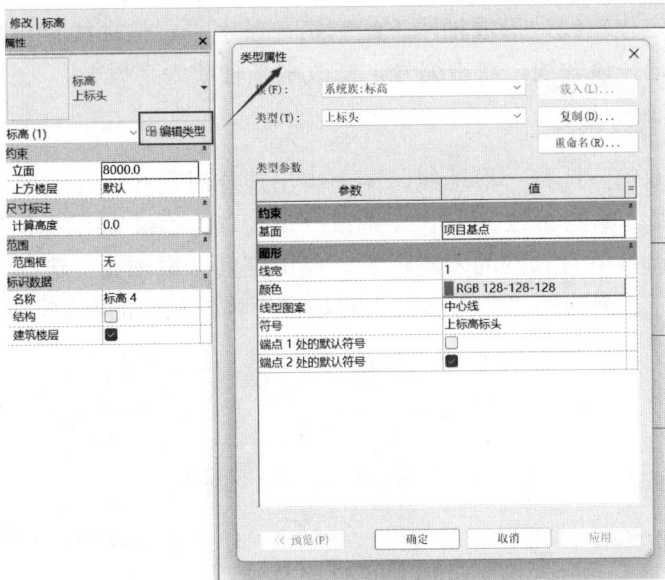

图 2-69　类型属性

2.2.3　轴网的创建与修改

1. 创建轴网

在"项目浏览器"中双击"楼层平面"选项下的"标高 1"，打开一层平面视图。选择"建筑""基准""轴网"，如图 2-70 所示，进入轴网绘制状态，显示"单击可输入轴网起点"提示信息。将光标移动到视图中单击捕捉一点作为轴线起点，然后从上向下移动光标一定距离后，再次单击捕捉轴线终点，按两次 Esc 键退出轴线绘制，创建第一条竖直轴线，轴号默认为 1。单击 1 号轴线，单击工具栏中"复制"按钮，在选项栏勾选"约束""多个"复选框，如图 2-71 所示。移动光标在 1 号轴网上单击捕捉一点作为复制参考点，然后向右移动光标，输入轴线间距值后按 Enter 键，确认后可复制随后的竖向定位轴线。

图 2-70　新建轴网

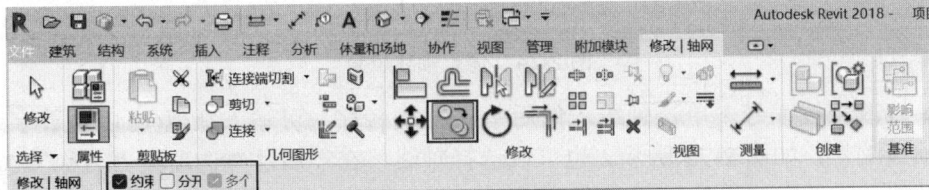

图 2-71　复制轴网

依次绘制水平定位轴线，形成轴网。绘制第一条水平定位轴线时，其编号为顺延竖向轴线的编号，可以选择该轴线，双击编号，修改水平轴线为字母轴。

2. 编辑轴网和修改轴网

(1) 轴头显示编辑。选择一根轴线，图面将出现临时尺寸标注，单击尺寸标注上的数字，可修改轴线间距，如图 2-72 所示。勾选或取消勾选"隐藏/显示标头"可以控制轴号的显示与隐藏。如需调整所有轴网的表现形式，单击任何一根轴线，选择"属性""编辑类型""类型属性"，在弹出的"类型属性"对话框中修改相应的参数，如图 2-73 所示。

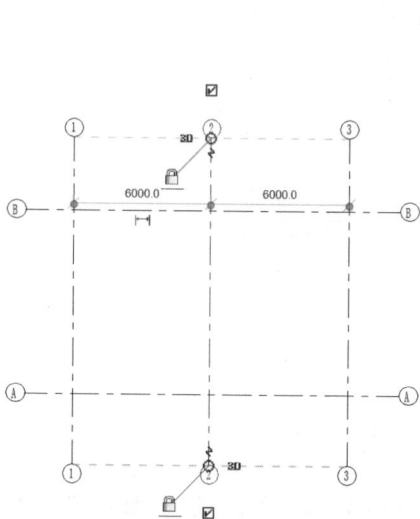

图 2-72 轴线间距修改

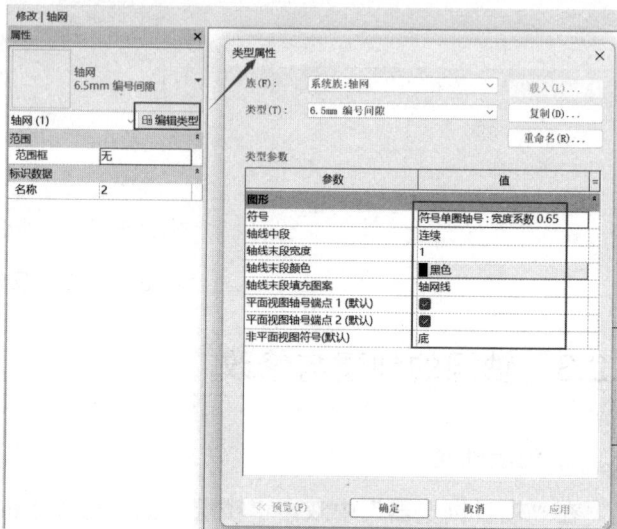

图 2-73 轴网属性修改

(2) 调整轴线位置。单击轴线，会出现这条轴线与相邻轴线的间距(蓝色临时尺寸标注)，单击间距值，可调整所选轴线的位置，如图 2-74 所示。

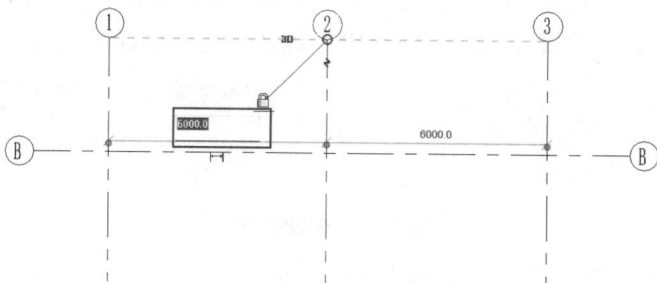

图 2-74 调整轴线位置

(3) 修改轴线编号。单击轴线，然后单击轴线名称，可输入新值(可以是数字或字母)以修改轴线编号，如图 2-75 所示。也可以选择轴线，在"属性"选项板"名称"选项输入其他属性值，修改轴线编号。

(4) 调整轴号位置。当有相邻轴线间距较近，轴号重合，这时需要将某条轴线的编号位置进行调整。选择现有轴线，选择"添加弯头"，拖曳控制柄，可将编号从轴线中移开。

选择轴线后，可通过拖曳模型端点修改轴网，如图 2-76 所示。

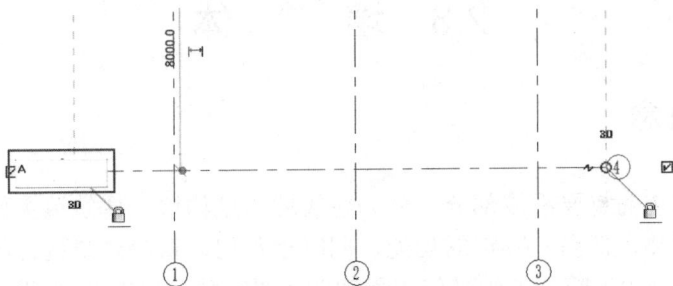

图 2-75   调整轴线编号

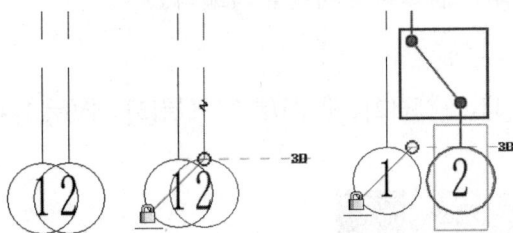

图 2-76   调整轴号位置

(5) 显示和隐藏轴网编号。选择一条轴线后，在轴网编号附近会提示一个复选框。选中该复选框，可隐藏/显示轴网编号，如图 2-77 所示。

(6) 轴网锁定。轴网绘制完成后，可以框选全部轴线，再选择"修改|轴网""锁定"，确保轴网固定于原位，不会因误操作而偏离规定位置，如图 2-78 所示。

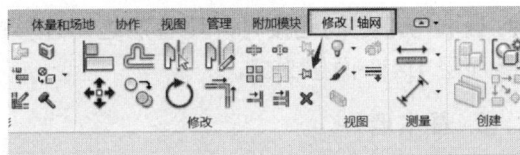

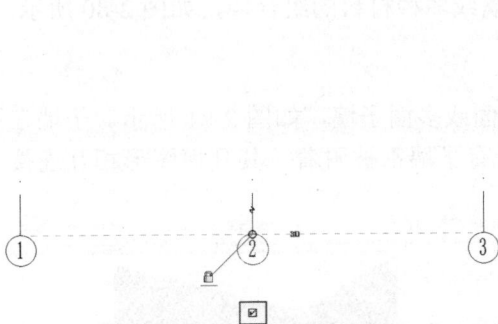

图 2-77   显示和隐藏轴网编号

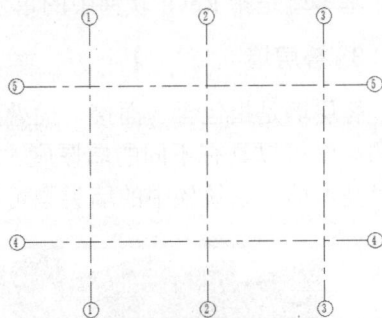

图 2-78   轴网锁定

2.3 墙 体

2.3.1 基本概念

墙体作为建筑物的重要组成部分，分为建筑墙与结构墙，建筑墙主要起维护和空间分割的作用，也有隔热、保温、隔声的功能，同时也是门、窗等建筑构件的承载主体。结构墙是建筑中主要承受由风荷载或地震作用引起的水平荷载和竖向荷载(重力)的墙体。结构墙的绘制方式与建筑墙相似，能够使用基本墙、叠层墙、幕墙的方式进行绘制。这里主要讲述建筑墙的基本墙、叠层墙、墙体装饰的创建与编辑。

1. 墙的功能层

墙的功能层包括结构[1]、衬底[2]、保温层/空气层[3]、面层 1[4]、面层 2[5]，如图 2-79 所示。

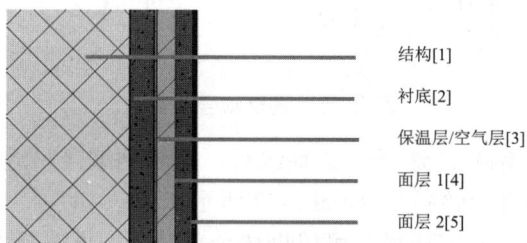

图 2-79 墙体功能细部构造层

当墙与墙之间连接时，墙各层之间连接的优先级别是结构[1] >衬底[2] >保温层/空气层[3] >面层 1[4] >面层 2[5]。

2. 基本墙

基本墙是指 Revit 软件中的单一材料的实体墙或多种材料的组合墙，如图 2-80 所示。

3. 叠层墙

叠层墙是指包含一面接一面叠放在一起的两面或多面子墙，如图 2-81 所示。子墙在不同的高度可以具有不同的墙厚度。叠层墙中的所有子墙都被附着，其几何图形相互连接。仅"基本墙"系统族中的墙类型可以作为子墙。

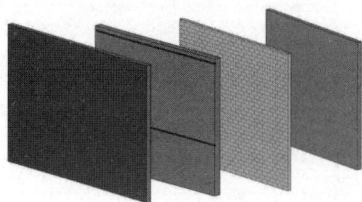

图 2-80 基本墙

图 2-81 叠层墙

4．墙面装饰

墙面装饰一般分为墙饰条与分隔条两种，如图 2-82、图 2-83 所示。墙饰条是指附着于墙表面起装饰作用，包括踢脚板、冠顶饰及其他类型的装饰用饰条。分隔条即"分隔缝"，是指在外境面施工时，为了防止外墙大面积建筑面层因温度、湿度、结构变形等因素而造成的裂缝、空鼓等，而在建筑面层上设置的分隔缝。一般在创建模型的过程中，可以运用墙饰条创建外墙装饰、散水等。

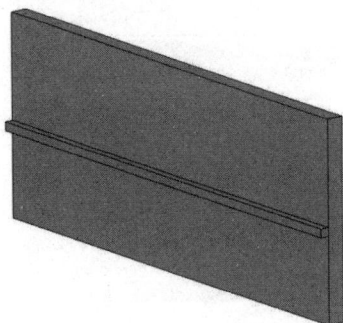

图 2-82 墙饰条

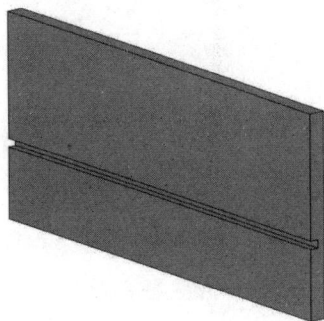

图 2-83 分隔条

2.3.2 基本墙的创建与修改

1．编辑基本墙

选择"建筑""墙""墙：建筑"，如图 2-84 所示，此时从"属性"选项的"类型选择器"中任意选择一种墙体类型，如"基本墙：常规-200"，单击"编辑类型"按钮，弹出如图 2-85 所示的"类型属性"对话框。

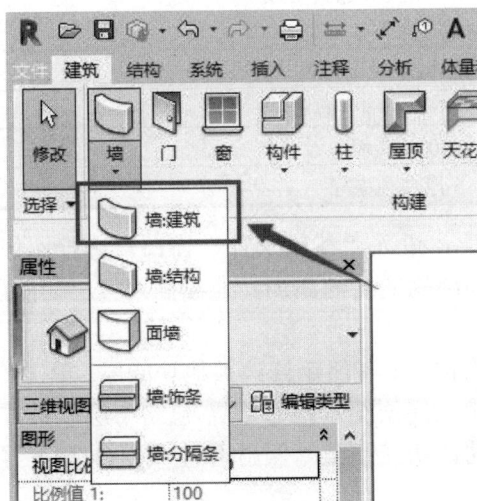

图 2-84 墙体类型选择

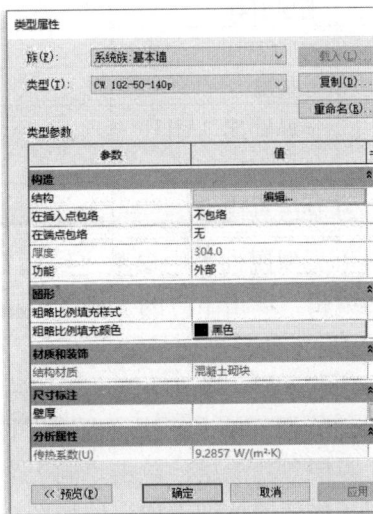

图 2-85 墙体"类型属性"对话框

假定外墙墙厚为 200mm，选择类型为"常规-200mm"，单击"复制"按钮，修改名称为"外墙-200mm"，并根据建筑设计说明和墙体大样详图编辑墙体细部构造，如图 2-86 所示。

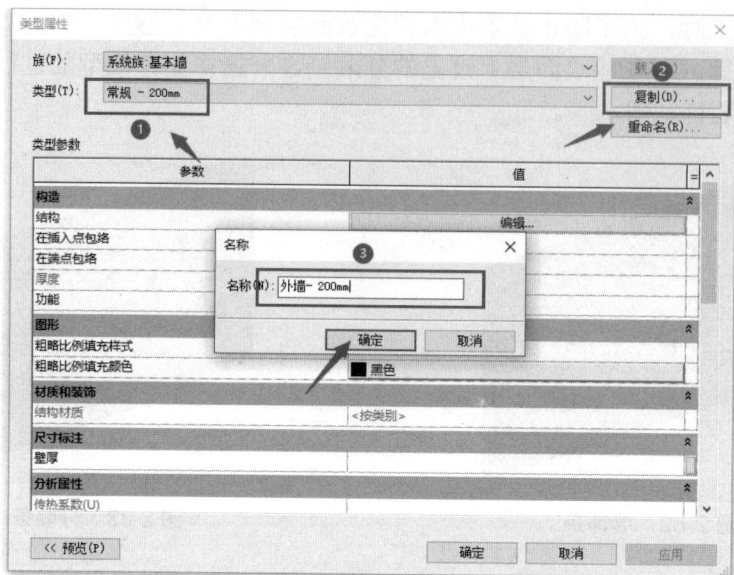

图 2-86　墙体类型属性修改

2. 编辑墙体细部构造层

拟定"外墙-200mm"的墙体细部构造要求，如表 2-4 所示。

表 2-4　外墙墙体细部构造要求

序号	功能层	厚度及材质
1	面层 1[4]	20 厚浅灰色真石漆
2	衬底[2]	5 厚抹灰砂浆
3	涂抹层	耐碱玻璃纤维网
4	保温层/空气层[3]	50 厚岩棉保温板
5	结构[1]	120 厚砖墙
6	面层 2[5]	5 厚白色腻子

单击"类型属性"中参数"结构"的"编辑"，进入"编辑部件"窗口，进行墙体细部构造的编辑，单击下方的"插入"按钮，进行细部构造层的添加，连续插入五层功能层，如图 2-87 所示。

单击功能 1 层，修改功能为"面层 1[4]"，依次按表 2-4 所示修改其他功能层。单击"面层 2[5]"功能层，单击三次"向下"按钮可移动该功能层至"核心边界-包络下层"下方；单击"涂膜层"功能层，单击"向上"按钮可移动该功能层至"保温层/空气层[3]"上方。按照类似操作使墙体细部构造层如图 2-88 所示。

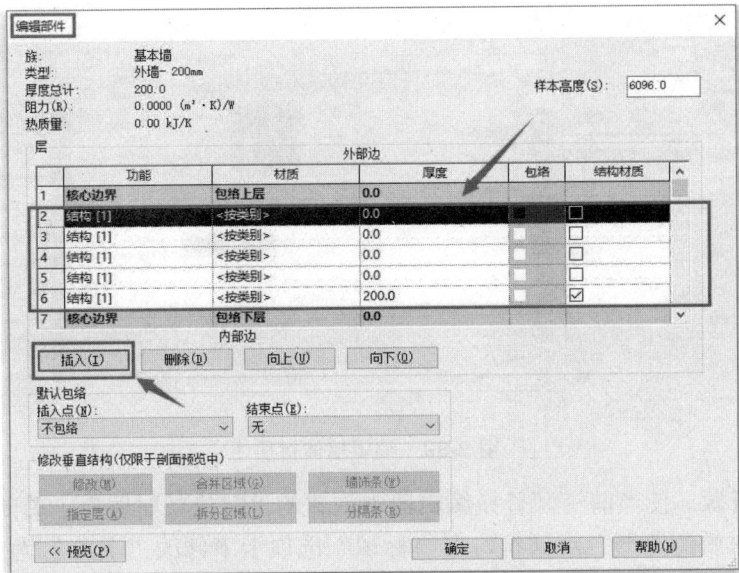

图 2-87 墙体细部构造修改 1

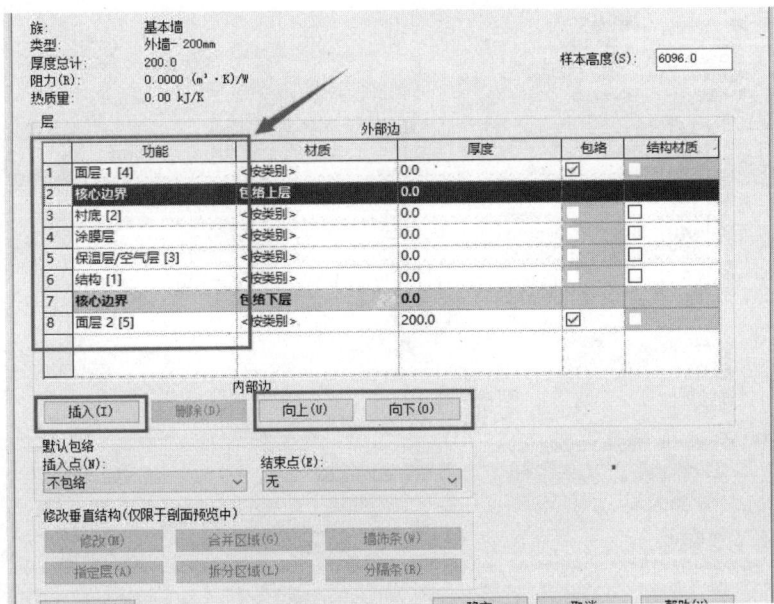

图 2-88 墙体细部构造修改 2

3. 编辑墙体材质

根据表 2-4 要求编辑墙体细部材质，单击"结构[1]""材质"栏中的 按钮，弹出"材质浏览器"窗口，单击"创建并复制材质" 按钮，选择"新材质"选项，创建"默认为新材质"。单击"打开/关闭资源浏览器" 按钮，弹出"资源浏览器"窗口。在左侧"外观库""砖石""砖块"中选择名称为"12 英寸非均匀立砌-紫红色"的材质资源，如图 2-89 所示。

图 2-89　编辑墙体材质 1

双击材质资源，使当前资源替换编辑器中创建的"默认新材质"。关闭"资源浏览器"窗口，重回"材质浏览器"对话框，在"标识"选项卡下修改"名称"为"砖墙"，单击"确定"按钮。修改"砖墙"厚度为 120.0，如图 2-90 所示。

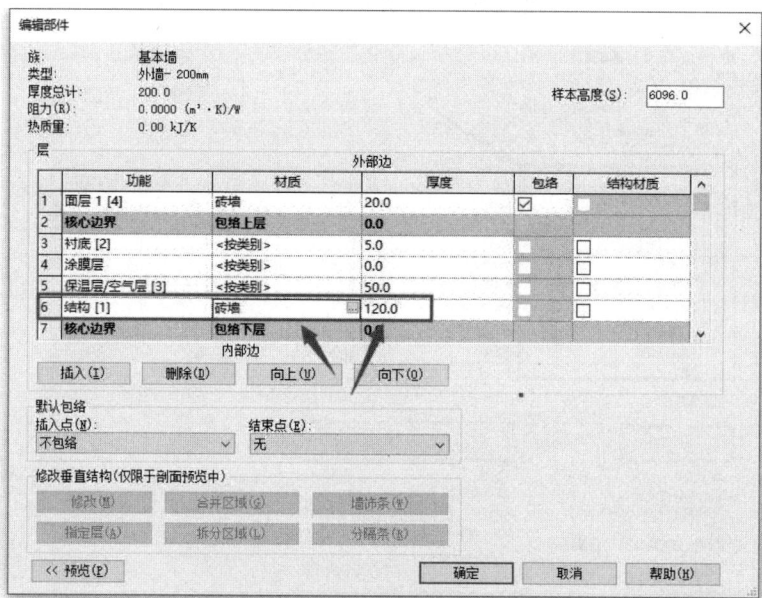

图 2-90　编辑墙体材质 2

注意：用户在"资源浏览器"窗口中不一定能够找到模型创建过程中所需的各种材质资源，此时建议搜索选择同类材质进行替换编辑。

单击"面层 2[5]"材质栏中的 按钮，弹出"材质浏览器"对话框，单击"创建并复制材质" 按钮，选择"新建材质"选项，创建"默认为新材质"。单击"打开/关闭资源浏览器" 按钮，弹出"资源浏览器"窗口。

在左侧"外观库""灰泥"中选择"名称"为"白色"的材质资源，双击进行材质替换，如图 2-91 所示。

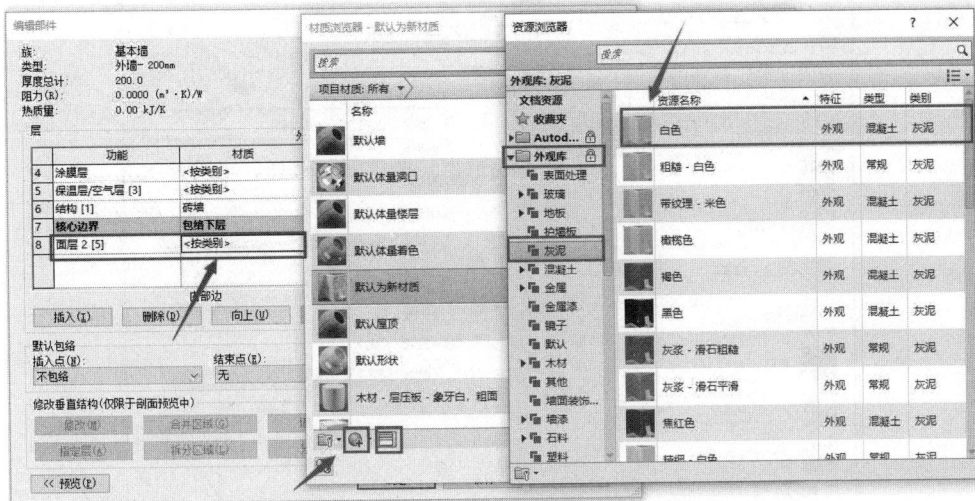

图 2-91　编辑墙体材质 3

　　进入"材质浏览器"对话框中，进入"标识"选项卡，修改"名称"为"白色腻子"，更改"图形"选项卡"着色"下"颜色"为"白色"，单击"确定"按钮。具体操作如图 2-92、图 2-93 所示。

　　注意："材质浏览器"对话框中共有"图形"和"外观"两大材质样式效果，"图形"对应模型"着色"视觉样式下的效果；"外观"对应模型"真实"视觉样式下的效果。

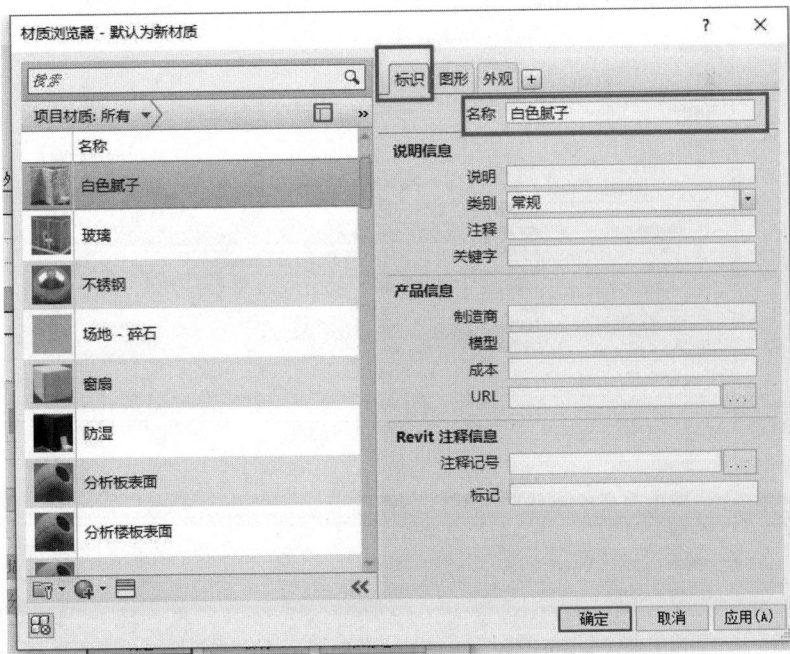

图 2-92　编辑墙体材质 4

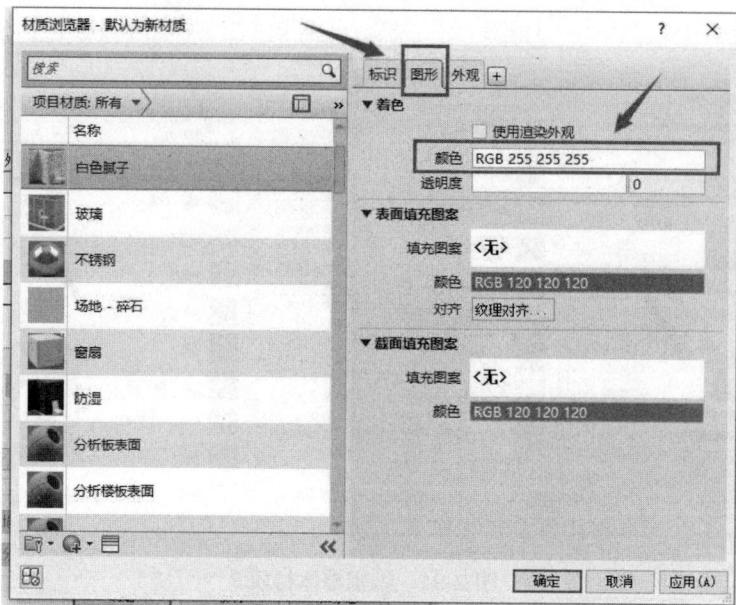

图 2-93　编辑墙体材质 5

在"图形"选项卡中勾选"使用渲染外观"，可使"图形"显示的颜色自动与"外观"显示的颜色保持一致。

按照以上方法和"表 2-4 外墙墙体细部构造要求"编辑其他功能层的材质及厚度，如图 2-94 所示，单击"确定"按钮。

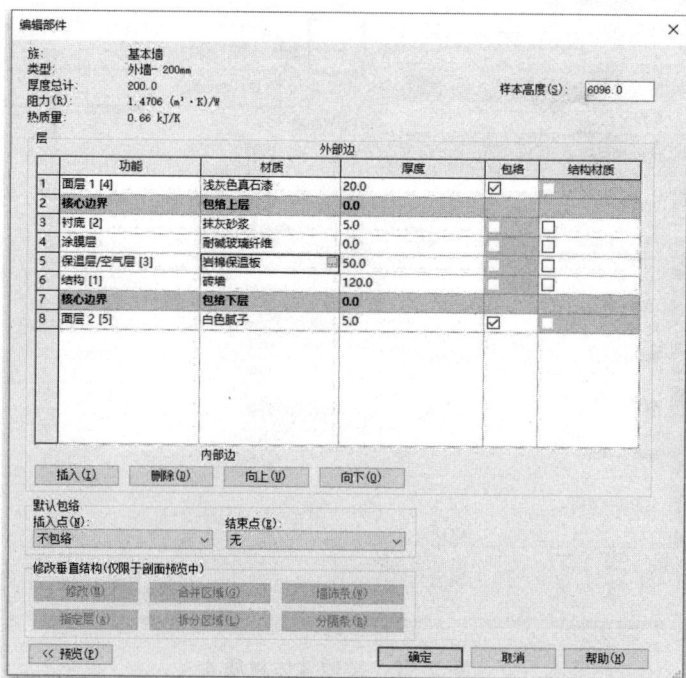

图 2-94　编辑墙体材质 6

　　注意："涂膜层"厚度必须为零。修改墙体"功能"为"外部",如图 2-95 所示,单击"确定"按钮。

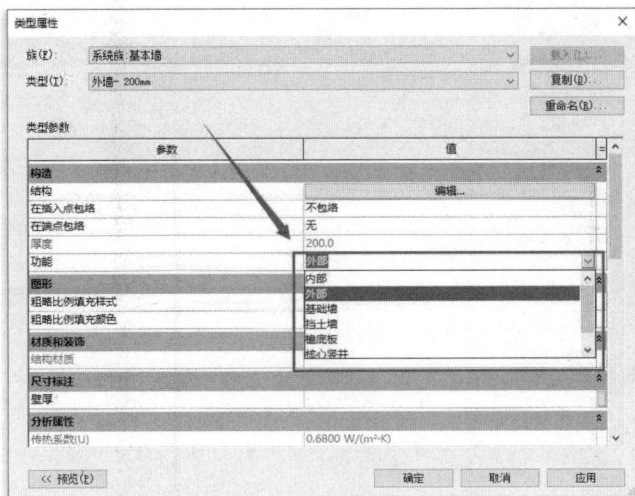

图 2-95　编辑墙体材质 7

4. 绘制基本墙

　　绘制墙体时,不同楼层需打开相应的楼层平面进行绘制,这里以一层为例进行绘制。打开"楼层平面:F-0.00"平面视图,创建"外墙-200mm",设置首层层高为 3m,二层梁高为 400 mm,因此按图 2-96 所示,修改"属性"选项板中墙体"底部约束"为 F1-0.00,"顶部约束"为"直到标高:F2-3.00","顶部偏移"值为-400.0。

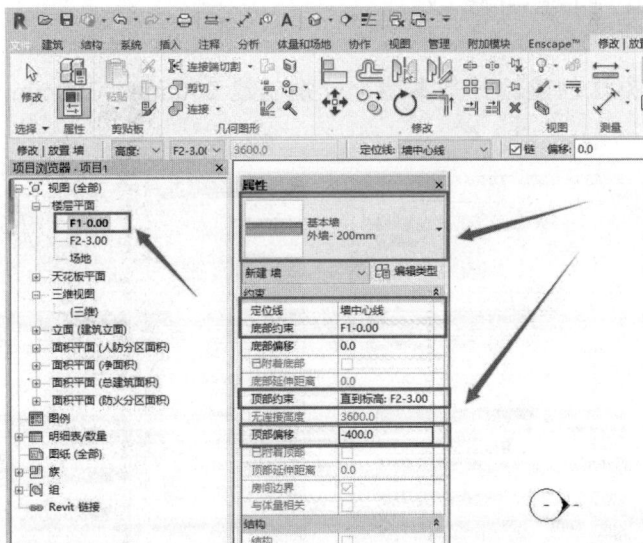

图 2-96　编辑墙体标高属性

　　在"F1-0.00"平面视图中,选择"建筑""墙""墙:建筑"选项,此时从"属性"选项板"类型选择器"中选择"外墙-200mm",选择墙体定位线为"墙中心线",取消勾选

"链"。如图 2-97 所示，创建墙体。

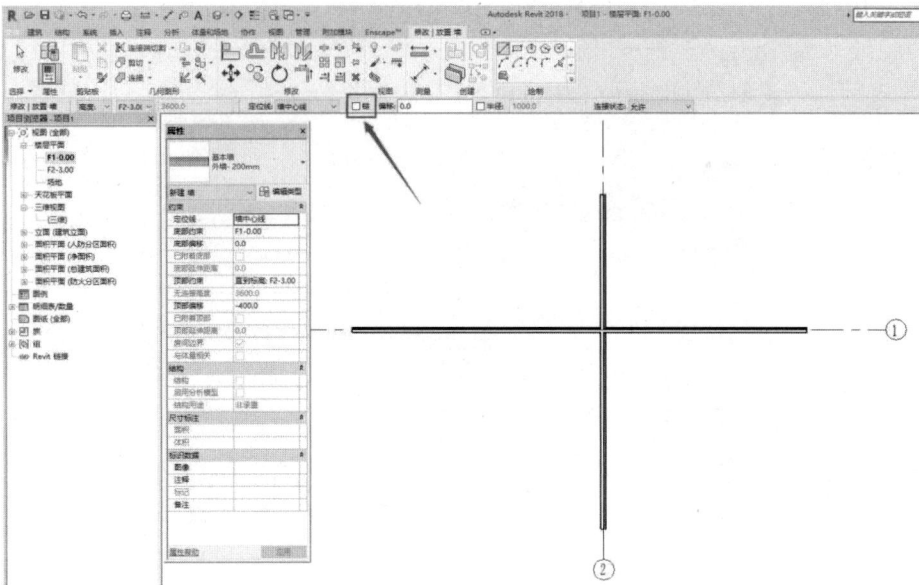

图 2-97　绘制墙体

注意：绘制墙体时有六种墙定位方式：墙中心线、核心层中心线、面层面外部、面层面部、核心面外部和内部。

用同样的方法可以创建内墙体。

2.3.3　叠层墙的创建与修改

首先按上文的方法创建两种基本墙，分别创建 200mm、300mm 两种基本墙体，如图 2-98 所示。

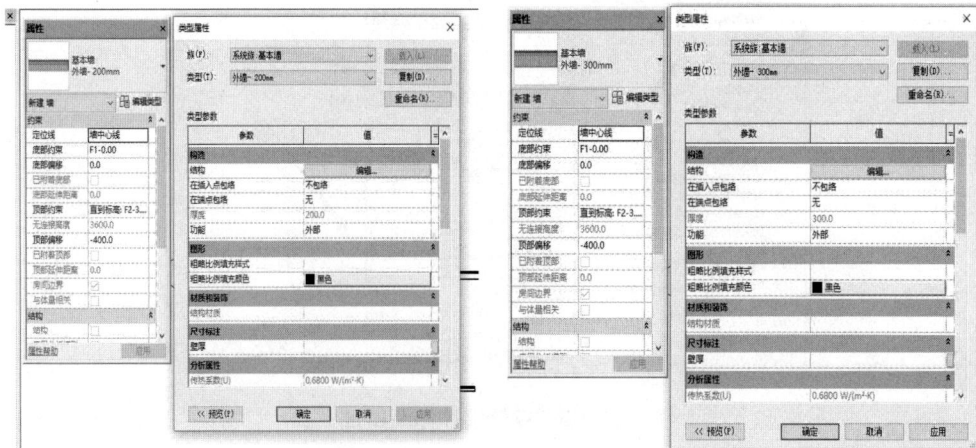

图 2-98　创建基本墙

选择"墙""建筑：墙""编辑属性"，选择"族"为"系统族：叠层墙"，选择"复制""新建叠层墙"，修改相应名称并确定，如图 2-99 所示。

单击"编辑结构"，根据墙体由上向下，插入结构，选择新建的第一种墙体和第二种墙体名称，修改调整相应墙体的高度，单击"确定"按钮，如图 2-100 所示。

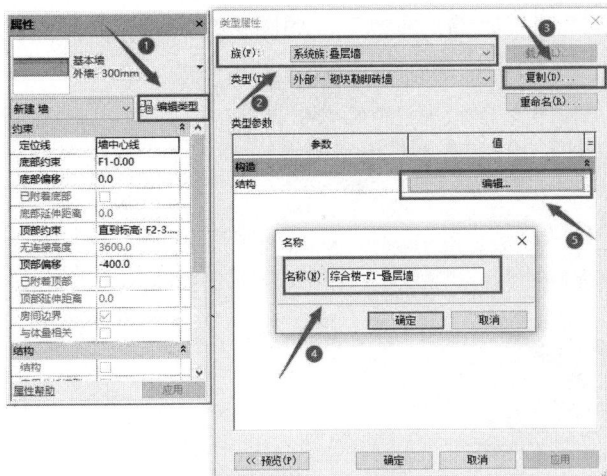

图 2-99　编辑叠层墙　　　　　　　图 2-100　编辑叠层墙 1

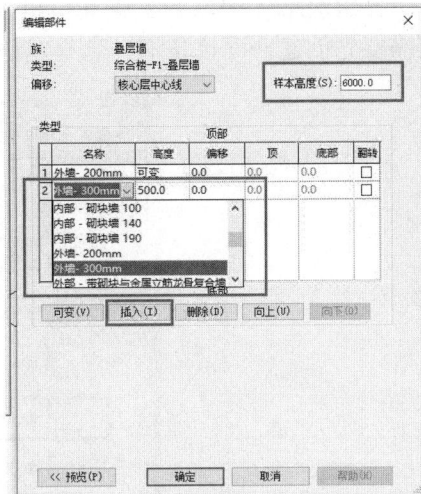

在 F1-0.00 平面视图中，选择"建筑""墙""墙：建筑"选项，此时从"属性"选项板"类型选择器"中选择"叠层墙"，选择墙体定位线为"墙中心线"，取消勾选"链"。如图 2-101 所示，创建叠层墙体。

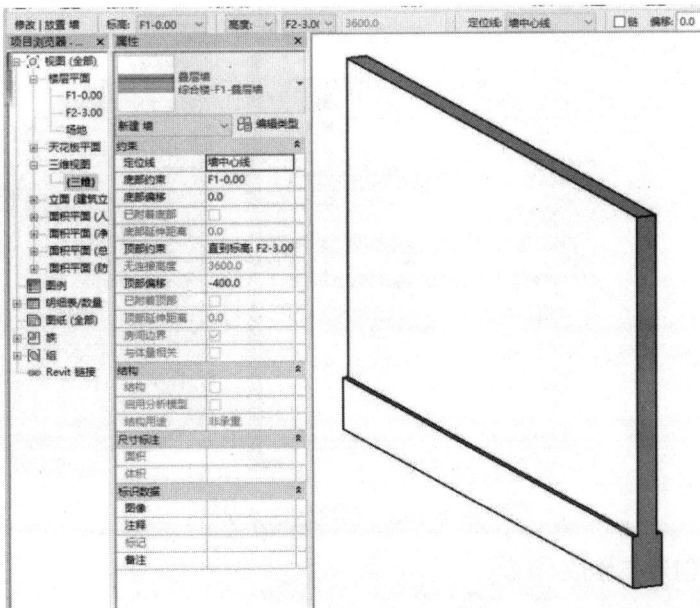

图 2-101　创建叠层墙体

2.3.4　墙体装饰的创建

1. 墙饰条的创建与修改

在建筑墙体中，为了美观，可设置一些墙饰条造型。下面介绍墙饰条的创建方式。首先需要先创建一面饰条墙，选择"建筑""墙""墙：饰条"，如图 2-102 所示。

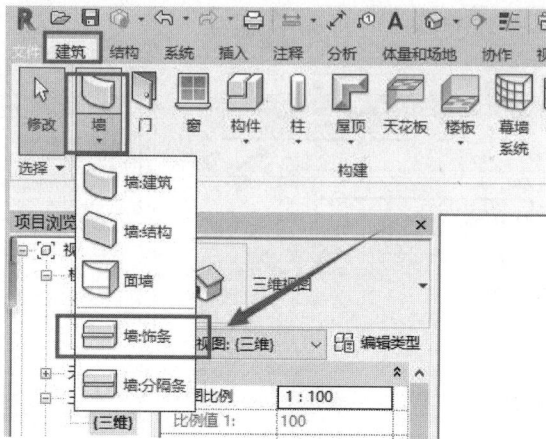

图 2-102　创建墙饰条 1

注意：绘制时需要在三维或立面视图，否则"墙：饰条"会呈灰色，无法选择。

单击"编辑类型"打开墙饰条编辑框，"轮廓"栏可以载入已建好的轮廓族，单击"确定"按钮即可在墙体相应位置绘制墙饰条，如图 2-103 所示。

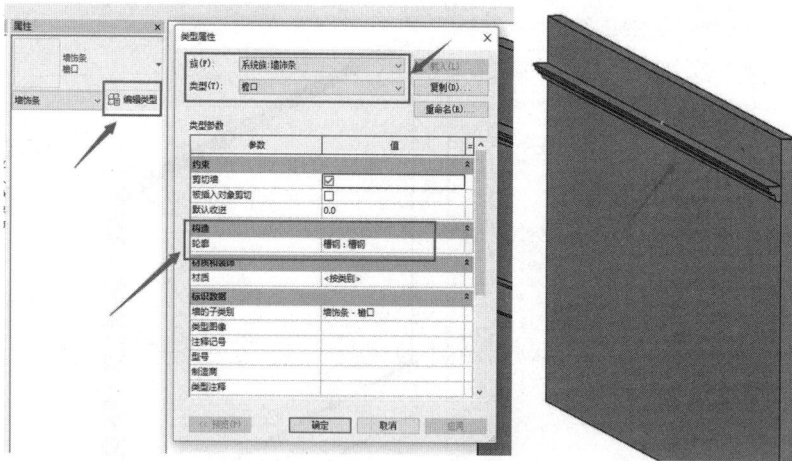

图 2-103　创建墙饰条 2

2. 分隔条的创建与修改

接下来介绍分隔条的创建方式。首先需要创建一面分隔条墙，选择"建筑""墙""墙：分隔条"，如图 2-104 所示。

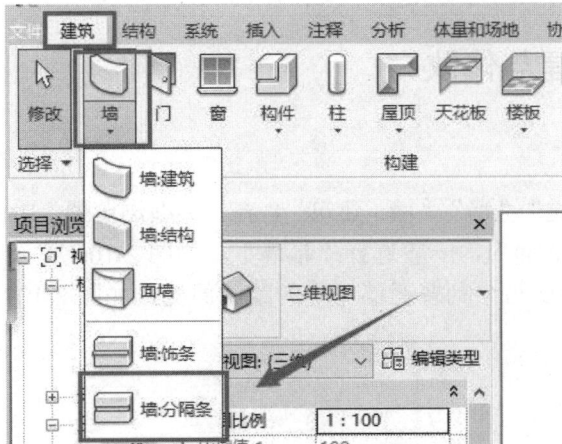

图 2-104　创建分隔条 1

单击"编辑类型"打开墙饰条编辑框，"轮廓"栏可以载入已建好的轮廓族，单击"确定"按钮即可在墙体相应位置绘制分隔条，如图 2-105 所示。

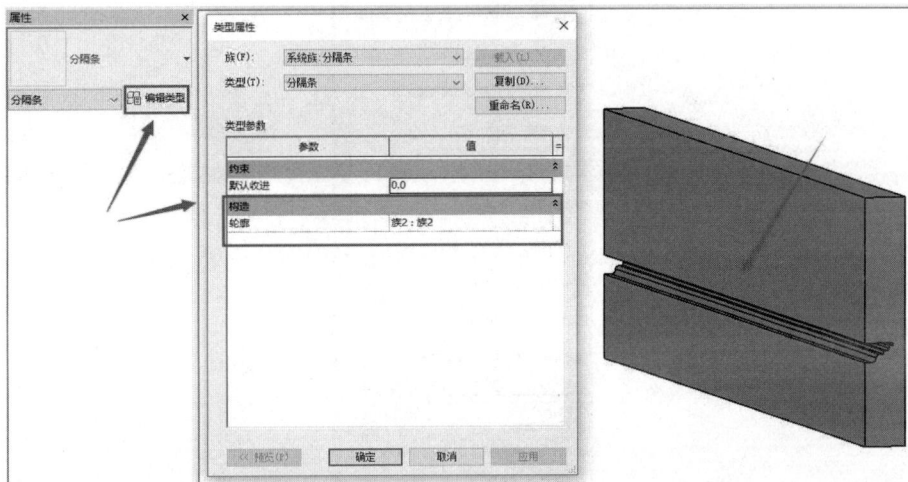

图 2-105　创建分隔条 2

2.4　幕　　墙

2.4.1　基本概念

幕墙是建筑的外围护墙，在建筑设计中被广泛应用，通常是带有装饰效果的轻质墙体。幕墙由幕墙网格、竖梃和幕墙嵌板组成。幕墙是墙体的一种特殊类型，其绘制方法和常规墙体相同，并具有常规墙体的各种属性。幕墙默认有三种类型，即幕墙、外部玻璃和店面。

2.4.2　幕墙的创建与修改

1. 幕墙绘制

选择"建筑""构建""墙""墙: 建筑", 在"类型浏览器"中的最下方可以看到"幕墙""外部玻璃"和"店面", 一般选择"幕墙", 如图 2-106 所示。选择后即可激活"修改|放置墙"选项卡, 出现与绘制普通墙一样的绘制面板, 如图 2-107 所示。

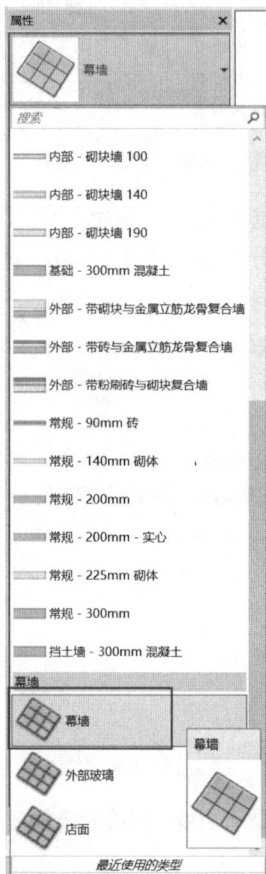

图 2-106　选择幕墙类型

图 2-107　幕墙绘制面板

2. 幕墙图元属性编辑

选择已经绘制好的幕墙，选择"修改|墙"，出现"属性"选项卡，在"限制条件"中可以设置幕墙的高度参数，如图 2-108 所示。幕墙网格分为"垂直网格"和"水平网格"，"编号"和"对正"可在设置类型属性后进行调整，如图 2-109 所示。

图 2-108 幕墙属性选项板参数

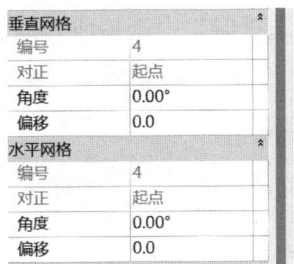

图 2-109 幕墙网格参数

单击"编辑类型"按钮，弹出"类型属性"对话框，可以设置如"自动嵌入"等幕墙的类型参数，如图 2-110 所示。幕墙网格分为"垂直网格"和"水平网格"，竖梃样式分为"垂直竖梃"和"水平竖梃"，可以设置网格的间距和竖梃类型，如图 2-111 所示。

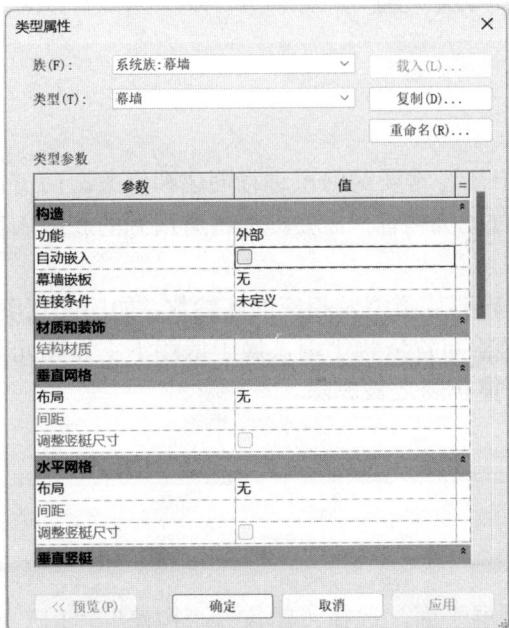

图 2-110 幕墙"类型属性"对话框

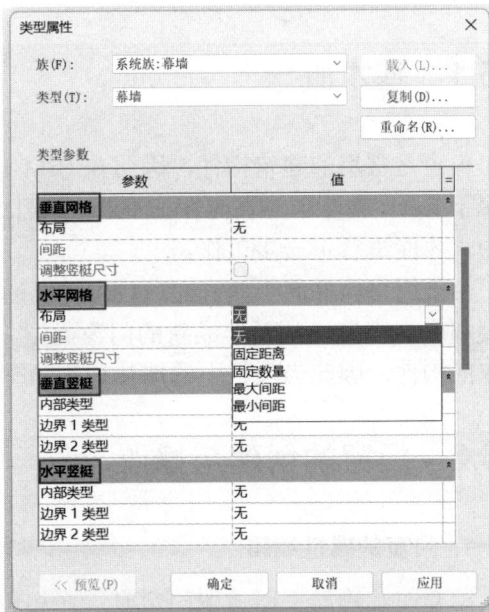

图 2-111 幕墙网格及竖梃设置

绘制幕墙后，可以通过选择"建筑""构建""幕墙网格"添加幕墙网格，并且有多

种添加方式，如图 2-112 所示。

图 2-112　放置幕墙网格

放置网格后，可通过选择"建筑""构建""竖梃"来添加竖梃，此时从"属性"选项卡"类型选择器"中选择所需添加的竖梃样式，然后进入"修改|放置竖梃"选项卡，选择"网格线""单段网格线""全部网格线"进行竖梃的布置，如图 2-113 所示。

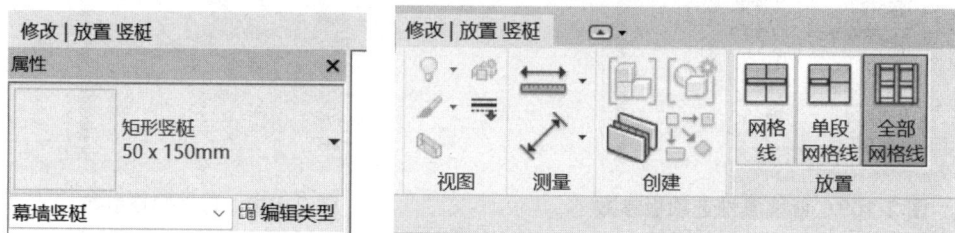

图 2-113　放置竖梃

2.5　门　窗　放　置

2.5.1　基本概念

门窗是常用的建筑构件，因此在 BIM 建模中，经常要对门窗进行创建和修改。门窗也是属于 Revit 软件中的族构件。如果在项目中放置此类构件，需要提前将所用到的族载入项目中，才能进行下一步工作。

由于门窗构件属于族，在项目中可以通过修改其族类型及相应的族参数，如门的宽度、高度和底高度等，从而形成新的门窗类型。门窗的布置依赖于墙，属于依赖于主体图元而存在的构件，因此当项目中的墙体被删除时，门窗也随之被删除。

2.5.2　门窗的创建与修改

1. 门窗的属性编辑

需要在某楼层平面放置门窗时，在相应的楼层平面，选择"建筑""构建""门"或"窗"，如图 2-114。

在"属性"选项卡打开"编辑类型"，弹出"类型属性"对话框，单击"载入"按钮，

如图 2-115 所示。

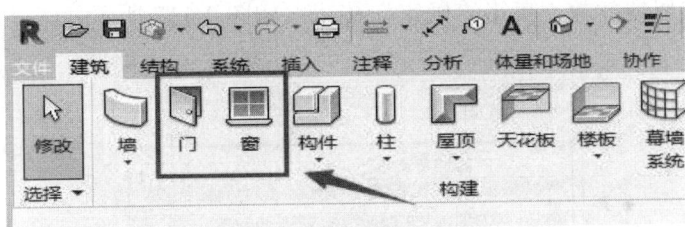

图 2-114　门窗的属性编辑 1

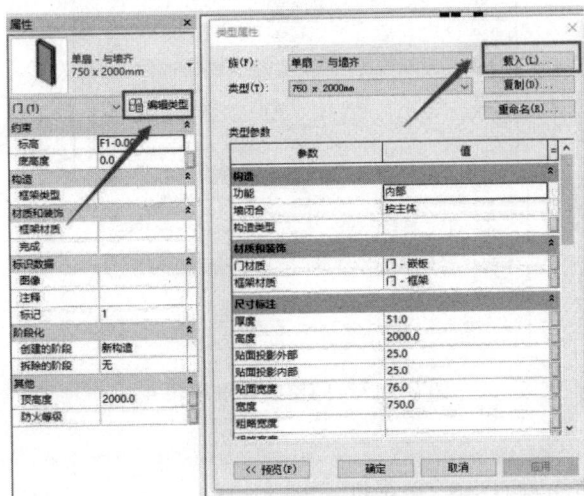

图 2-115　门窗的属性编辑 2

选择"门"或"窗"文件夹，选择符合要求的样式，如图 2-116 所示。

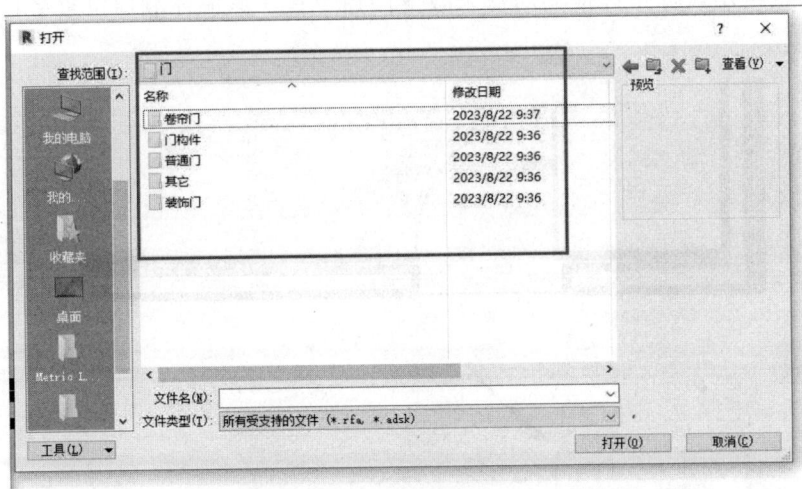

图 2-116　门窗的属性编辑 3

注意：如果在"类型选择器"中没有找到所需类型的门窗，则可选择"插入""从库中载入""载入族"(Revit 2018 软件自带的族库文件夹路径为 C:\ProgramData\Au-todesk\ RVT

2018\Libraries\China\建筑），或者从企业项目自定义族库文件夹中进行载入。

设置门的相关属性参数，单击"确定"按钮，如图 2-117 所示。

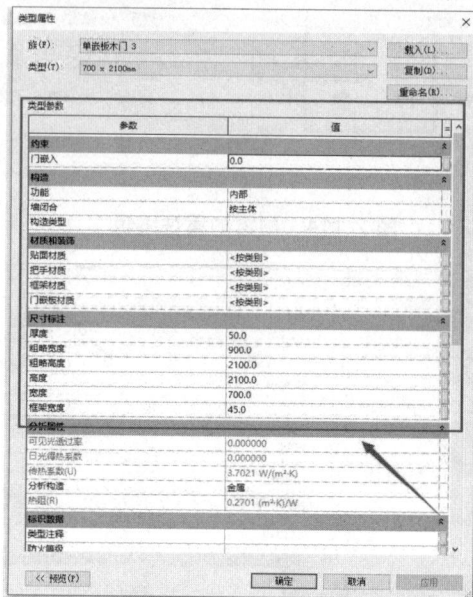

图 2-117　门窗的属性编辑 4

2. 插入门窗

设置好参数后，单击墙体相应位置即可插入门窗。插入门窗时，只需在墙体大致位置插入门窗即可。然后单击已插入的门窗实例，通过修改临时尺寸标注或尺寸标注来精确定位。单击已插入的门窗，出现蓝色临时尺寸，单击蓝色临时尺寸并修改相应的数值可改变门窗的位置。也可用鼠标指针拖动门窗来改变门窗位置，原墙体洞口位置会自动复原，如图 2-118 所示。

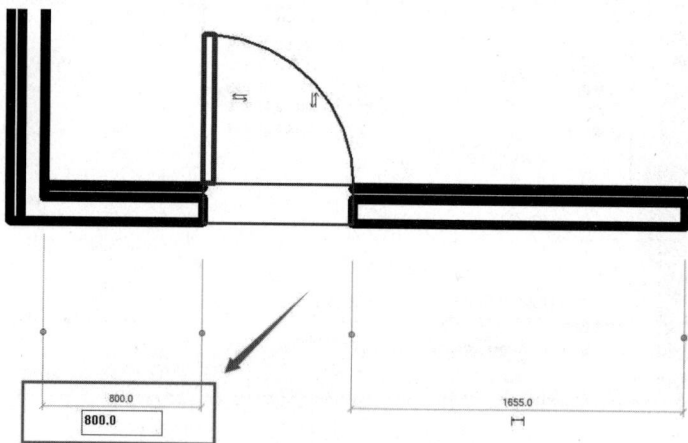

图 2-118　门窗的位置调整

插入门窗前，选择"修改|放置门(窗)"选项卡中的"在放置时进行标记"，会在放置门窗后自动给门窗添加标记，而且可以在选项栏中勾选"引线"，设置标记引线长度，如图 2-119 所示。

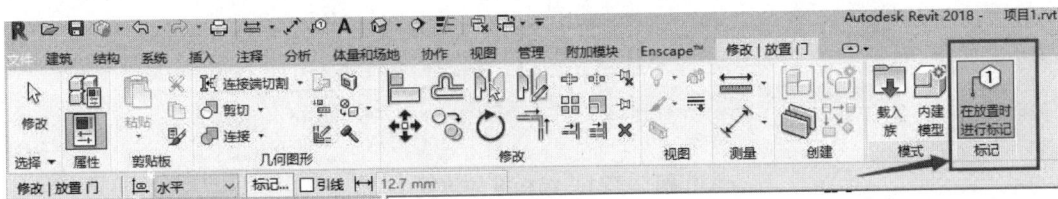

图 2-119　门窗标记 1

如无上述选项，则需要在"注释"选项卡中，单击"全部标记"，将"门""窗"选项勾选，如图 2-120 所示。

图 2-120　门窗标记 2

2.6　结　构　柱

2.6.1　结构柱的概念

结构柱作为建模中常用的结构构件，在 Revit 软件平台中属于族构件，如果在项目中放置此类构件，需要提前将所用到的族载入到项目中。另外，结构柱模型在 Revit 软件平台中是一个具有数据交换功能的分析模型。

2.6.2　结构柱的创建与修改

1. 结构柱的放置

在"项目浏览器"中双击平面视图中的"楼层平面"或三维视图中的"|三维|"，切换到相应视图，然后选择"结构""柱"或选择"建筑""构建""柱""结构柱"，如图 2-121 所示。在"修改|放置结构柱"选项卡的"属性"选项卡的"编辑类型"中选择结构柱类型，也可载入族选择合适的结构柱，在绘图区进行放置，如图 2-122 所示。

放置结构柱时，可在选项栏上指定以下内容，如图 2-123 所示。

"放置后旋转"：选择此选项可以在放置柱后立即将其旋转。

"标高"：(仅在三维视图有此选项)为柱选择底部标高，在平面视图中，该视图的标高即柱的底部标高。

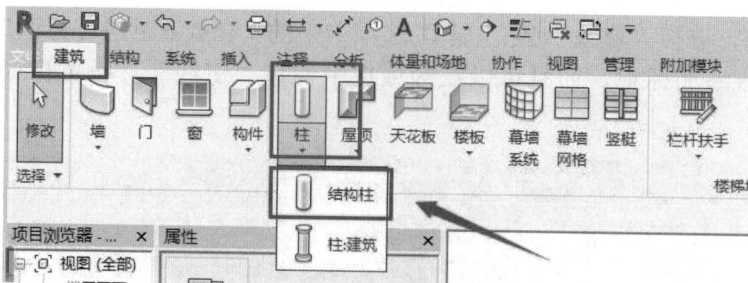

图 2-121　结构柱的放置 1

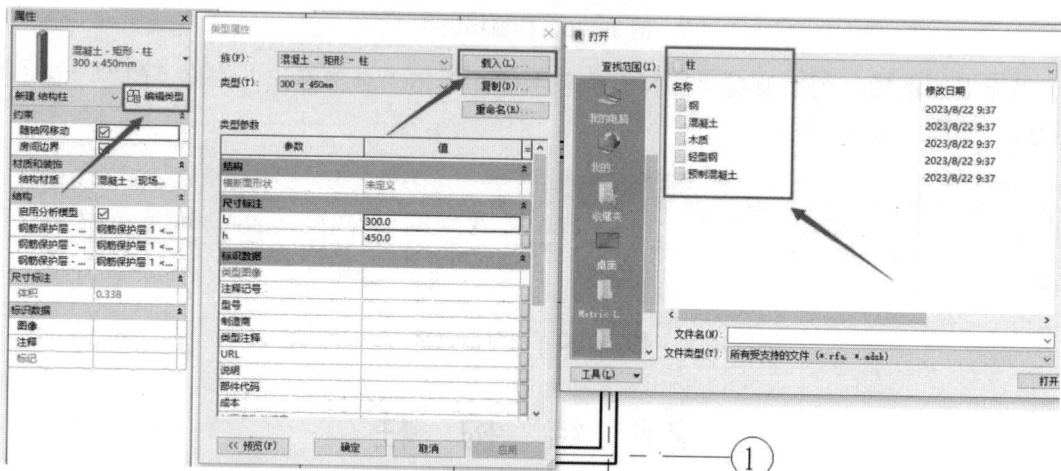

图 2-122　结构柱的放置 2

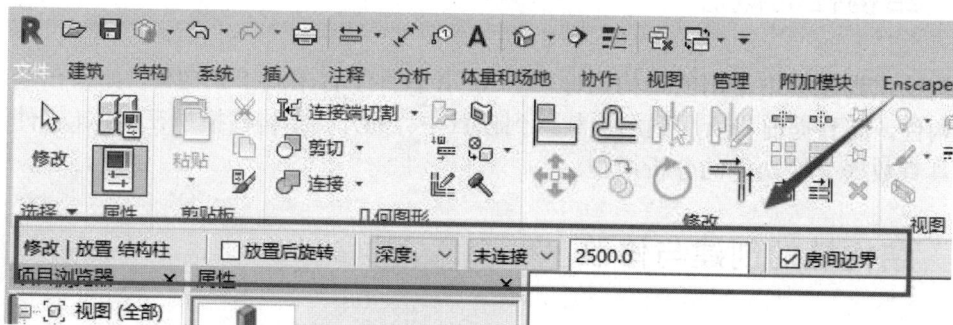

图 2-123　结构柱的放置 3

"深度"：此设置从柱的底部向下绘制，若要从柱的底部向上绘制，请将"深度"改为"高度"。

"未连接"：选择柱的顶部标高；或选择"未连接"，然后指定柱的高度。

"房间边界"：此选项勾选时，结构柱作为房间边界。在计算房间面积、周长、体积时会使用房间边界。

在绘图区域单击以放置结构柱，当结构柱放置在轴网交点时，两组网格线将高亮显示，如图 2-124 所示。

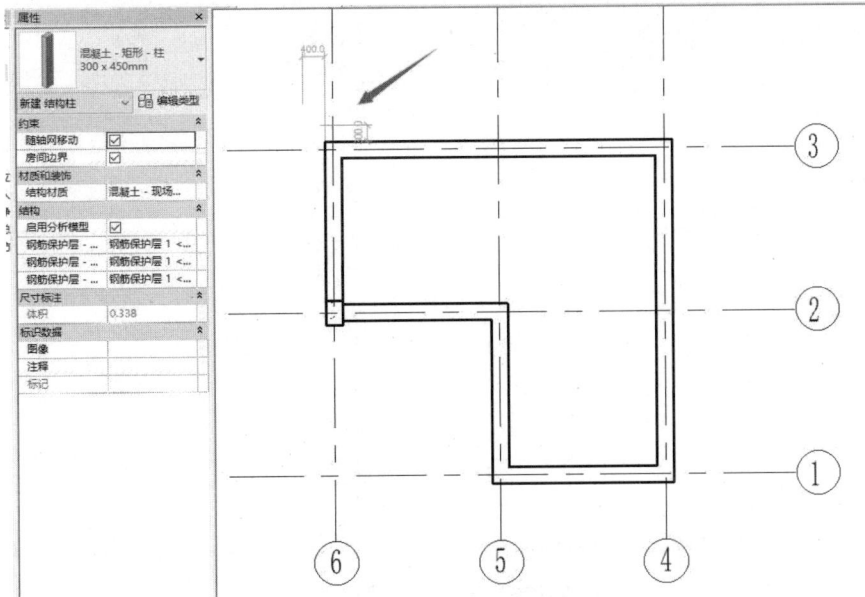

图 2-124　结构柱的放置 4

2. 结构柱的修改

选中已放置的结构柱，在"修改|放置结构柱"选项卡中单击"编辑族"，进入"族编辑器"，修改其属性，在"属性"选项卡中可修改其"约束""材质和装饰""结构"等实例参数，如图 2-125、图 2-126 所示。

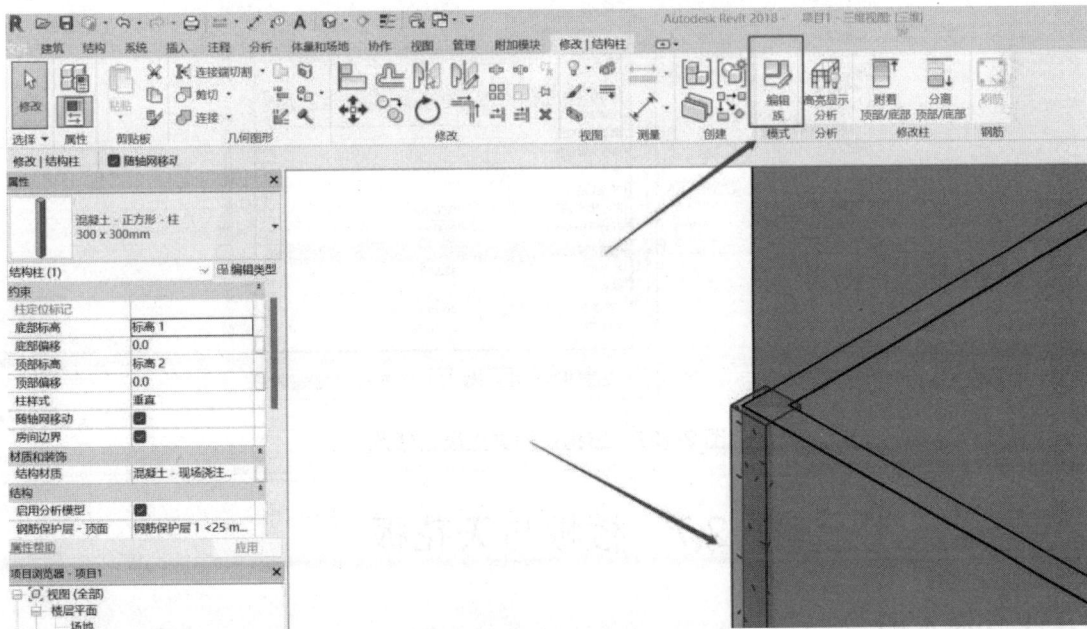

图 2-125　结构柱的属性修改 1

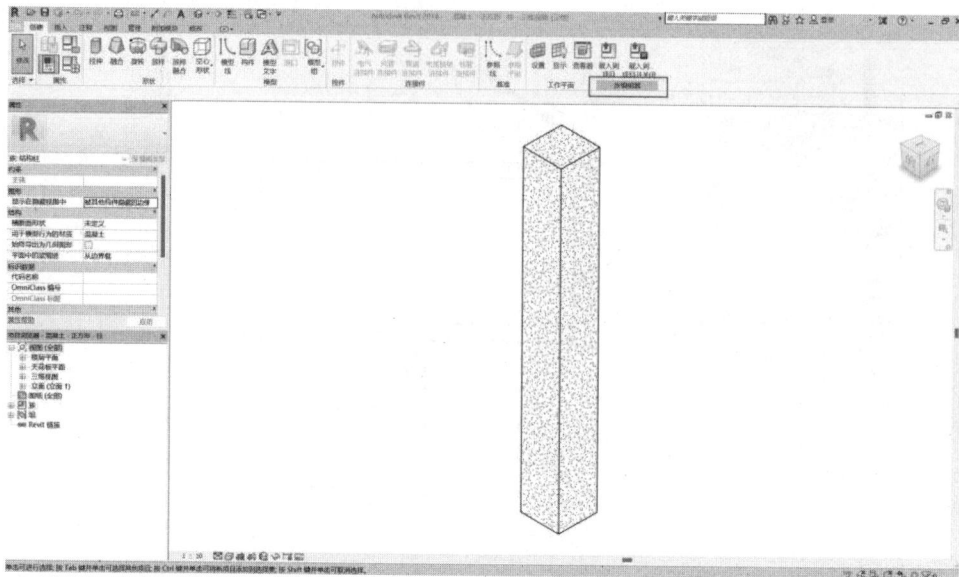

图 2-126　结构柱的属性修改 2

如果要修改结构柱的类型属性，则需要单击"属性"选项板的"编辑类型"，进入"类型属性"对话框，修改"类型""尺寸标注""标识数据"等参数，如图 2-127 所示。

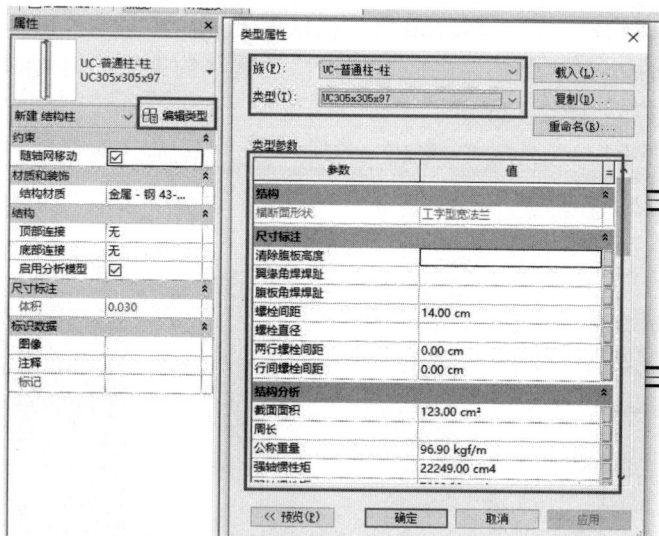

图 2-127　结构柱的类型属性修改

2.7　楼板与天花板

2.7.1　基本概念

楼板是建筑中最常用的水平构件，主要目的是用来划分空间区域。楼板属于系统族，不能自己单独以样板进行建立，只能利用软件自带的系统族。

在实际建模中，根据专业特性不同进行划分，楼板可以分为建筑板、结构板和面楼板。建筑板和结构板在绘制和修改上没有差别，只是结构板可以在后期进行配筋，结构板会与其他结构构件进行扣减，建筑板则不具有以上特性。面楼板主要用于创建体量楼板。在实际项目中，如果建筑专业与结构专业分开建模，一般楼板也分开建模，且建筑板在结构板的上方，一般作面层、找平及装饰层。

天花板是一座建筑物室内顶部表面的地方。在室内设计中，天花板可以写画、油漆，美化室内环境，可以安装吊灯、光管、吊扇、开天窗、装空调，改变室内照明及空气流通。天花板的创建方法类似于楼板，区别在于楼板一般是从楼层往下创建，天花板则是从楼层往上创建。

2.7.2 楼板的创建与修改

1. 楼板创建

绘制楼板时，须转到相应的楼层平面，选择"建筑""构建""楼板""楼板：建筑"或"楼板：结构"，如图 2-128 所示，激活"修改|创建楼层边界"选项卡，此时从"属性"选项板"类型选择器"中选择所需的楼板类型，要求使用边界线在平面视图中绘制封闭的楼板轮廓，也可以选择"拾取墙"，完成楼板轮廓的绘制，如图 2-129 所示。

图 2-128 楼板类型选择

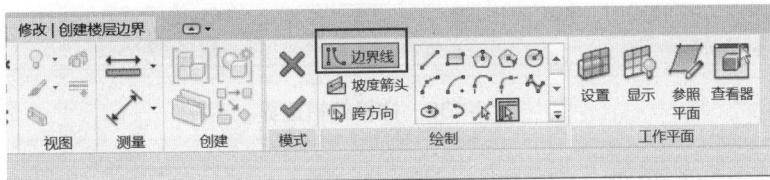

图 2-129 绘制楼板边界线

若发现"类型选择器"中楼板的类型不合适，可以先选择默认的楼板，单击"编辑类型"，弹出"类型属性"对话框，如图 2-130 所示。单击"复制"按钮可创建新的楼板类型，重新命名该类型后，可根据项目中结构板、建筑板的需要，在"编辑部件"对话框中修改该楼板的"结构"，进行插入面层及定义各面层材质的操作，如图 2-131 所示，然后单击"确定"按钮，继续使用边界线进行楼板绘制。

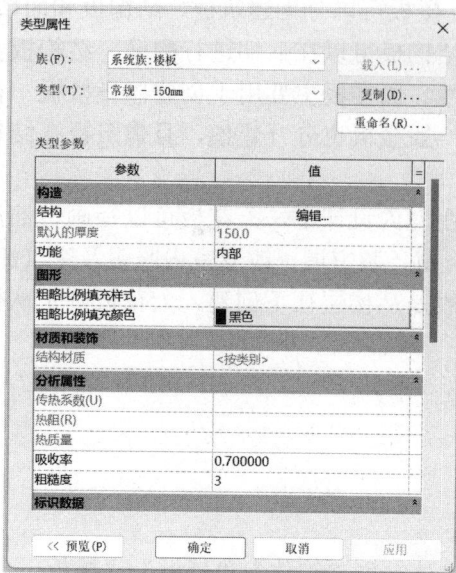

图 2-130　编辑楼板类型

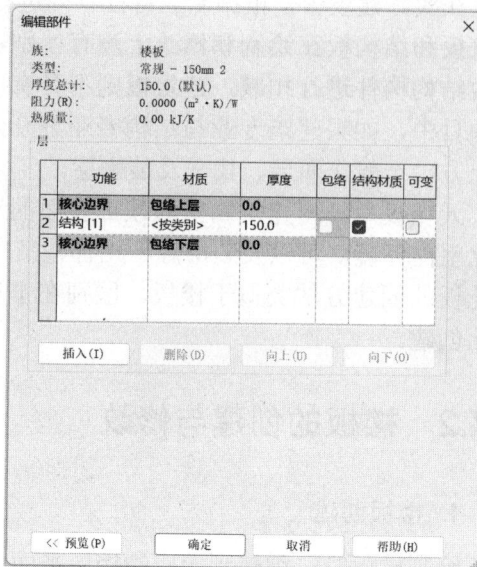

图 2-131　编辑楼板结构层

2. 楼板编辑

单击已经绘制好的楼板，在"编辑类型属性"选项板中，可修改楼板所在"标高""自标高的高度偏移"等实例参数。如果需要重新编辑楼板形状或者其他属性，则可以单击已绘制楼板，激活"修改|楼板"选项卡，单击"编辑边界"，如图 2-132 所示。进入绘制轮廓草图模式，选择绘制面板下的"边界线""坡度箭头""跨方向"等命令，进行楼板边界及坡度的修改。其中"边界线"功能可以在楼板边界线内直接绘制闭合的其他形状，将楼板修改为有洞口的楼板，但需要确定相应的轮廓均闭合且不相交。

图 2-132　楼板编辑边界

2.7.3　天花板的创建与修改

1. 天花板创建

绘制天花板时，转到相应的天花板平面，选择"建筑""构建""天花板"，激活"修改|放置 天花板"选项卡，如图 2-133 所示。此时从"属性"选项板"类型选择器"中选择所需的天花板类型，可以修改天花板的类型，Revit 自带几种最常规的天花板样式，单击"编

辑类型",可以在弹出"类型属性"对话框中修改天花板的"类型参数",如图 2-134 所示。

图 2-133 创建天花板

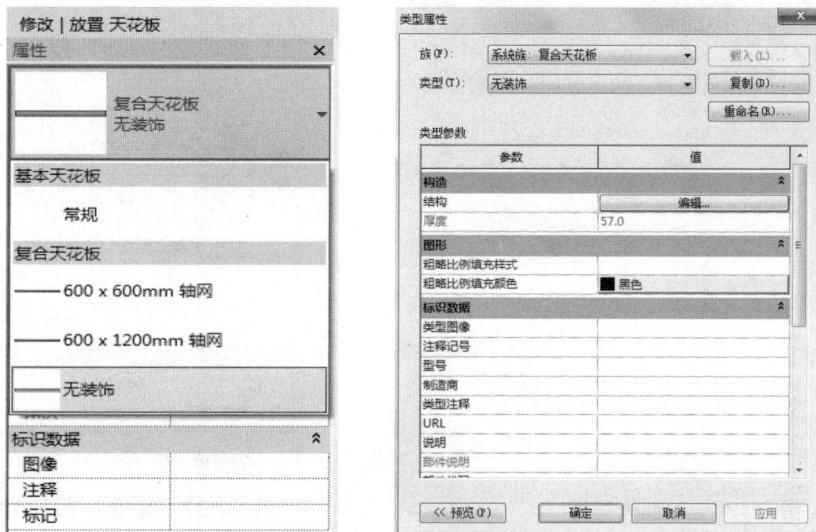

图 2-134 天花板属性

绘制天花板有两种方法。第一种方法是自动创建天花板,选择"自动创建天花板"工具,可以在以墙为界限的面积内创建天花板,如图 2-135 所示。

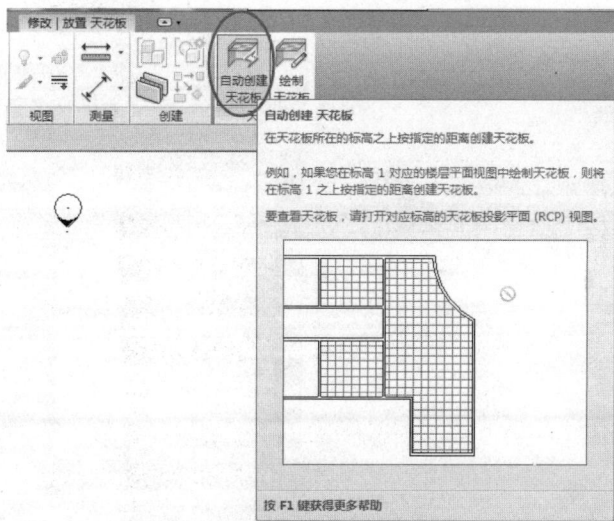

图 2-135 自动创建天花板

第二种方法是自行绘制天花板，选择"绘制天花板"工具，选择绘制工具栏中的"边界线"，选择边界线类型后可在绘图区域绘制天花板轮廓，可基于选定的墙或绘制的线创建天花板，如图 2-136 所示。

2. 天花板编辑

(1) 编辑天花板高度。选中天花板，在"属性"选项板中，修改"自标高的高度偏移"一栏的数值，可以修改天花板的安装高度，如图 2-137 所示。

图 2-136　绘制天花板

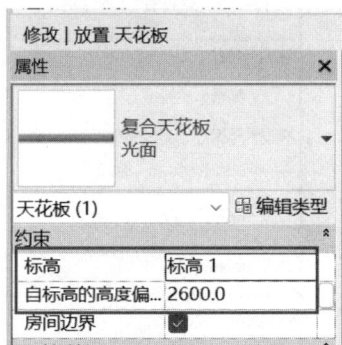

图 2-137　编辑天花板高度

(2) 编辑天花板结构样式。选中天花板，单击"属性"选项板中的"编辑类型"，在弹出的"类型属性"对话框中单击"结构"栏的"编辑"按钮。然后弹出"编辑部件"对话框，单击"面层 2[5]"的"材质"，材质名称后会出现带省略号的小按钮，单击此按钮，出现"材质浏览器"对话框，如图 2-138 所示。

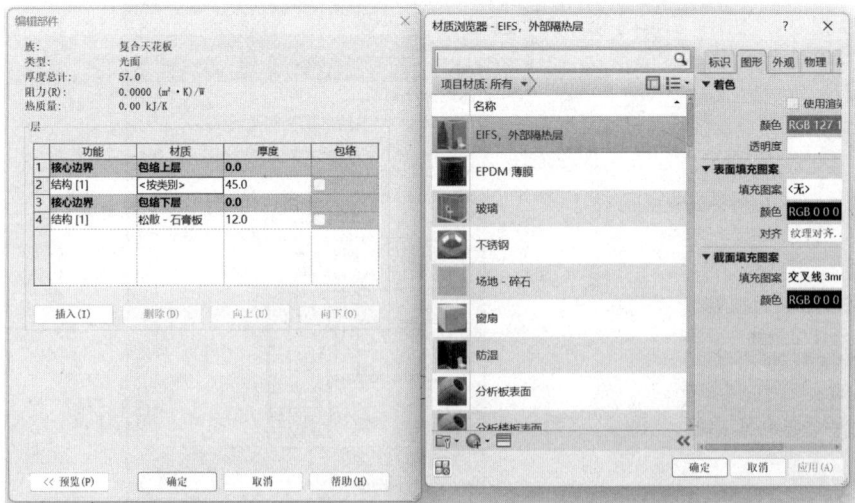

图 2-138　天花板材质

（3）在"图形"选项卡下单击"表面填充图案"下的填充图案一栏，弹出"填充样式"对话框，该填充有"绘图"和"模型"两种填充图像类型，如图 2-139 所示。当选择"绘图"类型时，填充图案不支持移动、对齐，还会随着视图比例的大小变化而变化。当选择"模型"类型时，填充图案可以移动或对齐，不会随比例的大小变化而变化，而是始终保持不变。所以在设置填充时，尽量选择"模型"类型。

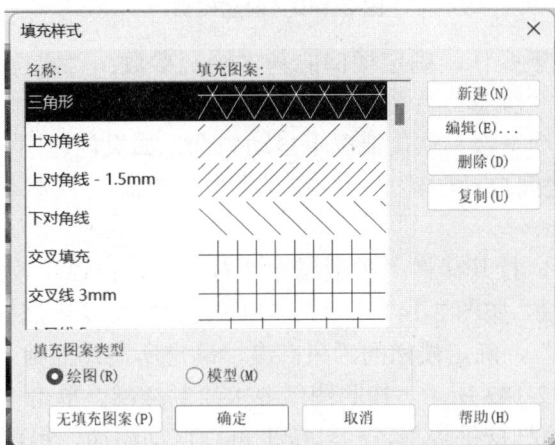

图 2-139　天花板填充图案

2.8　楼梯、坡道与栏杆扶手

2.8.1　基本概念

创建大多数楼梯时，可在楼梯构件编辑模式下添加常见和自定义绘制构件。在楼梯构件编辑模式下，可以直接在平面视图或三维视图中装配构件。楼梯作为建筑物的竖向交通连接，在所有的建筑物中都会出现。楼梯主要包括梯段、平台、栏杆扶手等构件。梯段主要包括直梯、旋转阶梯、U 形梯段、自定义绘制梯段等；平台在梯段之间自动创建，通过拾取两个梯段或通过自定义绘制平台创建；栏杆扶手在创建期间自动生成，也可放置栏杆。坡道是一种连接有高差的地面或楼面的斜向交通道，可以是连接两个楼层而设的行车坡道，也可以是为连接有高差的地面而设的出入口处的坡道，Revit 提供了将坡道添加到建筑模型的功能。

2.8.2　楼梯的创建与修改

选择"建筑""楼梯坡道""楼梯"，激活"修改|创建楼梯"选项卡，如图 2-140 所示。在"构件"面板上，确认"梯段"处于选中状态，在"绘制"库中，选择以下工具之一，以创建所需的梯段类型："直梯""全踏步螺旋""圆心-端点螺旋""L 型斜踏步梯段""U 型斜踏步梯段"。

图 2-140　创建楼梯

　　在选项栏上进行以下操作，确定楼梯的基本绘制参数："定位线"为相对于向上方向的梯段选择创建路径；"偏移"为创建路径指定一个可偏移值；"实际梯段宽度"即指定一个梯段宽度值；"自动平台"默认情况下自动勾选，如果创建同一楼层的两个单独梯段，Revit 会在这两个梯段之间自动创建平台；在"类型浏览器"中选择要创建的楼梯类型，如图 2-141 所示。

　　单击"编辑类型"，打开楼梯"类型属性"对话框，可以更改楼梯计算规则、梯段类型、平台类型等基本属性，如图 2-142 所示。然后，设置楼梯绘图属性参数，确定楼梯的"底部标高"和"顶部标高"，确定楼梯的约束高度，确定所需踢面数，踢面数=踏面数+1，确定实际踏板深度，如图 2-143 所示。按照图纸要求绘制楼梯，单击"完成编辑模式"，如图 2-144 所示。最后编辑栏杆扶手类型，栏杆扶手可以自动添加，也可以手动绘制栏杆路径。选择栏杆扶手，激活"属性"选项卡，修改栏杆的高度和类型，完成楼梯的创建。

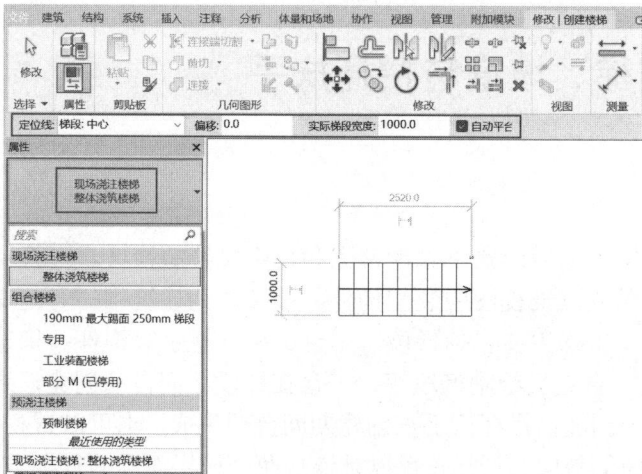

图 2-141　确定楼梯类型

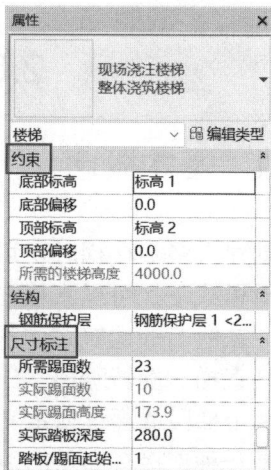

图 2-142　楼梯属性

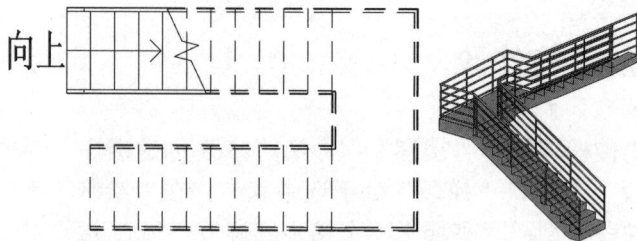

图 2-143　完成楼梯的创建

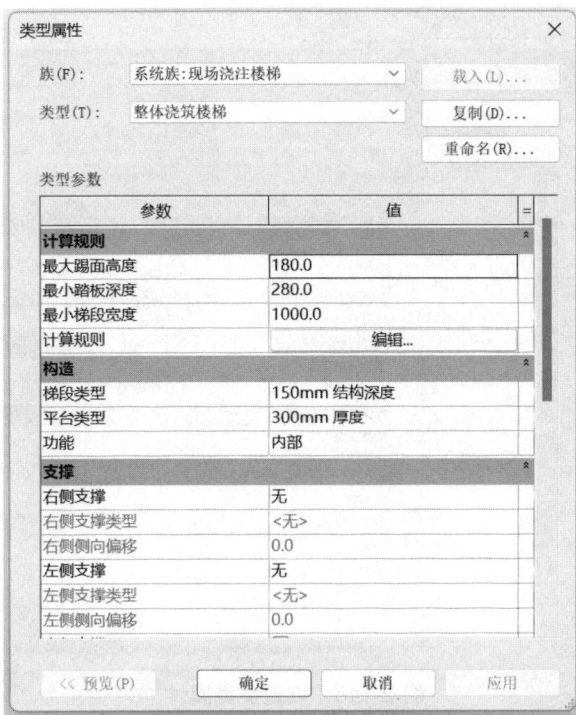

图 2-144　楼梯类型属性

2.8.3　坡道的创建与修改

选择"建筑""楼梯坡道""坡道",激活"修改|创建坡道草图"选项卡,进入编辑界面,如图 2-145 所示。在"绘制"面板上,确认"梯段"处于选中状态,在"绘制"库中,选择以下工具之一,以创建所需的梯段类型:"线""圆心-端点弧"。

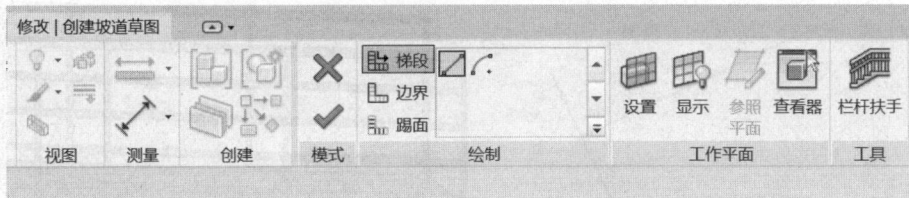

图 2-145　创建坡道

在"属性"选项板上进行以下操作:设置坡道的类型属性,单击"编辑类型",弹出"类型属性"对话框,编辑坡道的构造、图形、材质和装饰、尺寸标注和标识数据,如图 2-146 所示。注意:设置坡道最大坡度时,为 1/X,要设置 X,可以将 X 设置为 1,那设置的最大坡道值为 1,换算成角度为 45 度,这是一个一劳永逸的办法,因为在建筑工程的规范中,坡道的坡度角不能超过 45 度,故 1/X 的值不会大于 1。

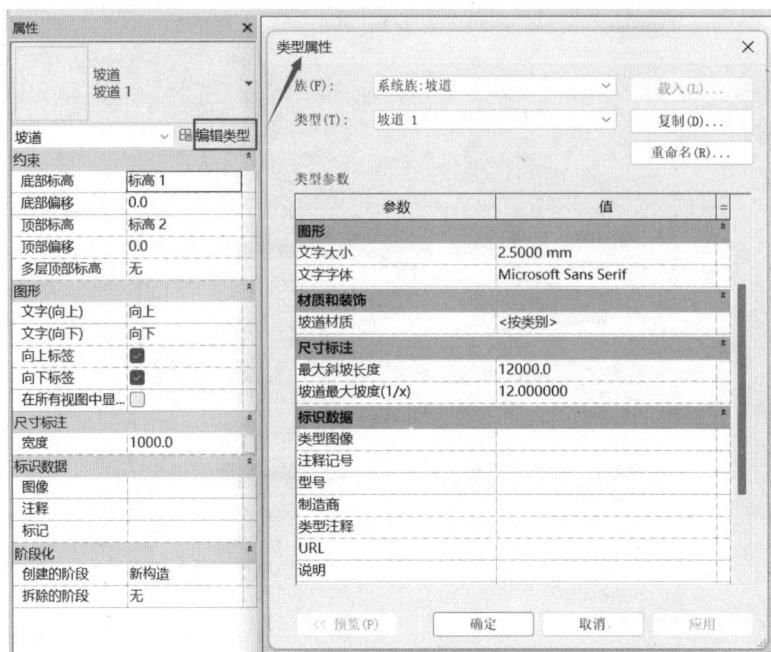

图 2-146　坡道类型属性

接下来，编辑坡道实例属性。在"属性"选项板中，调整坡道的底部标高、底部偏移、顶部标高、顶部偏移、坡道宽度，设置完成后，单击"梯段"绘制，在绘图窗口选择起始点，终点是绘制坡道的长度，绘制完成后可以对坡道的形状进行编辑，默认坡道为矩形，最后在"修改|创建坡道草图"选项卡下单击"完成编辑模式"，完成坡道创建，如图 2-147所示。

图 2-147　完成坡道创建

2.8.4　栏杆扶手的创建与修改

Revit 软件可以添加独立式栏杆扶手或是附加到楼梯、坡道和其他主体的栏杆扶手。使用"栏杆扶手"可以进行以下操作：将栏杆扶手作为独立构件添加到楼层中；将栏杆扶手

附着到主体(如楼板、坡道或楼梯)；在楼梯时可自动创建栏杆扶手；在现有楼梯或坡道上放置栏杆扶手；绘制自定义栏杆扶手路径，并将栏杆扶手附着到楼板、屋顶板、楼板边、墙顶、屋顶或地形。

第一种创建方法：在楼梯或坡道创建期间放置栏杆扶手。选择"建筑""楼梯坡道""楼梯"或"坡道"选项，激活"修改|创建楼梯"或"修改|创建坡道草图"选项卡，在"工具"面板上，单击"栏杆扶手"，在"栏杆扶手"对话框中选择栏杆扶手类型，如图 2-148所示。仅对创建楼梯，在"位置"下，选择"踏板"或"梯边梁"以指定放置栏杆扶手的位置，单击"确定"按钮，继续楼梯或坡道的创建。

图 2-148　楼梯类型属性

第二种创建方法：通过绘制创建栏杆扶手。选择"建筑""楼梯坡道""栏杆扶手""绘制路径"选项，激活"修改|创建栏杆扶手路径"选项卡。如果不在可以绘制栏杆扶手的视图中，将提示拾取视图。从列表中选择一个视图，并选择"打开视图"选项，在需要的位置绘制栏杆扶手，单击"完成编辑模式"，完成栏杆扶手的创建，如图 2-149 所示。

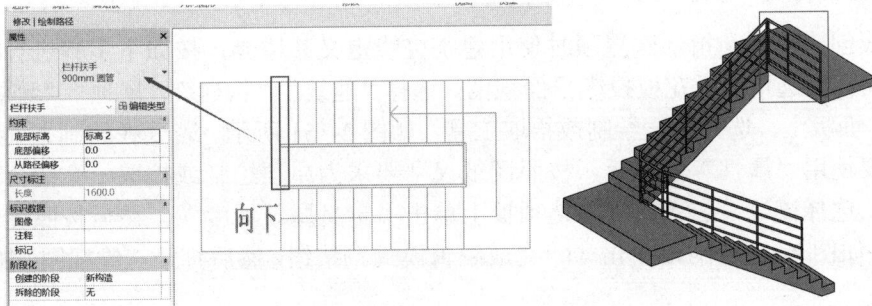

图 2-149　绘制栏杆扶手

2.9　屋　　顶

2.9.1　基本概念

屋顶是建筑的重要组成部分，指的是房屋或建筑物外部的顶盖。在 Revit 中提供了多种屋顶的建模工具，如"迹线屋顶""拉伸屋顶""面屋顶"等，如图 2-150 所示。对于一些特殊造型的屋顶，还可以通过内建模型的工具进行创建。

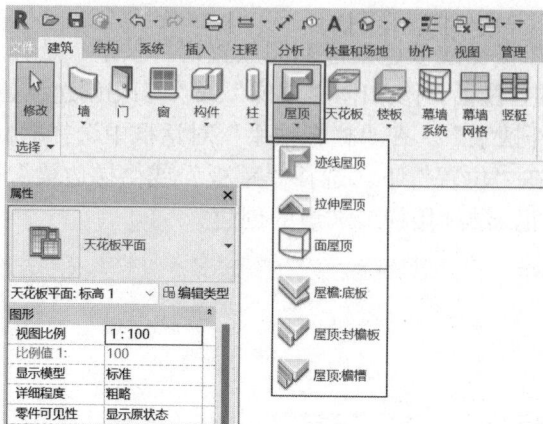

图 2-150　屋顶工具

"迹线屋顶"：通过创建屋顶边界线，定义边线属性和坡度的方法创建各种常规坡屋顶和平屋顶。

"拉伸屋顶"：当屋顶的横断面有固定形状时，可以用此命令进行创建。

"面屋顶"：异型屋顶可以先创建参照体量的形体，再用"面屋顶"工具拾取面进行创建。

2.9.2　屋顶的创建与修改(拉伸屋顶、迹线屋顶、面屋顶)

1. 按迹线创建和修改屋顶

按迹线创建屋顶是指创建屋顶时使用建筑迹线定义其边界，按如下步骤进行操作。显示楼层平面视图选项或天花板投影平面视图。选择"建筑""构建""屋顶""迹线屋顶"。在"绘制"面板上，选择某一绘制或拾取工具，如图 2-151 所示。若要在绘制之前编辑屋顶属性，需要使用"属性"选项板，按照图纸尺寸要求为屋顶绘制或拾取一个闭合环，指定坡度定义，选择该线，在"属性"选项板上单击"定义屋顶坡度"，然后按照图纸要求修改坡度值，如图 2-152 所示。单击✓("完成编辑模式")按钮，然后打开三维视图，如图 2-153 所示。

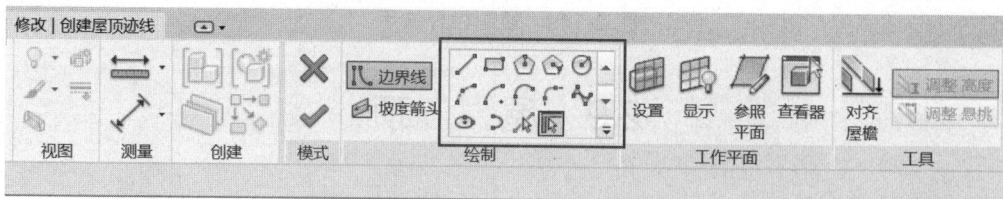

图 2-151　创建迹线屋顶

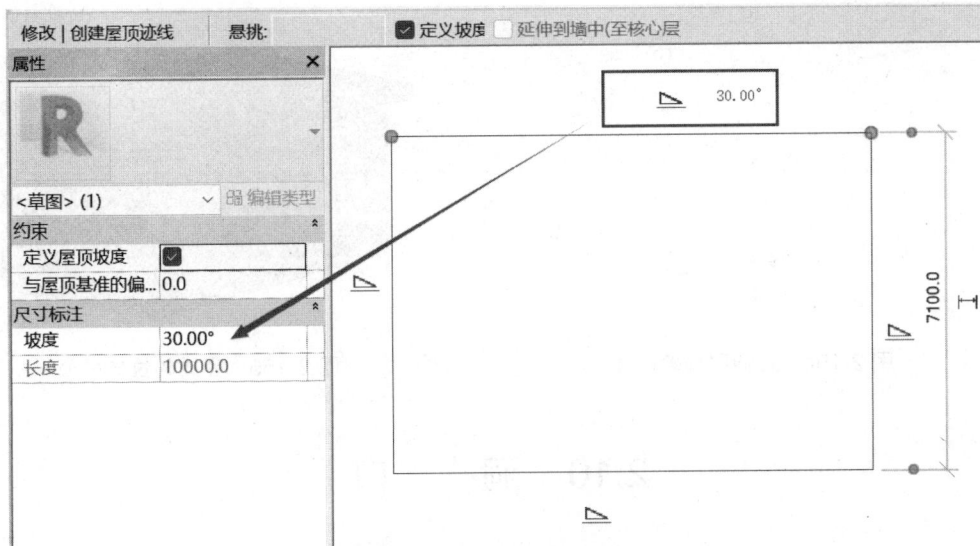

图 2-152 编辑屋顶坡度

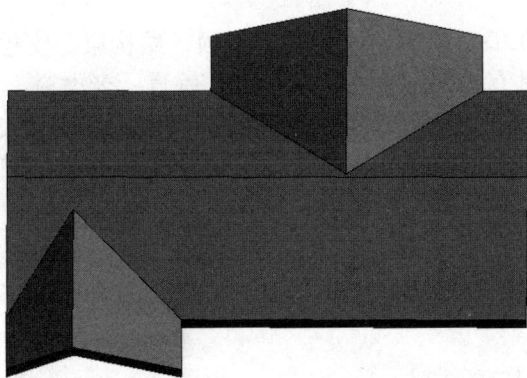

图 2-153 顶坡度

注意: 要想应用玻璃斜窗,可以选择"屋顶",然后在"类型选择器"中选择"玻璃斜窗"选项。可以在玻璃斜窗的幕墙嵌板上放置幕墙网格。按 Tab 键可在水平和垂直网格之间切换。

2. 按拉伸创建和修改屋顶

按拉伸创建屋顶是指通过拉伸绘制的轮廓来创建屋顶,可按以下步骤建模。首先显示模型的立面视图、三维视图或剖面视图。选择"建筑""构建""屋顶""拉伸屋顶",指定工作平面,在"屋顶参照标高和偏移"对话框中,为"标高"选择一个值,默认情况下,将选择项目中最高的标高。要相对于参照标高提升或降低屋顶,需要为"偏移"指定一个值;绘制开放环形式的屋顶轮廓,使用"样条曲线"工具绘制屋顶轮廓,如图 2-154所示。单击√("完成编辑模式")按钮,然后打开三维视图,如图 2-155 所示。

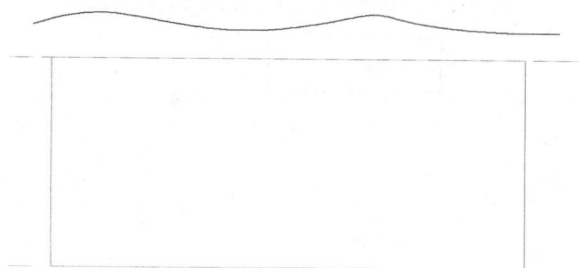

图 2-154　拉伸屋顶轮廓线

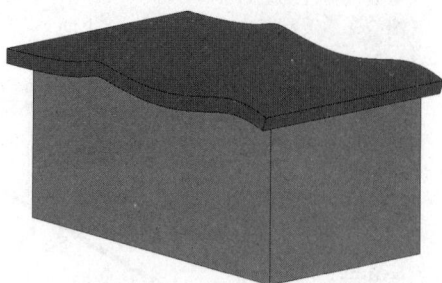

图 2-155　完成的拉伸屋顶

2.10　洞　　口

2.10.1　洞口工具

　　"洞口"工具可以在墙、楼板、天花板、屋顶、结构梁、支撑和结构柱上剪切洞口。比较常见的洞口创建工具有按面、竖井、墙洞口、垂直、老虎窗。

　　在剪切楼板、天花板或屋顶时，可以选择竖直剪切或垂直于表面进行剪切，还可以使用绘图工具来绘制复杂形状。在墙上剪切洞口时，可以在直墙或弧形墙上绘制一个矩形洞口。创建族时，可以在族几何图形中绘制洞口。

2.10.2　洞口的创建与修改

　　下面介绍几种创建洞口的方法。

1. 创建按面或垂直洞口

　　选择"建筑"或"结构""洞口""按面"或"垂直"，如图 2-156 所示。

图 2-156　创建洞口

　　如果希望洞口垂直于所选的面，选择"按面"；如果希望洞口垂直于某个标高，选择"垂直"，如图 2-157 所示。

2. 创建墙洞口

　　在墙上剪切矩形洞口，使用"墙洞口"工具可以在直线墙或曲线墙上剪切矩形洞口。

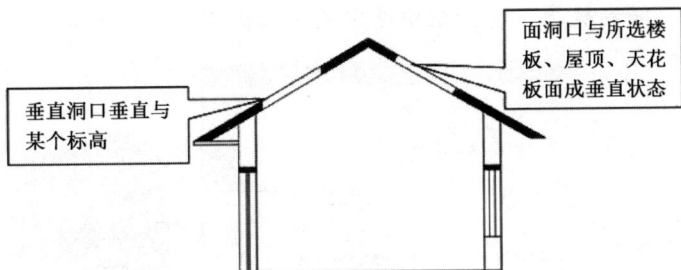

图 2-157　垂直创建洞口

　　创建墙洞口的步骤如下：打开可访问作为洞口主体的墙的立面或剖面视图，选择"建筑"或"结构""洞口""墙洞口"，选择将作为洞口主体的墙，绘制一个矩形洞口，待指定了洞口的最后一点之后，将显示此洞口。

　　要想修改洞口，选择"修改"，然后选择洞口。可以使用拖曳的方法修改洞口的尺寸和位置。也可以将洞口拖曳到同一面墙上的新位置，然后为洞口添加尺寸标注，如图 2-158 所示。

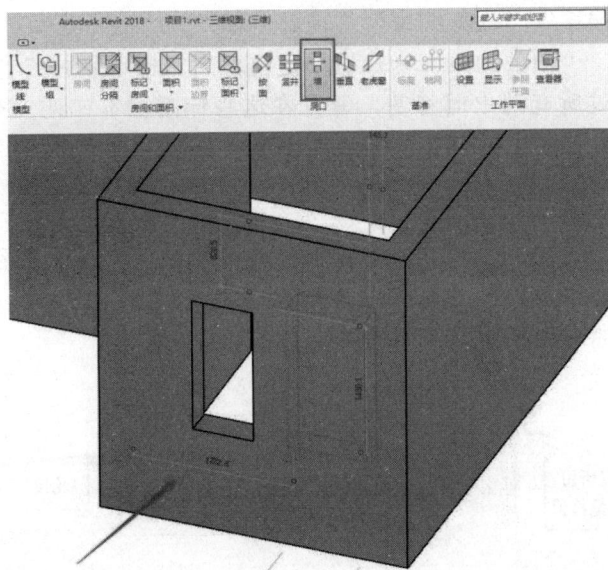

图 2-158　创建墙洞口

3. 创建竖井洞口

　　使用"竖井"工具可以放置跨越整个建筑高度(或者跨越选定标高)的洞口，洞口同时贯穿屋顶、楼板或天花板，如图 2-159 所示。

　　创建竖井洞口的步骤如下。

　　选择"建筑"或"结构""洞口""竖井"，通过绘制线或拾取墙绘制竖井洞口。

　　注意：通常希望在主体图元上绘制竖井，例如在平面视图中的楼板上。默认情况下，竖井的墙底定位标高是当前激活的平面视图的标高。如果在楼板或天花板平面启动"竖井"工具，则默认墙底定位标高为当前标高。如果在剖面视图或立面视图中启动该工具，则默

认墙底定位标高为"转到视图"对话框中选定的平面视图的标高。

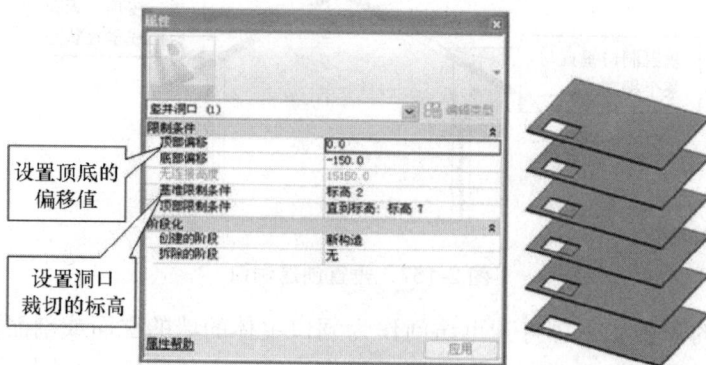

图 2-159　竖井洞口示意

如果需要，可将符号线添加到洞口。

绘制完竖井后，单击 √ 按钮。

要想调整洞口剪切的标高，需要选择洞口，然后在"属性"选项板上进行下列调整："底部约束""底部偏移""顶部约束""顶部偏移"。"底部约束"为"墙底定位标高"指定竖井起点的标高，"顶部约束"为"墙顶定位标高"指定竖井终点的标高。

注意：竖井将穿过所有的中间标高，并且在这些标高上都可见。如果在任意标高上移动竖井，则它将在所有标高上移动。符号线也在所有标高上都可见。

4. 创建老虎窗洞口

在添加老虎窗后，需要为其剪切一个穿过屋顶的洞口。接下来介绍在屋顶上创建老虎窗洞口的步骤。

创建构成老虎窗的墙和屋顶图元，如图 2-160 所示。

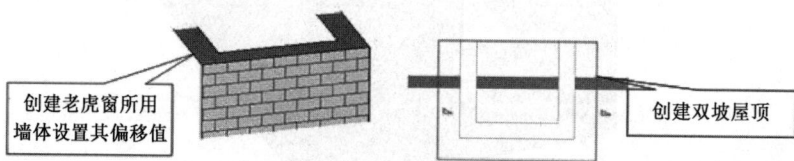

图 2-160　老虎窗 1

使用"连接屋顶"工具将老虎窗屋顶连接到主屋顶，如图 2-161 所示。

注意：在此任务中，勿使用"连接几何图形"工具，否则会在创建老虎窗洞口时遇到错误。

打开一个可在其中看到老虎窗屋顶及附着墙的平面视图或立面视图。如果此屋顶已拉伸，则打开立面视图。

选择"建筑""结构""洞口""老虎窗"，高亮显示建筑模型上的主屋顶，然后单击选择它。查看状态栏，确保高亮显示的是主屋顶，"拾取屋顶/墙边缘"工具处于活动状态，可以拾取构成老虎窗洞口的边界。

将光标放置到绘图区域中，高亮显示了有效边界。有效边界包括连接的屋顶或其底面、墙的侧面、楼板的底面、要剪切的屋顶边缘或要剪切的屋顶面上的模型线，如图 2-162 所示。

图 2-161　老虎窗 2

图 2-162　老虎窗 3

注意：不必修剪绘制线，即可拥有有效边界。

单击 √(完成编辑模式)按钮。

实操研学

任务概览

任务名称	任务内容
任务 1：标高与轴网创建	 平面图 1:400 全国 BIM 技能等级考试四期第一题

任务名称	任务内容
任务 2：幕墙创建	 北立面图 1:100　　　东立面图 1:100 **全国 BIM 技能等级考试一期第三题**
任务 3：楼板创建	 平面图 1:30　　轴侧图　　详图大样 1:10 **全国 BIM 技能等级考试四期第二题**
任务 4：楼梯创建	 楼梯1-1剖面图 1:100　　二层楼梯平面图 1:50 一层楼梯平面图 1:50 **全国 BIM 技能等级考试二期第二题**

任务名称	任务内容
任务 5：屋顶创建	 全国 BIM 技能等级考试二期第三题
任务 6：小型房屋(含墙体、门窗、屋顶、洞口)创建	 全国 BIM 技能等级考试一期第五题

任务实施

任务 1：标高与轴网创建

一、任务信息

某建筑共三层，首层地面标高为±0-000，层高为 3m，要求两侧标头都如图 2-163 所示，将轴网颜色设置为红色并进行尺寸标注。以"轴网"为文件名进行保存。

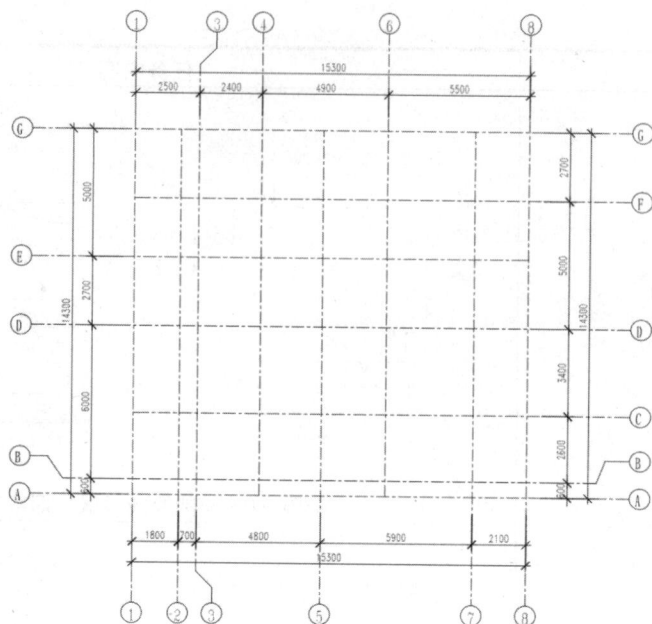

图 2-163　轴网平面图

二、任务实施

(1)　进入 Revit 绘图界面，在任一立面视图中创建楼层标高(以南立面视图为例)。

标高轴网创建
(微课视频)

①　将软件自带"标高一"改为 F0，"标高二"改为 F1，F0 与 F1 之间的临时尺寸改为 3000，完成第一层楼层标高创建，如图 2-164 所示。

图 2-164　更改标高名称

②　用复制命令，复制 F1，复制时勾选"约束""多个"，复制生成 F2、F3，复制时输入间距 3000，完成第二层、第三层楼层标高创建，如图 2-165 所示。

③　同时选中标高 F1、F2、F3，单击"编辑类型"，在"类型属性"对话框勾选"端点 1 处的默认符号"，同理，将±0-000 标高也勾选"端点 1 处的默认符号"，标高的显示样式如图 2-166 所示。

(2)　在项目浏览器中显示各楼层。

①　选择"视图"选项卡，选择"平面视图"，选择"楼层平面"，弹出"新建楼层平面"对话框。

图 2-165 复制生成 F2、F3

图 2-166 标高轴头显示

② 在"新建楼层平面"对话框中选中 F2，按住 Shift 键，单击点选 F3，则选中所有标高，单击"确定"按钮，即在"项目浏览器"中生成各标高楼层平面视图，如图 2-167 所示。

(3) 完成轴网布置。

进入 F0 平面视图，首先创建竖向轴网①号轴线，用复制和绘制功能绘制剩余轴线，如图 2-168 所示。

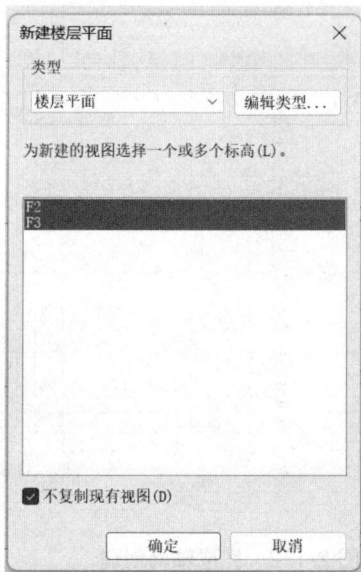

图 2-167 新建楼层平面

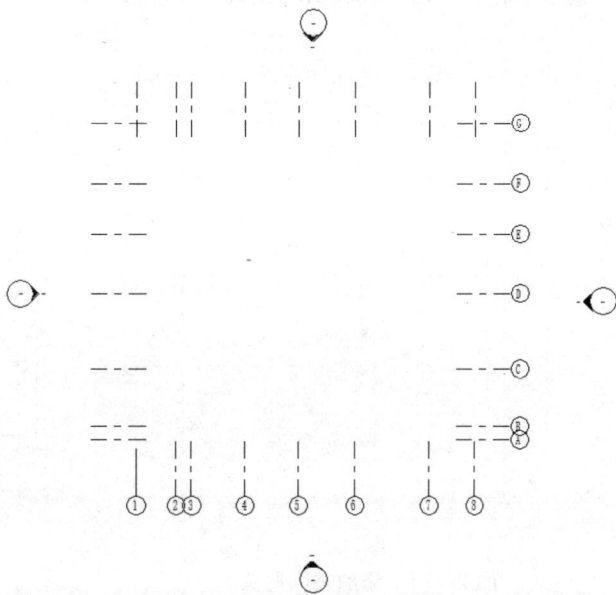

图 2-168 复制功能绘制轴网

(4) 编辑轴网属性。

① 在 F0 平面视图中，框选选中所有轴线，单击"编辑类型"，将"轴线中段"改为"连续"，将"轴线末段颜色"改为"红色"，勾选"平面视图轴号端点 1(默认)"，轴网显示如图 2-169 所示。

② 分别编辑②、④、⑤、⑥、⑦、C、E、F 轴线，样式为单侧显示轴网编号，并且

将轴线拖动到轴网交叉点，如图 2-170 所示。

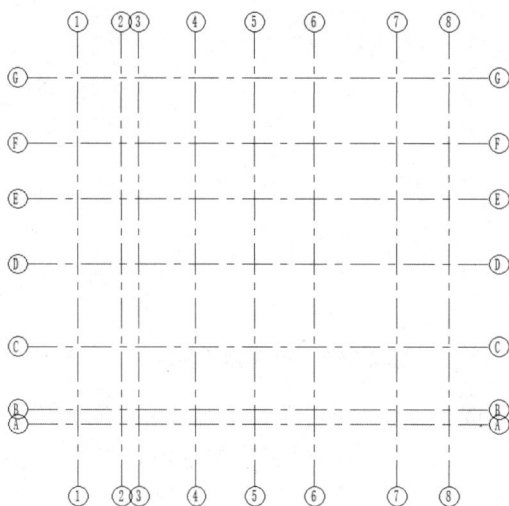

图 2-169　轴网属性编辑

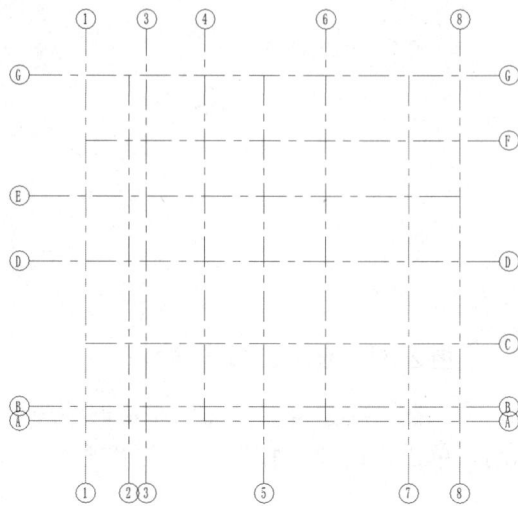

图 2-170　更改轴网显示样式

③ 轴网添加弯头，如图 2-171 所示。

④ 轴网标注，完成轴网创建，如图 2-172 所示。按照题目要求命名和保存。

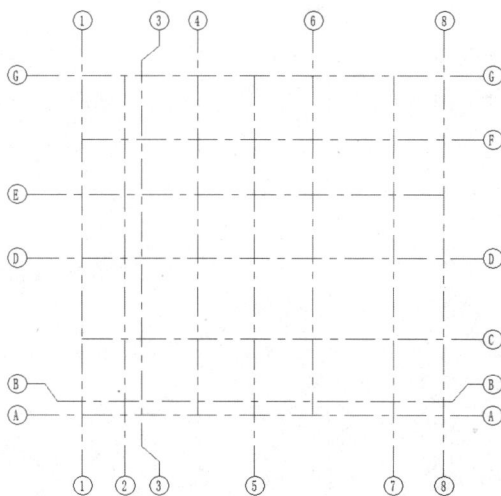

图 2-171　添加轴网弯头

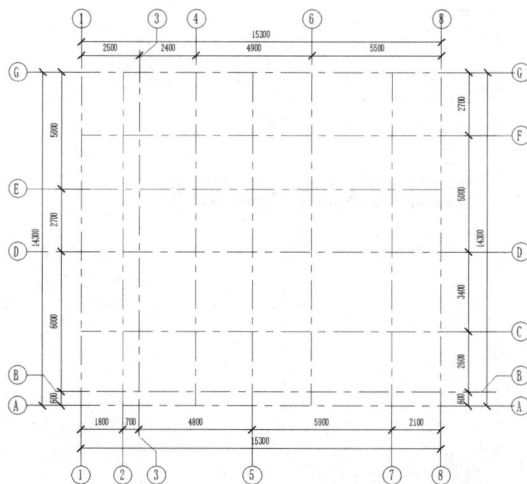

图 2-172　完成轴网创建

任务 2：幕墙创建

一、任务信息

根据图 2-173 给定的北立面和东立面，创建如图 2-173 所示的玻璃幕墙及其水平竖梃模型，请将模型文件以"幕墙"为文件名进行保存。

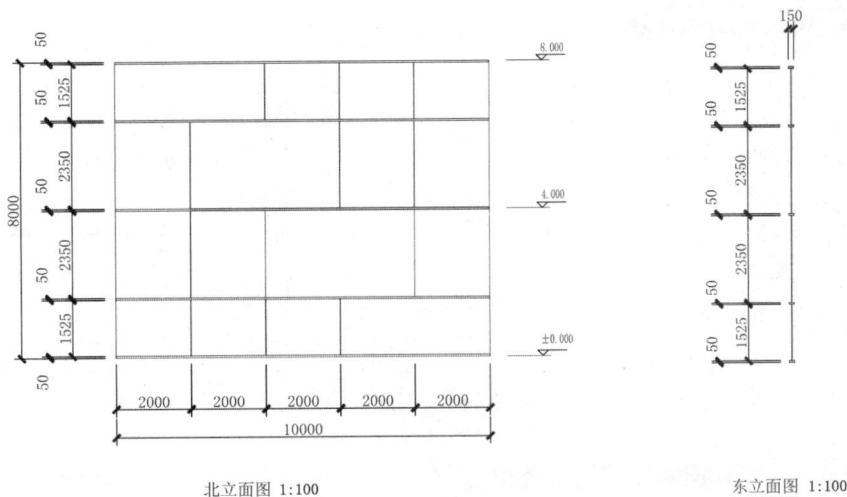

图 2-173　玻璃幕墙模型

二、任务实施

方法一如下。

① 先进入任意立面，将标高修改为图示要求标高；进入视图选项卡，通过平面视图将新建的标高 3 创建至项目浏览器中，如图 2-174 所示。

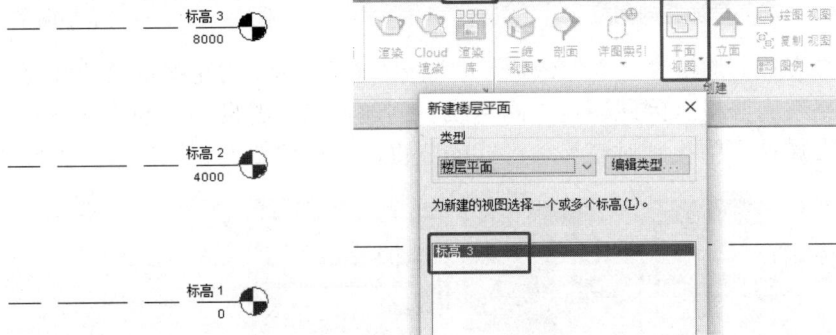

图 2-174　创建幕墙标高

② 进入平面视图，在标高 1 中通过"建筑"选型卡中"墙"功能创建幕墙，注意设定"高度"为"标高 3"。然后在任意位置绘制长度为 10000mm 的幕墙，按 Esc 键完成绘制，然后进入北立面或南立面视图观察绘制结果，如图 2-175 所示。

③ 然后在"建筑"选项卡中单击"幕墙网格"，进入网格编辑。选择"全部分段"，创建第一根竖向网格线，再按快捷键 CC 或 AR 创建剩余三根，显示如图 2-176 所示。

④ 用同样的方法创建横向网格线，因距离不规则，需先任意创建三根横向网格线，再手动调整距离，如图 2-177 所示。

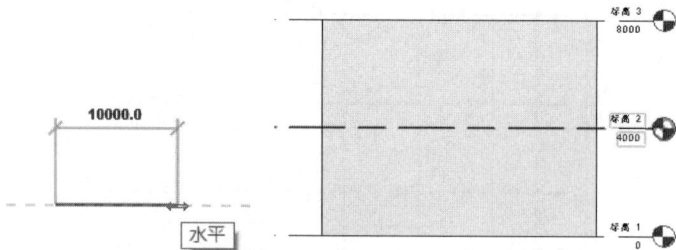

图 2-175　创建幕墙

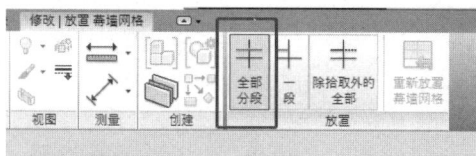

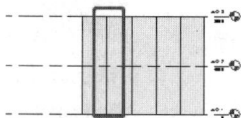

图 2-176　添加竖向网格

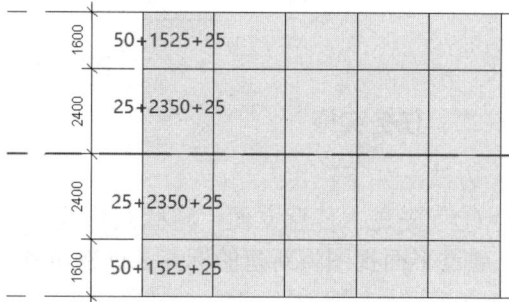

图 2-177　添加水平网格

⑤　增加竖梃。通过"建筑"选项卡"竖梃" 功能创建图示尺寸竖梃。根据图示，仅有横向网格线有竖梃，因此通过"网格线"创建。根据题目要求创建 50mm×150mm 尺寸的竖梃，在属性卡中找到对应尺寸样式的竖梃，手动放置到相应位置，如图 2-178 所示。

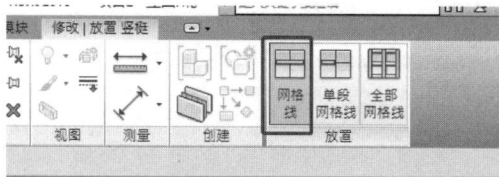

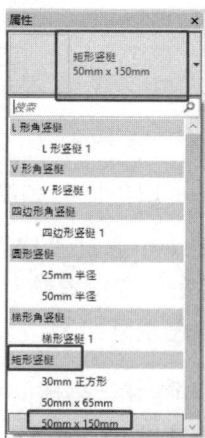

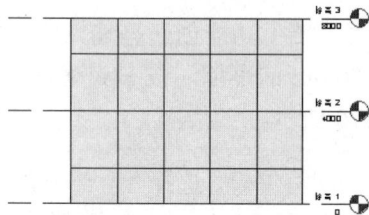

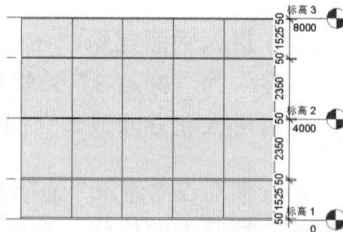

图 2-178　增加竖梃

⑥　根据图示将多余的网格线删除。选中网格线，单击 按钮，单击一次需要删除的线，删除。最终效果如图 2-179 所示。

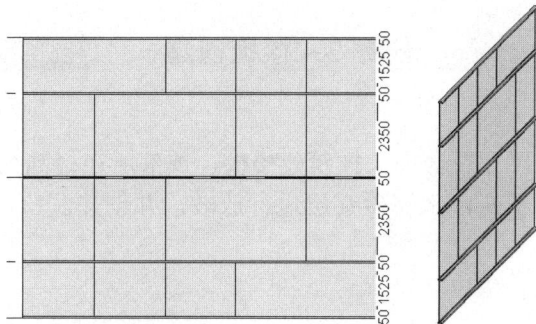

图 2-179　完成幕墙创建

方法二如下。

①　先进入任意立面，将标高修改为图示要求标高；进入"视图"选项卡，通过平面视图将新建的标高 3 创建至项目浏览器中。

②　在进入绘制幕墙时，通过属性选项卡提前设置好基础网格线和竖梃，再手动调整横向网格的距离，如图 2-180 所示(需注意，因横向网格距离不等，需要先设置好横向网格距离后，再进入属性增加竖梃)。

图 2-180　幕墙参数设置

修改横向网格距离时需要先解锁才能进行修改，如图 2-181 所示。

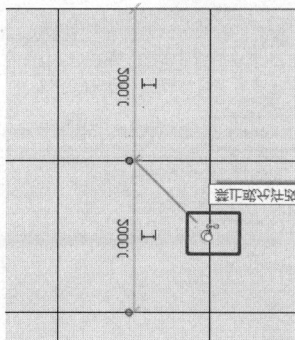

图 2-181　修改横向网格尺寸

任务 3：楼板创建

一、任务信息

根据图 2-182 给定的尺寸及详图大样新建楼板，顶部所在标高为±0-000，命名为"卫生间楼板"，构造层保持不变，水泥砂浆层进行放坡，并创建洞口，以"楼板"为文件名进行保存。

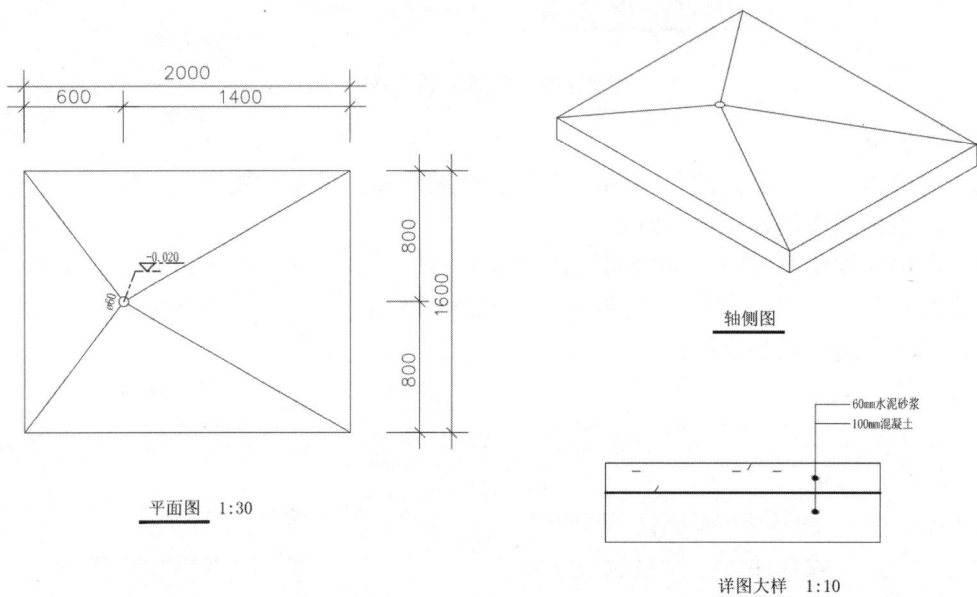

轴侧图

平面图 1:30

60mm水泥砂浆
100mm混凝土

详图大样 1:10

图 2-182 卫生间楼板

二、任务实施

(1) 根据图示创建楼板模型，选择"建筑"选项卡中的"楼板"，在"属性"选项卡中先对楼板类型及属性进行设定，再选择"楼板：建筑"，在标高 1 结合图示尺寸通过矩形工具创建基础模型，如图 2-183 所示。

楼板创建
(微课视频)

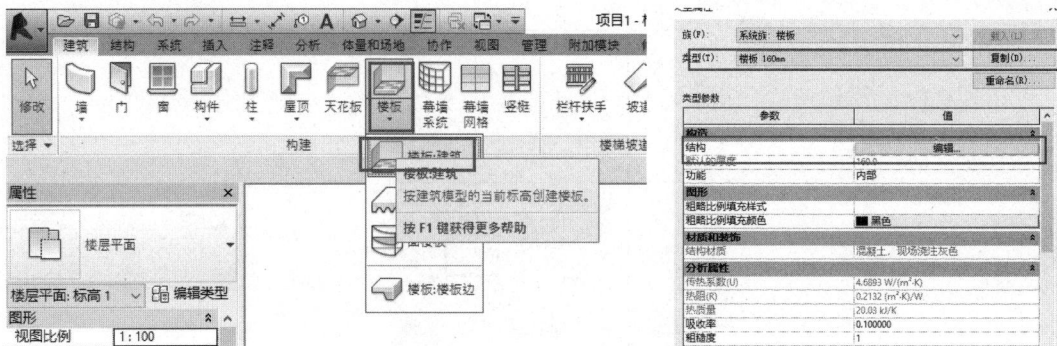

图 2-183 创建卫生间楼板模型

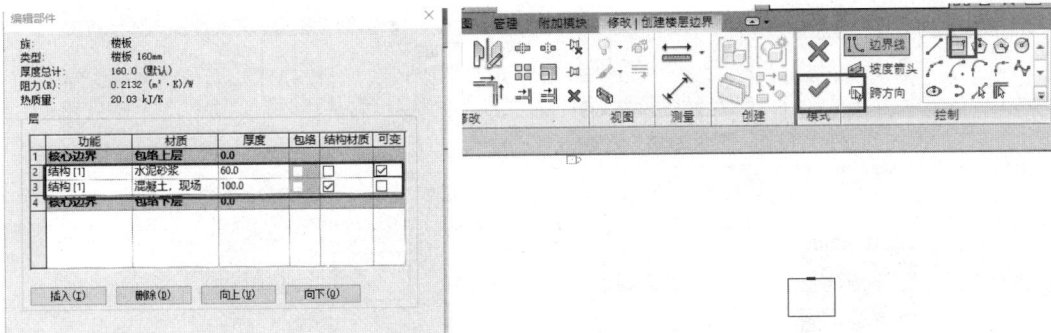

图 2-183 创建卫生间楼板模型(续)

(2) 通过辅助线确定洞口位置，如图 2-184 所示。

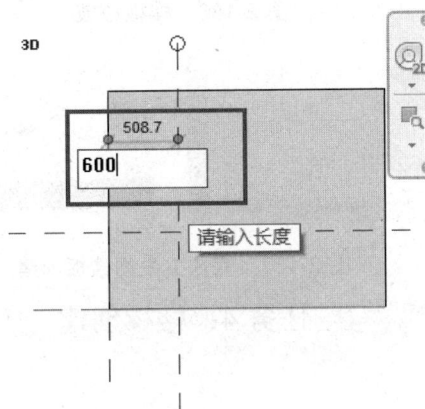

图 2-184 确定楼板开洞位置

(3) 选中楼板，在辅助线确认位置处开直径为 60mm 的洞口，如图 2-185 所示。

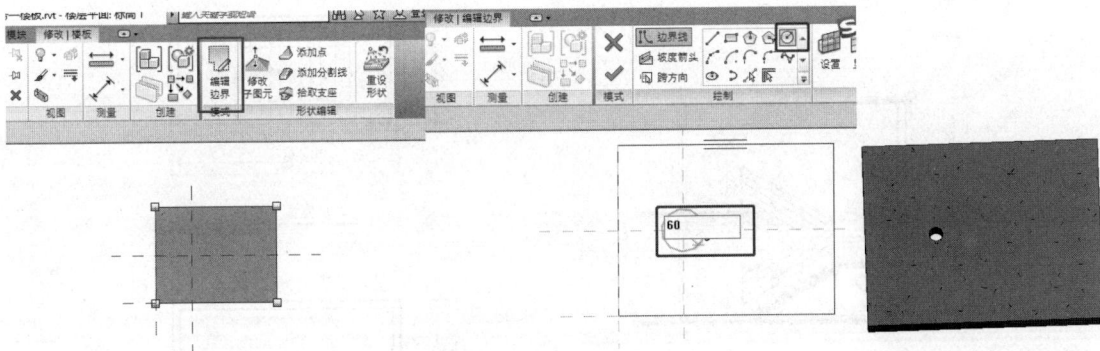

图 2-185 开洞后三维效果图

(4) 选中楼板，进入编辑界面，选择"形状编辑→添加点"，在洞口位置添加放坡点，选中放坡点，输入坡度-20，完成放坡，如图 2-186 所示。

第(4)步也可在三维图中完成，添加点完成后，进入三维图中，选中放置的点，往下拖动至相应位置即可，最终完成效果如图 2-187 所示。

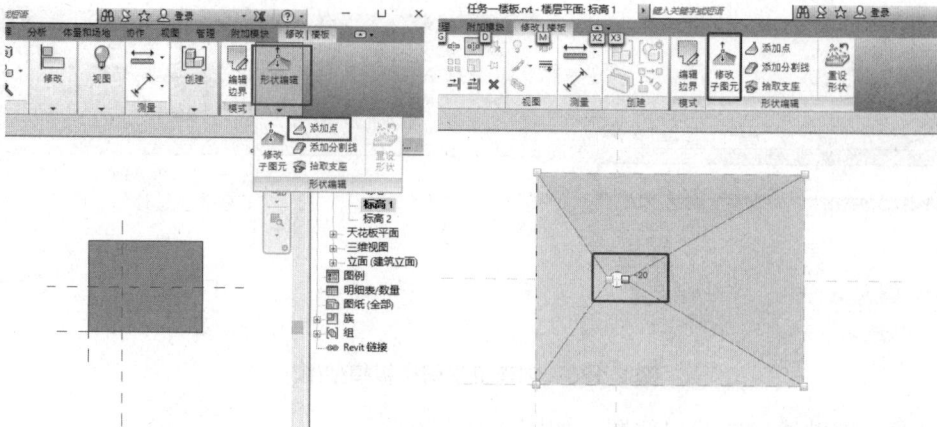

图 2-186 楼板放坡

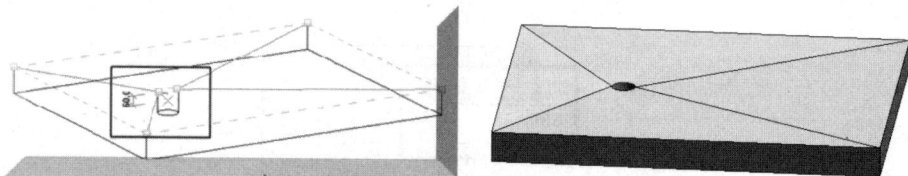

图 2-187 完成卫生间楼板创建

任务 4：楼梯创建

一、任务信息

按照图 2-188 给出的楼梯平、剖面图，创建楼梯模型，并参照平面图所示位置创建楼梯剖面模型，栏杆高度为 1100，栏杆样式不限。以"楼梯"为文件名进行保存。图中未涉及尺寸请参考平、剖面图自定。

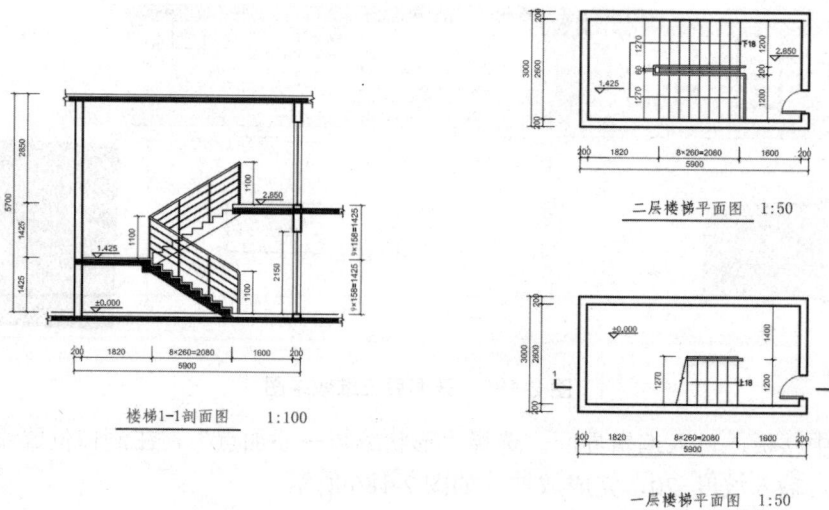

楼梯 1-1 剖面图　1:100

二层楼梯平面图　1:50

一层楼梯平面图　1:50

图 2-188 楼梯

二、任务实施

(1) 先根据图示尺寸创建好标高和轴网(若熟悉操作，可不创建轴网，直接根据尺寸创建墙体)并根据创建好的轴网绘制厚度为 200mm 的一层和二层墙体，如图 2-189 所示。

(2) 解读图纸，研究楼梯各项尺寸数据及对应位置。为了在绘制过程中找准对应楼梯位置，需进入"标高 1"平面视图绘制辅助线找准相关位置，如图 2-190 所示。

(3) 选择"建筑"选项卡中的"楼梯"开始绘制楼梯，因图示楼梯有明显踏板、无梯边梁，所以选择整体浇筑楼梯绘制模型。根据图示，楼梯宽度为1270、踢面高度为158.3、踏板深度为260，如图 2-191 所示。

楼梯创建
(微课视频)

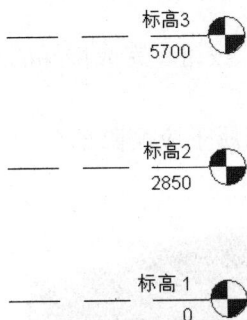

图 2-189 创建标高轴网

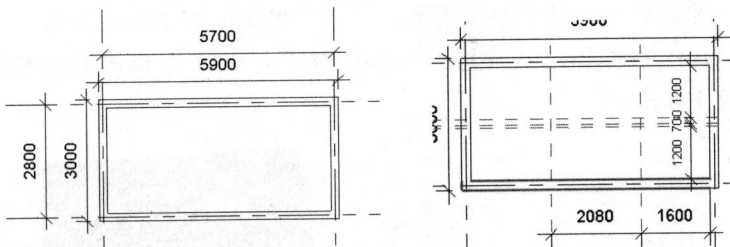

图 2-190 梯段辅助定位

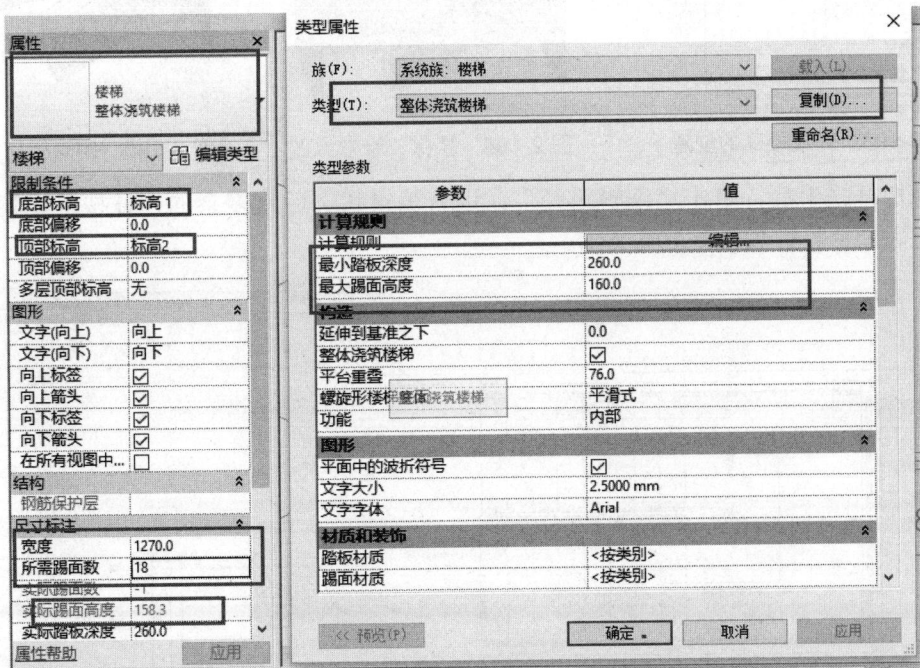

图 2-191 楼梯参数

(4) 可根据绘制的中心线辅助线直接开始绘制两层楼梯，绘制好后自动生成平台，但自动生成平台未达到墙边界，所以需要通过拖动控制点将平台边界拖动至墙边界，如图 2-192 所示(第二层自动绘制 9 级台阶，因为最后一级台阶延伸至平台处)。

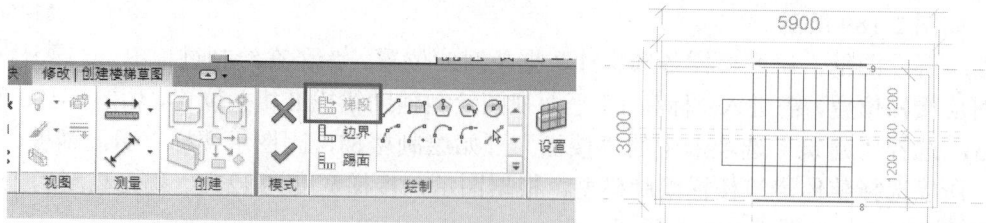

图 2-192　绘制楼梯

(5) 第二层楼梯绘制好及一层平台位置拖动好后，单击"确认"按钮，完成楼梯的创建，平面效果如图 2-193 所示，三维效果图如图 2-194 所示。

(6) 根据图示还需进一步编辑楼梯，其中方框内的楼梯扶手都属于应删除部分，如图 2-195 所示。

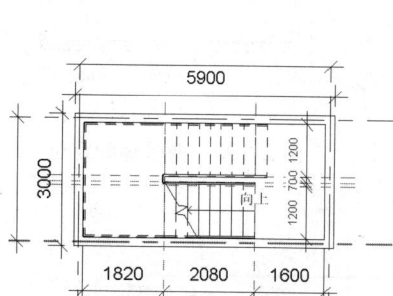

图 2-193　完成楼梯的创建　　　图 2-194　楼梯三维效果图　　　图 2-195　删除栏杆扶手

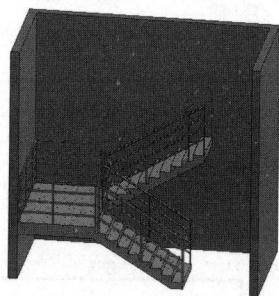

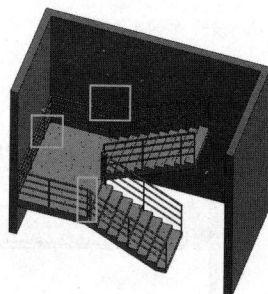

选中栏杆扶手后，单击"编辑路径"，进入编辑状态后将多余的栏杆扶手线删除，并在平台处添加栏杆，如图 2-196 所示。

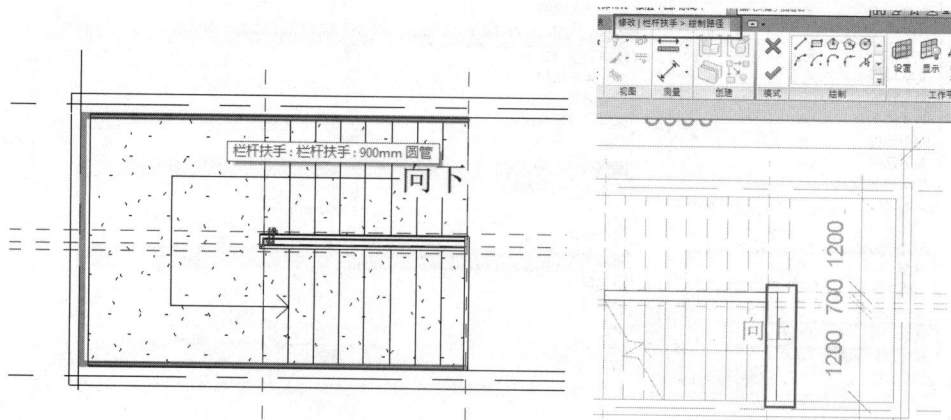

图 2-196　添加栏杆扶手

对比图中效果，还需在方框处添加楼板，如图 2-197 所示。

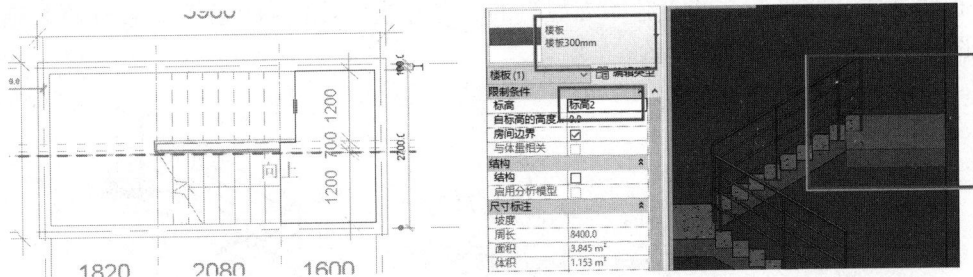

图 2-197　添加楼层平台板

(7)　接下来对栏杆位置及样式进行编辑，具体设置如图 2-198 所示(栏杆位置距梯边梁50，因栏杆为圆管 40mm，距离 50 才能实现栏杆厚 40×2+50×2=200)。

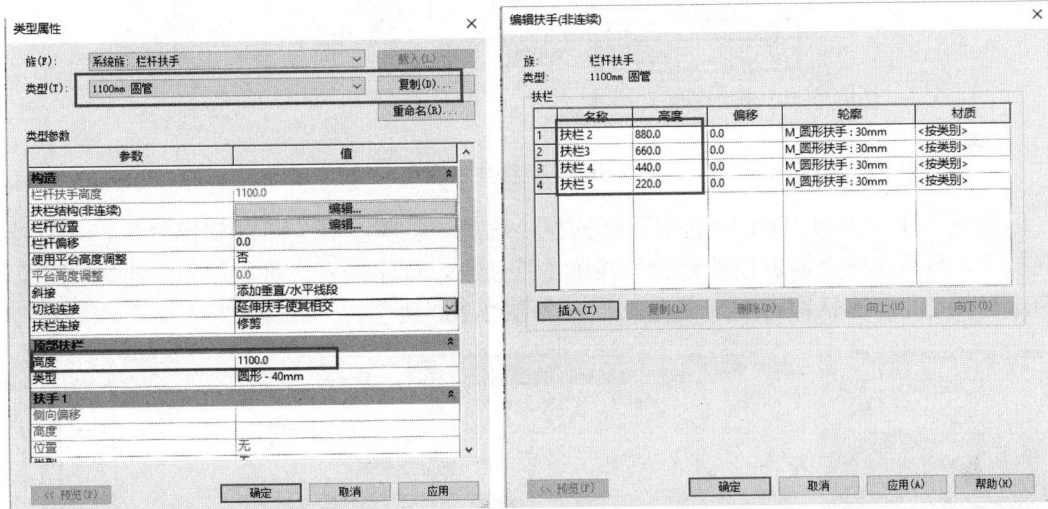

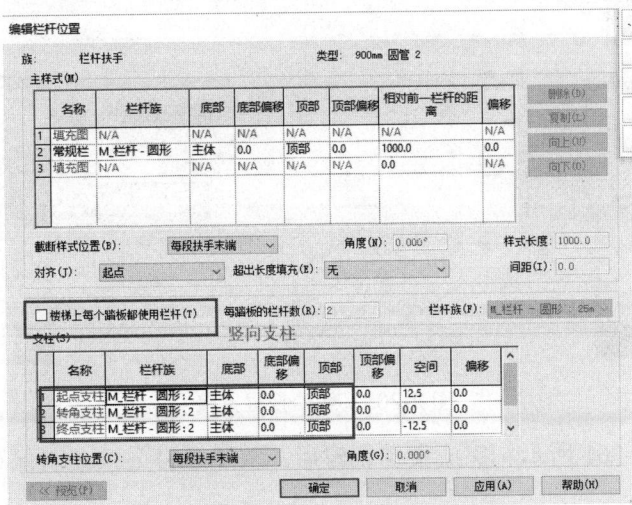

图 2-198　编辑栏杆样式

(8) 对栏杆细节进行调整。调整扶栏圆角，通过支柱中"相对迁移栏杆的距离"调整支柱的布局方式，并将支柱的"起始支柱"的"栏杆族"设置为"无"，以便将起始支柱设置成图示样式，如图 2-199 所示。

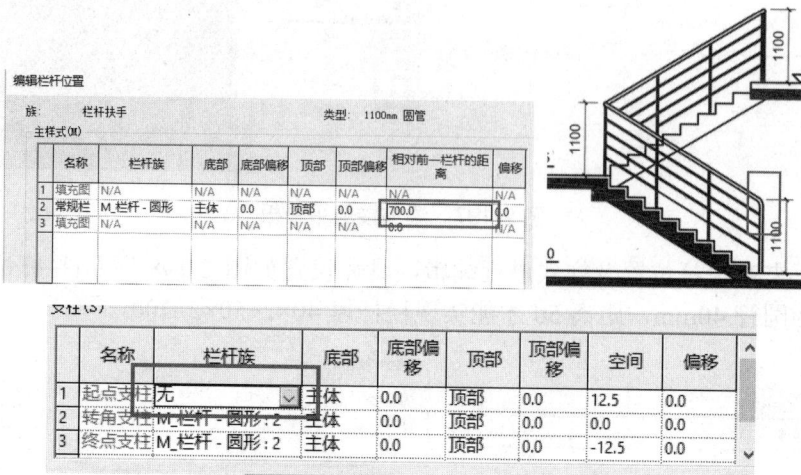

图 2-199 调整扶栏圆角

回到视图中，通过 Tab 键选中顶部扶栏，选择"编辑栏杆""编辑路径"，手动绘制竖向扶手，然后单击"编辑扶栏连接"并单击连接点，对连接方式进行编辑，选择"圆角"，倒角半径为 200，确认即可实现圆角扶栏，如图 2-200 所示。

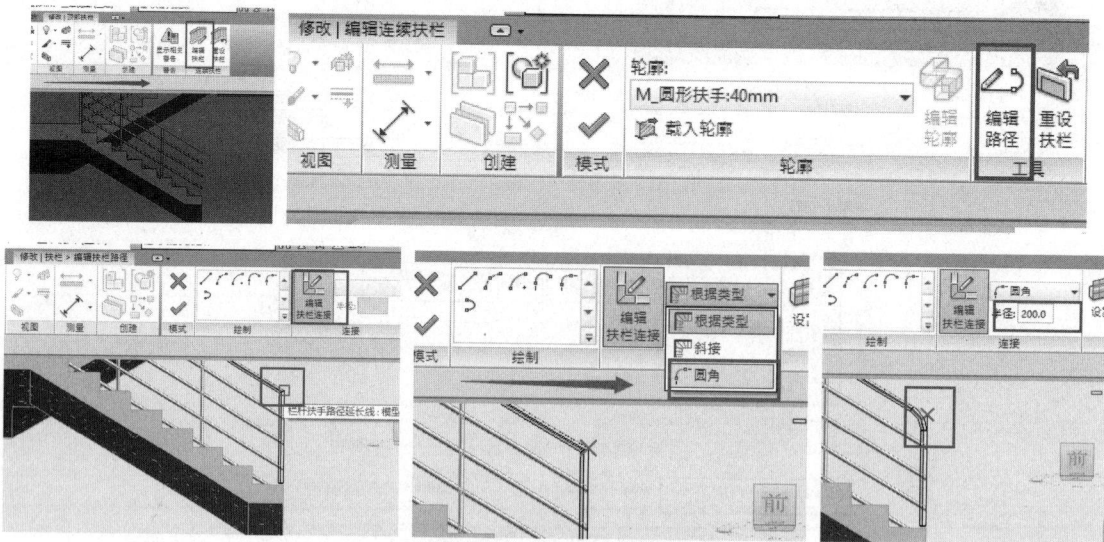

图 2-200 编辑扶栏连接

最终效果如图 2-201 所示。完成楼梯创建后，按照题目要求命名保存。

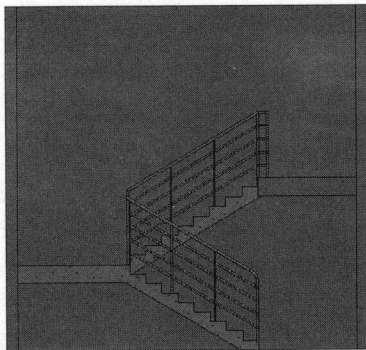

图 2-201　楼梯模型

任务 5：屋顶创建

一、任务信息

按照图 2-202 所示的平、立面图绘制屋顶，屋顶板厚均为 400，其他建模所需尺寸可参考平、立面图自定。请将模型以"屋顶"为文件名进行保存。

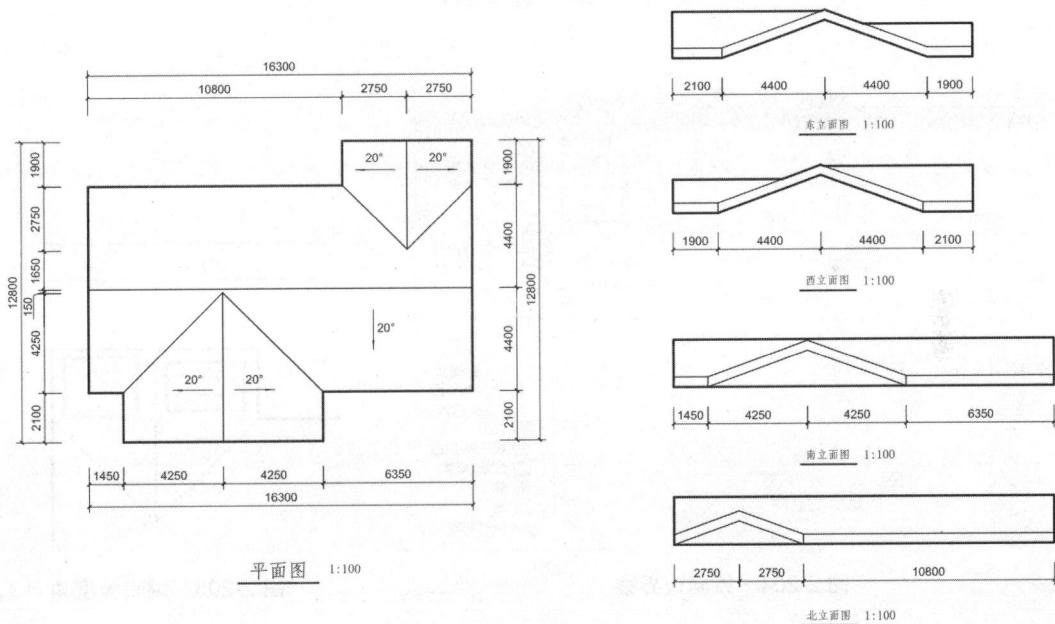

平面图　1:100

东立面图　1:100

西立面图　1:100

南立面图　1:100

北立面图　1:100

图 2-202　屋顶

二、任务实施

(1) 选择"建筑选项卡""屋顶""迹线屋顶"，进入绘制屋顶迹线草图模式，如图 2-203 所示。绘制前需对屋顶属性进行设置，复制创建一厚度符合设计要求的屋顶类型。

(2) 按照平面图所示尺寸建立屋顶基础模型，通过直线绘制，此处可先

屋顶创建
(微课视频)

不定义坡度，后期再进行更改，如图 2-204 所示。

(3) 根据平面图和立面图可知，平面图中有箭头处即为需要放坡的屋顶处，且坡度为 20°，如图 2-205 所示。

图 2-203　选择迹线屋顶

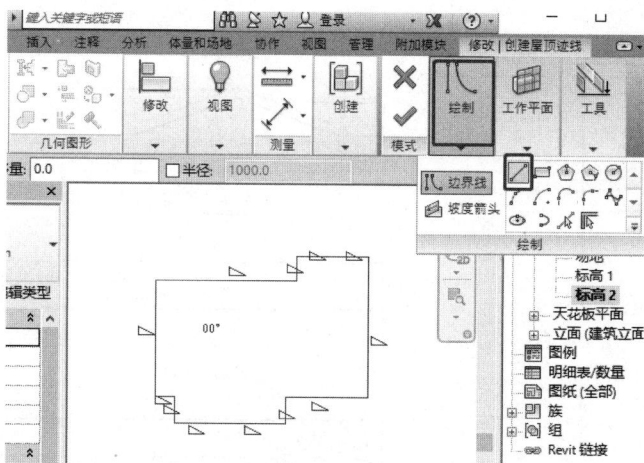

图 2-204　绘制边界线

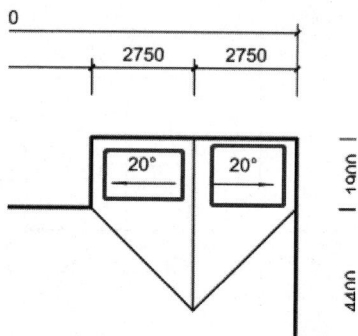

图 2-205　编辑坡度角

(4) 根据已创建好的屋顶基础模型，将不需要放坡的屋顶复选框中的 √ 取消，如图 2-206 所示。

(5) 将需要放坡的屋顶角度改为 20°，需放坡的迹线如红圈中所示，如图 2-207 所示。

(6) 单击"完成编辑模式"完成绘制。绘制完成后的三维效果图如图 2-208 所示。

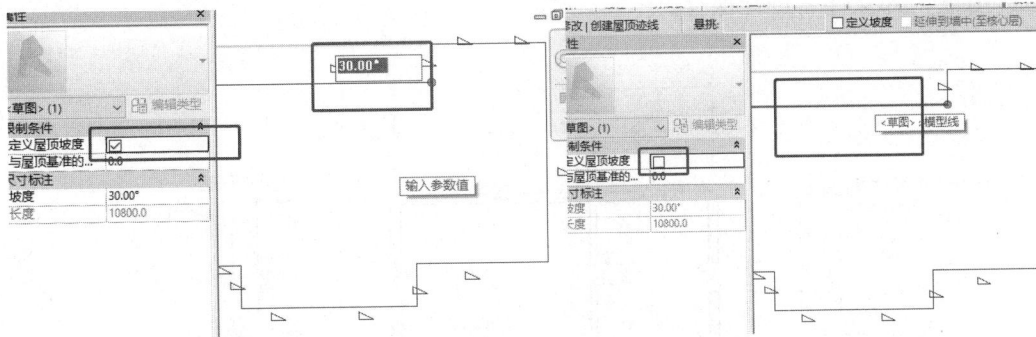

图 2-206　取消勾选坡度角

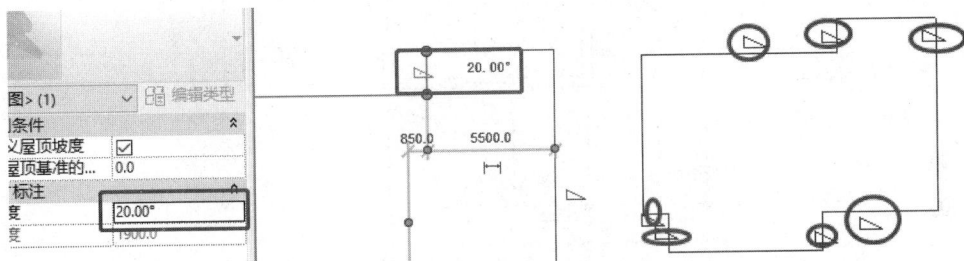

图 2-207　修改坡度角

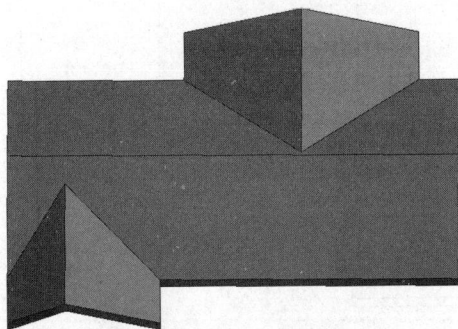

图 2-208　屋顶三维效果图

任务 6：小型房屋(含墙体、门窗、屋顶、洞口)创建

一、任务信息

根据图 2-209 所示的平面图、立面图和三维图，建立房屋模型。根据标高和轴线创建房屋墙体模型。其中外墙厚度均为 300mm(面层为白色涂料厚 50mm；核心层为砖砌体，厚250mm)，内墙厚度均为 200mm(双面层为白色涂料厚 25mm；核心层为砖砌体，厚 150mm)，然后按照图中尺寸在恰当位置放置对应数量的门窗。门型号：M0820、M0618，尺寸分别为800×2000mm 和 600×1800mm；窗的型号：C0912，C1515，尺寸分别为 900×1200mm 和1500×1500mm。根据完成的三维模型分别创建门和窗的明细表，门明细表包含类型、宽度、高度以及合计字段；窗明细表包含类型、底高度(900mm)、宽度、高度及合计字段。请将模

型以"房屋"为文件名进行保存。

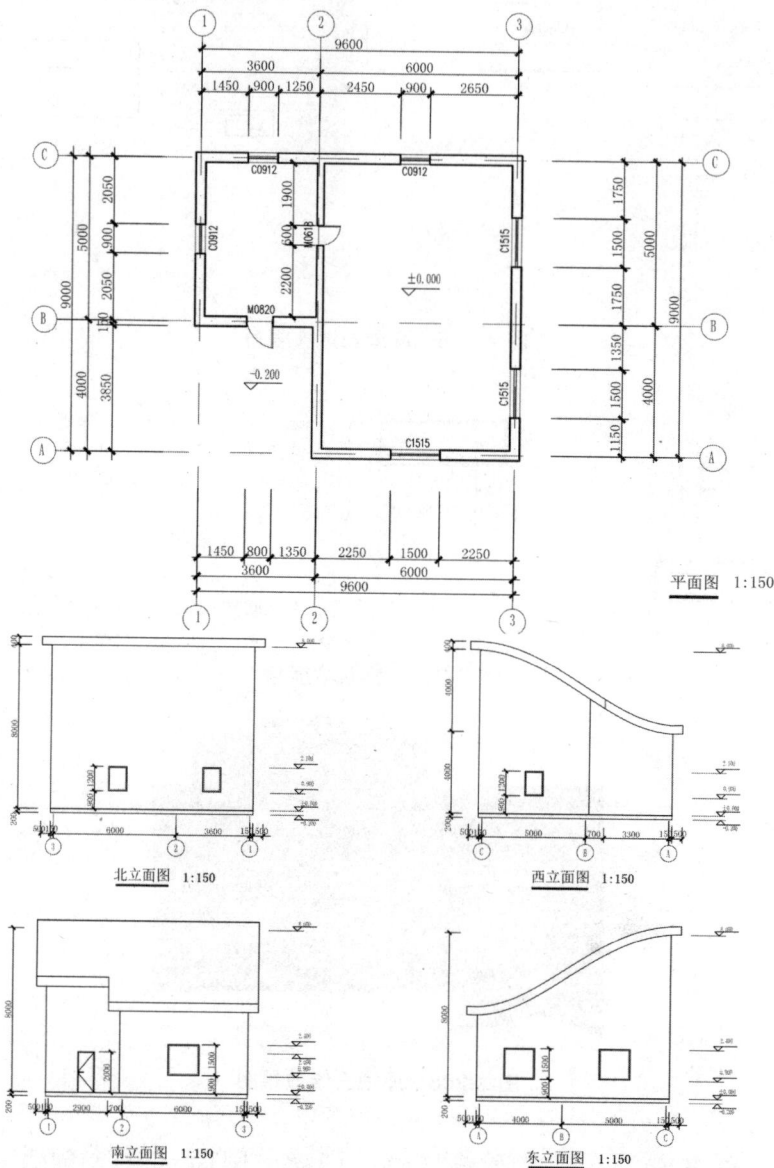

图 2-209　房屋模型

小型房屋创建
(微课视频)

二、任务实施

(1) 根据图纸先创建标高和轴网，如图 2-210 所示。

图 2-210　创建标高和轴网

(2) 在平面视图的"标高 1"界面开始绘制墙体，选择"建筑""墙""建筑墙"，弹出墙体"属性"选项卡，根据墙体要求设置内外墙属性参数，如图 2-211 所示。

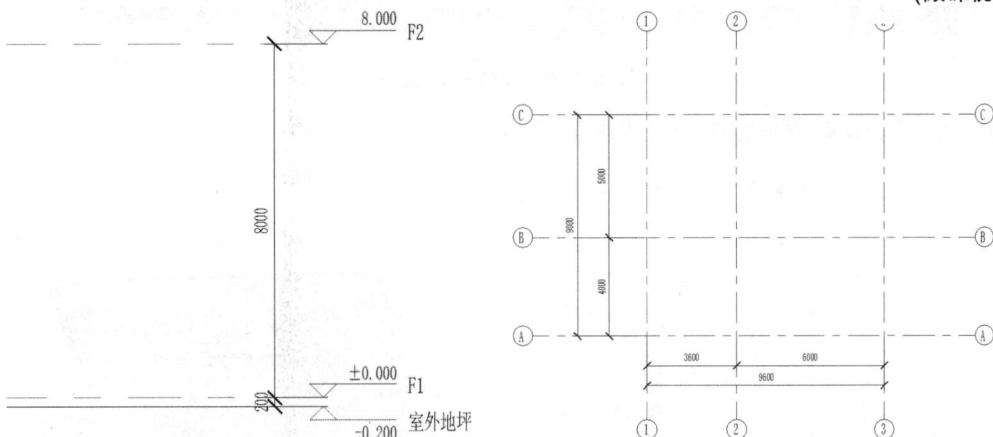

图 2-211　内外墙属性参数

（3） 参数设置好后，即可按照图示位置进行墙体绘制，注意：根据图示外墙对齐方式为"墙中心线"，内墙对齐方式为"面层面：外部"对齐，如图 2-212 所示。

| 修改 \| 放置 墙 | 高度： ∨ | 屋顶 | ∨ | 8000.0 | 定位线： | 墙中心线 | ∨ | ☑链 | 偏移量： | 0.0 |

图 2-212　墙体对齐设置

（4） 绘制完成后的平面图和三维图如图 2-213 所示。

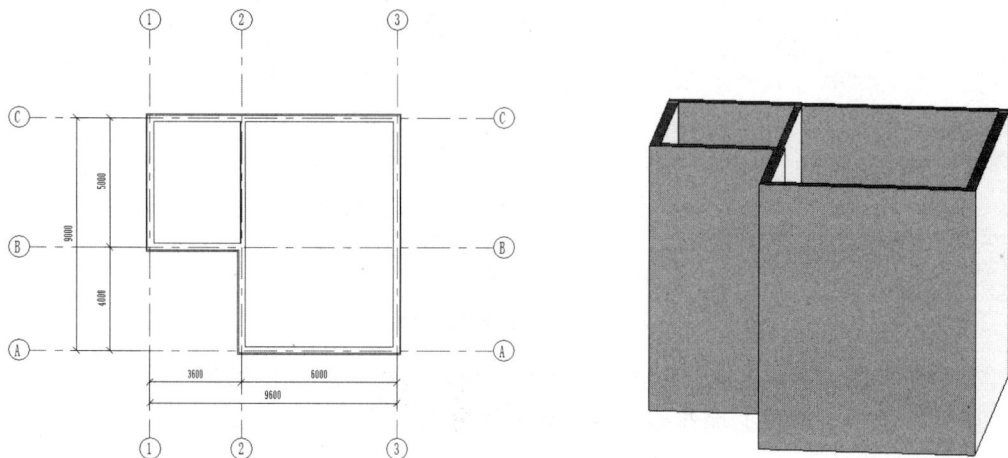

图 2-213　墙体绘制

（5） 在平面视图的"标高 1"界面开始插入门和窗，选择"建筑""门"，弹出门"属性"选项卡，根据门类型要求设置门属性参数，如图 2-214 所示。

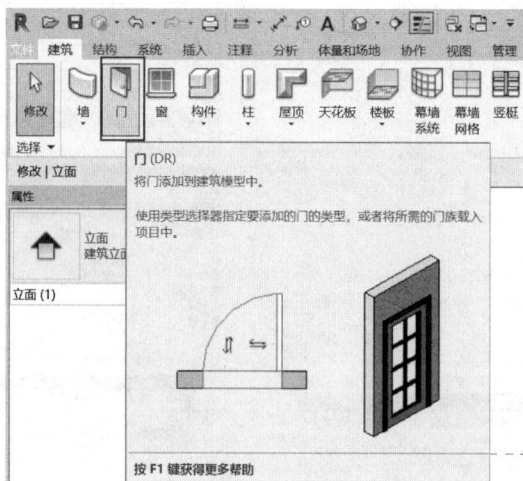

图 2-214　插入门

（6） 门型号：M0820、M0618，尺寸分别为 800×2000mm 和 600×1800mm。窗的型号：C0912、C1515，尺寸分别为 900×1200mm 和 1500×1500mm，如图 2-215 所示。

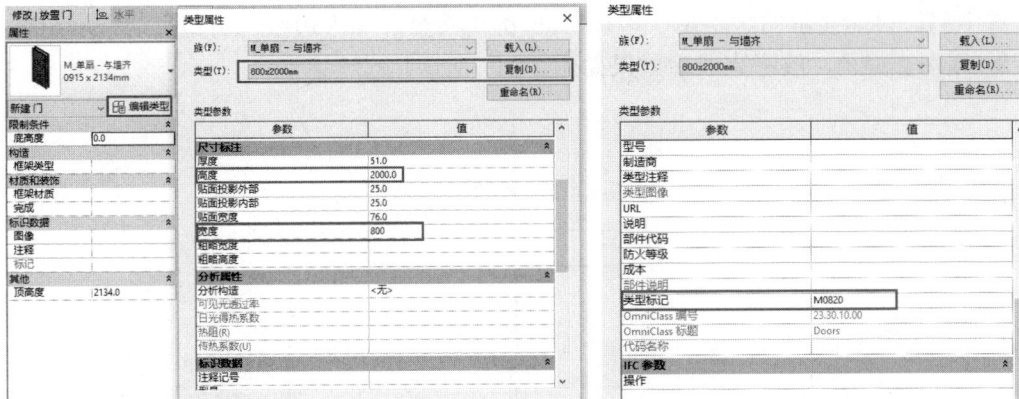

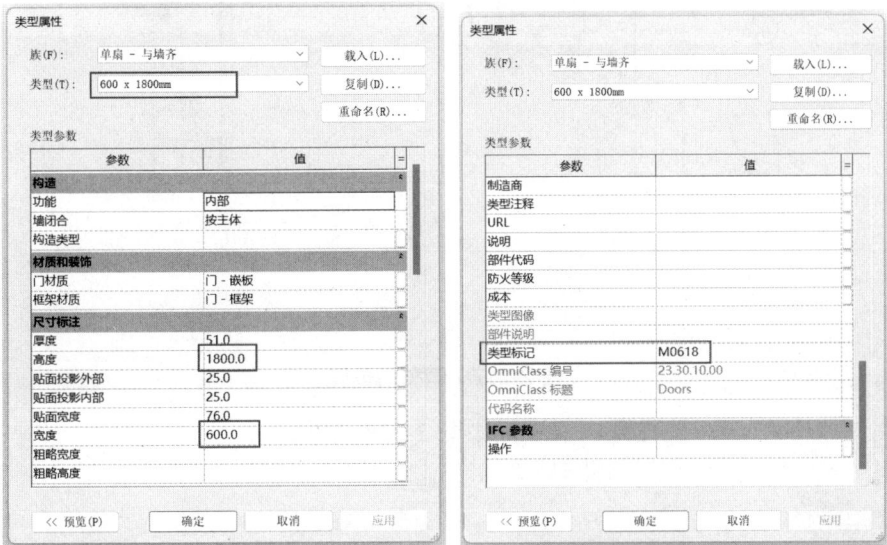

图 2-215　门参数设置

（7）属性设置好后，研究图纸，根据图纸所示位置将对应类型的门放置到相应位置，并进行距离调整，如图 2-216 所示。

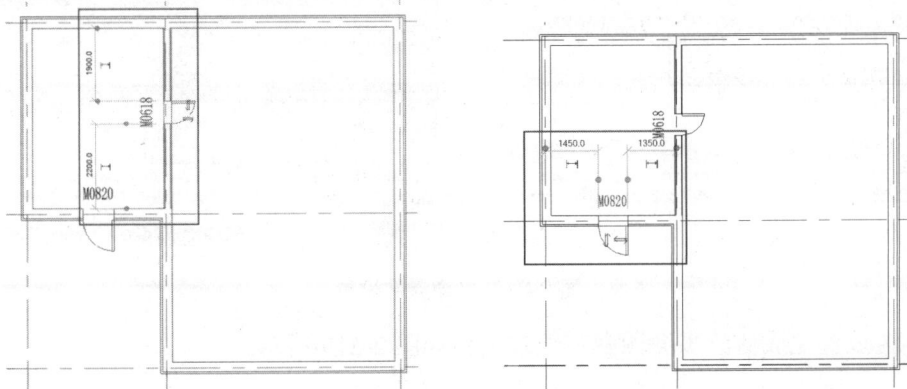

图 2-216　放置门

选中门，自动显示门边距离，按住 Tab 键切换至外墙内边线，将距离调整至图纸中对应位置(见图 2-216)，放置完成后效果如图 2-217 所示。

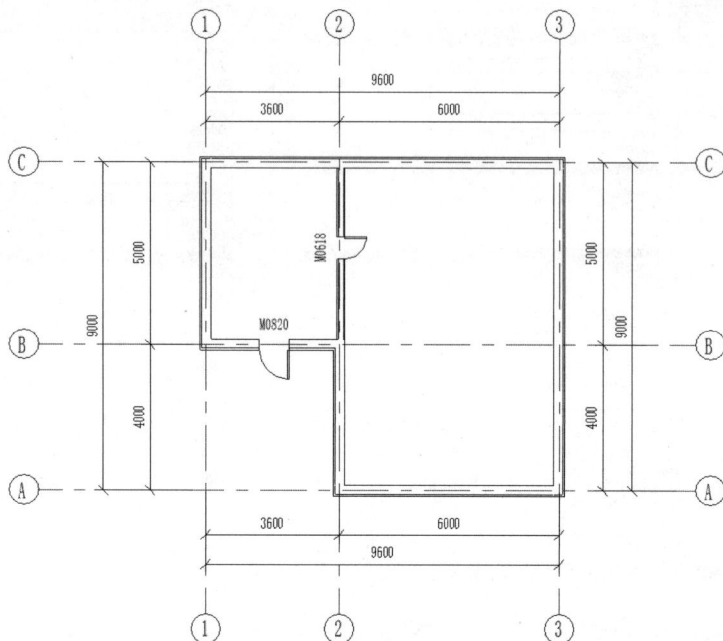

图 2-217　调整门位置

(8) 用相似的方法，放置窗，窗参数如图 2-218 所示。

图 2-218　窗参数设置

(9) 窗放置完成后的平面图和三维效果图如图 2-219 所示。

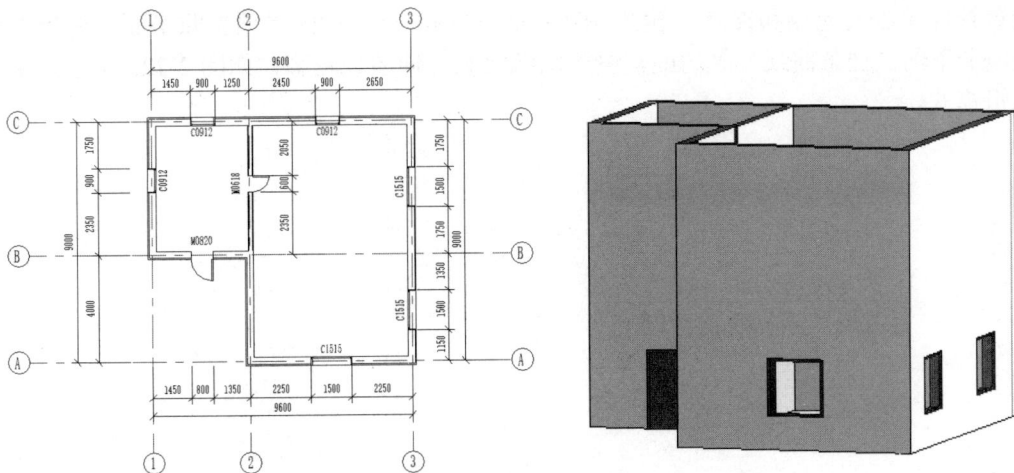

图 2-219　窗放置完成后的平面图和三维效果图

(10) 绘制屋面，采用拉伸屋顶绘制。打开 F1 平面视图，选择"建筑""屋顶""拉伸屋顶"，拾取一个平面①轴线，进入"西"立面视图，选择"屋顶参照标高和偏移"的"标高"为 F2，如图 2-220 所示。

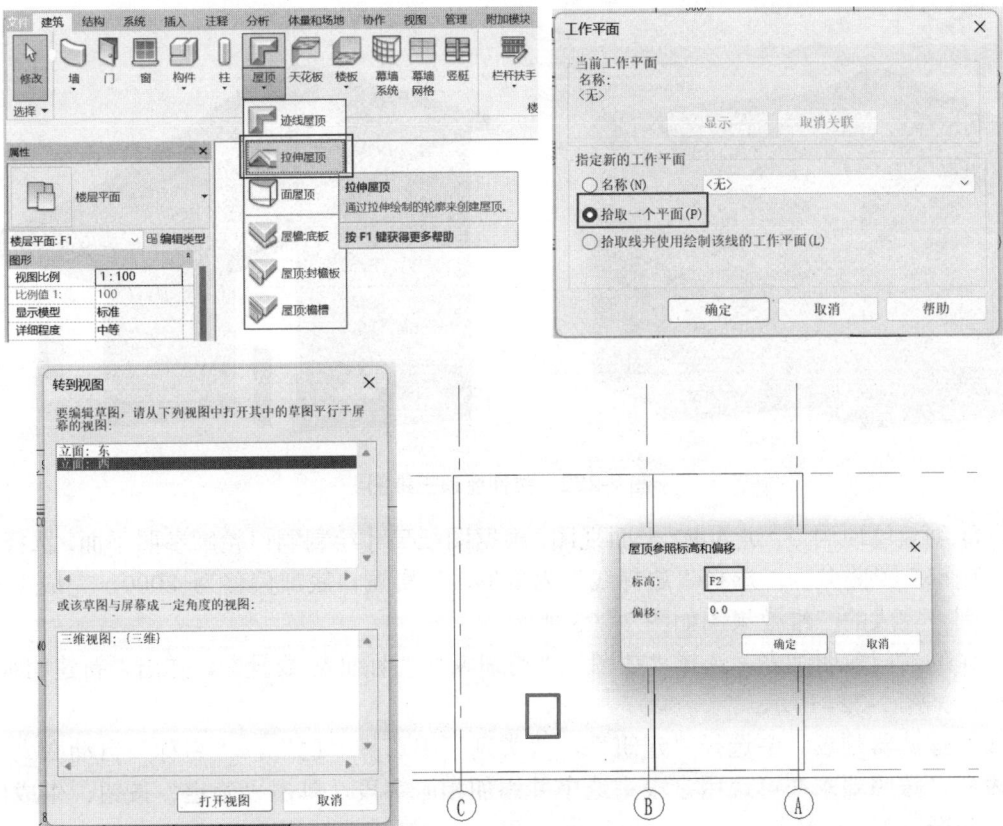

图 2-220　设置拉伸屋顶

设置拉伸屋顶的起点和终点，输入 RP(参照平面)，绘制拉伸屋顶参照平面，选择"绘图"选项卡下的"样条曲线" 功能，参照图纸绘制拉伸屋顶轮廓，如图 2-221 所示，完成屋顶编辑模式。

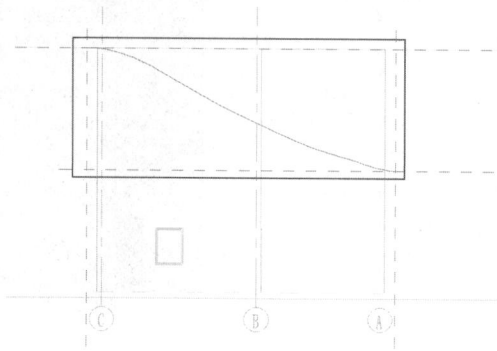

图 2-221　绘制拉伸屋顶轮廓

选中屋顶，将屋顶向上移动 400，编辑屋顶的拉伸起点为-650，拉伸终点为 10250，选中所有墙体，选择"顶部附着"到屋顶，完成后的屋顶如图 2-222 所示。

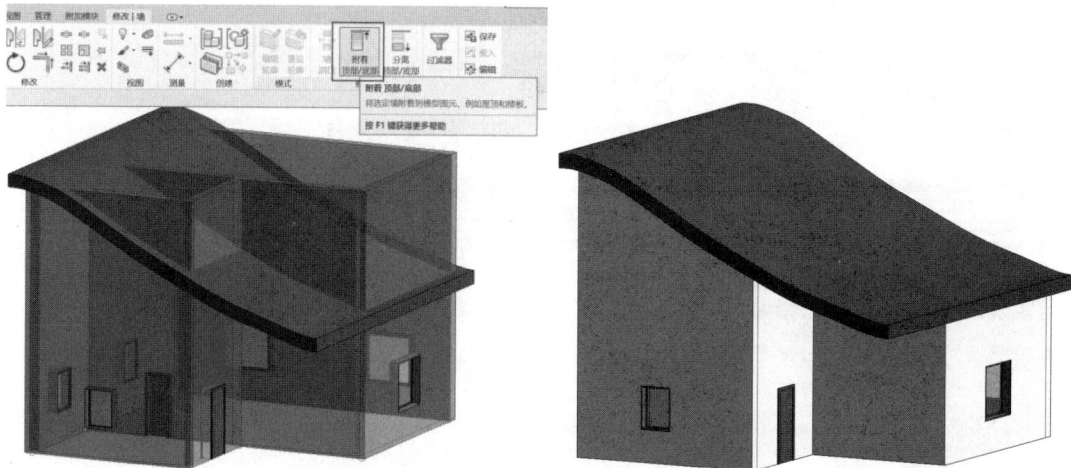

图 2-222　拉伸屋顶三维图

(11) 创建屋顶洞口。进入 F2 平面视图，根据图纸尺寸绘制洞口轮廓参照平面，选择"建筑""洞口""竖井"，选择"边界线"为矩形，设置洞口底部偏移为-8000，完成竖井洞口的绘制，完成的三维效果图如图 2-223 所示。

(12) 创建门窗明细表。选择"视图""明细表""明细表/数量"，弹出"新建明细表"对话框，如图 2-224 所示。

在"过滤器列表"中选择"建筑"，"类别"中选择"门"，"名称"自动变为"门明细表"，按照要求在可选用字段中选中并添加相应字段，单击"确定"按钮，生成门明细表，如图 2-225 所示。

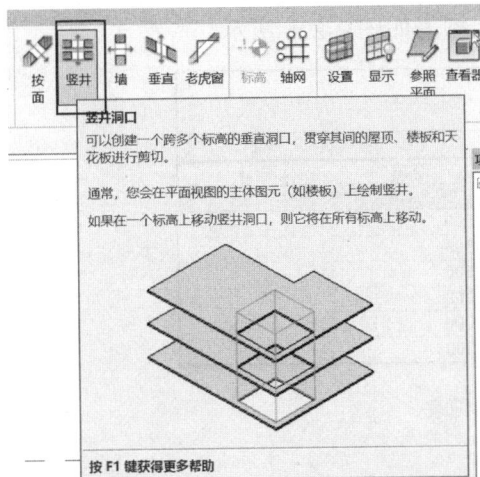

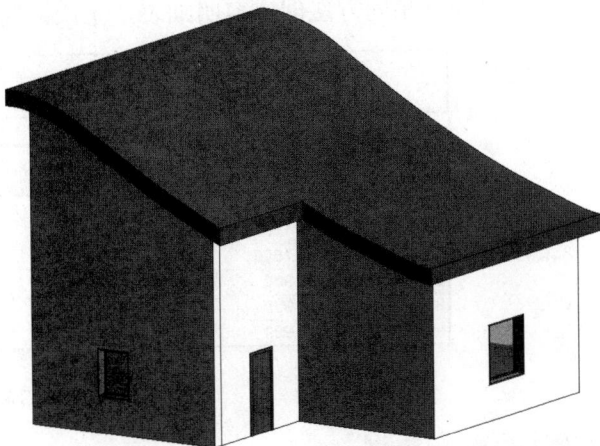

图 2-223　小房子三维效果图

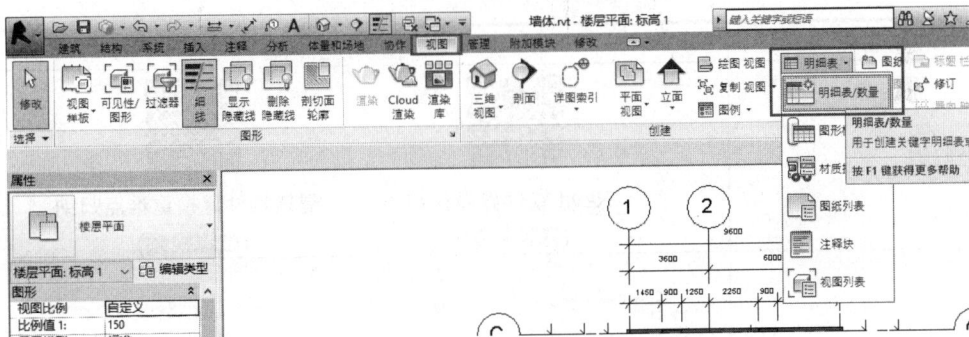

图 2-224　创建门窗明细表

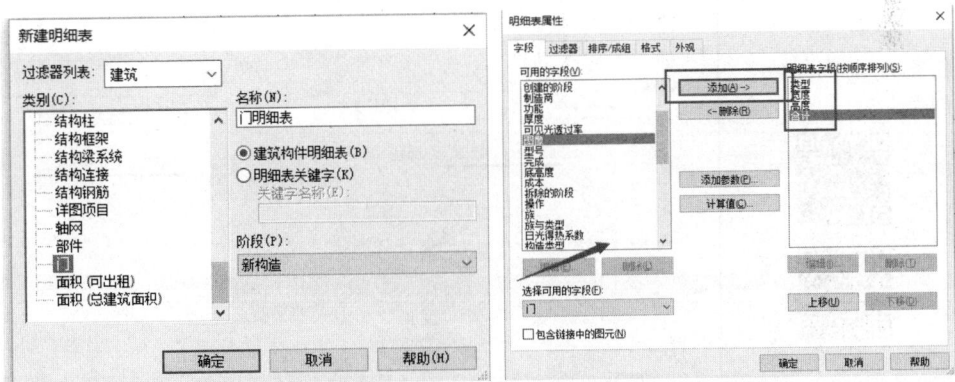

<门明细表>			
A	**B**	**C**	**D**
类型	宽度	高度	合计
600x1800mm	600	1800	1
800x2000mm	800	2000	1

图 2-225　生成门明细表

接下来通过相同方法创建窗明细表，生成的窗明细表如图 2-226 所示。

<窗明细表>

A	B	C	D	E
类型	宽度	底高度	高度	合计
1500x 1500mm	1500	900	1500	1
1500x 1500mm	1500	900	1500	1
1500x 1500mm	1500	900	1500	1
900x 1200mm	900	900	1200	1
900x 1200mm	900	900	1200	1
900x 1200mm	900	900	1200	1

图 2-226　生成的窗明细表

任务固学

请根据前面所学知识，结合任务二维码独立完成固学任务。

任务名称	固学任务内容
重难点归纳	Revit 软件界面认知（微课视频）　　建筑构件建模重难点归纳（微课视频）
证书考核任务　任务 1：标高与轴网创建	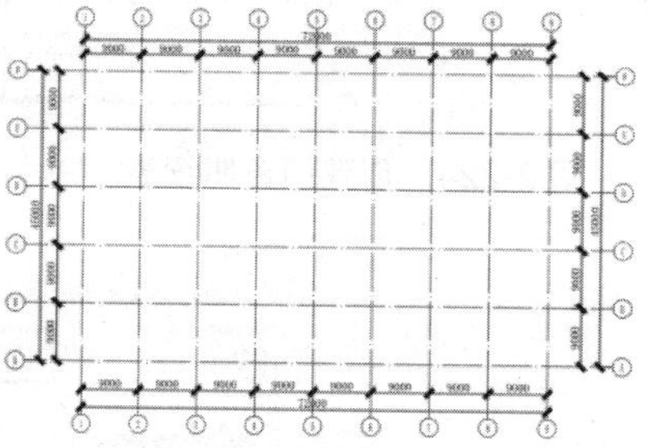 1-5层轴网布置图 1:500 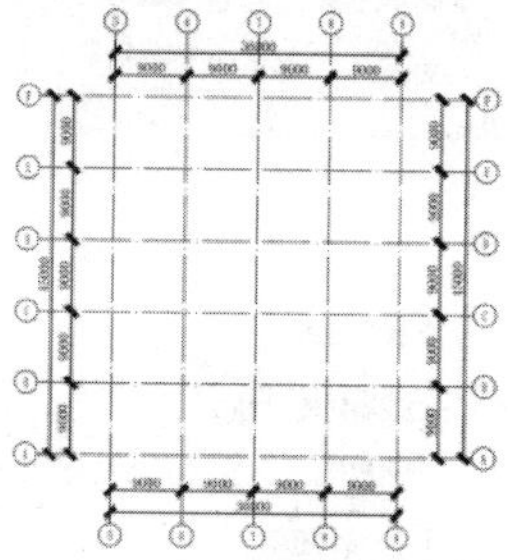　6层及以上轴网布置图 1:500 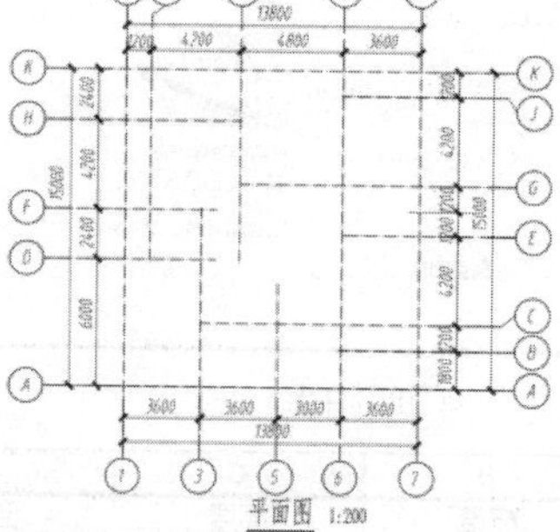　平面图 1:200 全国BIM技能等级考试三期第一题　全国BIM技能等级考试十期第一题

续表

任务名称	固学任务内容
任务 2：幕墙创建	 1+X 技能等级考试 2019 年二期第二题
任务 3：楼板创建	 1+X 技能等级考试 2021 年五期第一题
任务 4：楼梯创建	 全国 BIM 技能等级考试　　全国 BIM 技能等级考试 　　七期第二题　　　　　　　　九期第二题
任务 5：屋顶创建	 全国 BIM 技能等级考试　　全国 BIM 技能等级考试五期第二题 二十一期第一题

证书考核任务

任务名称	固学任务内容
证书考核任务	任务 6：小型房屋(含墙体、门窗、屋顶、洞口)创建 全国 BIM 技能等级考试二期第五题
工程案例任务	工程案例任务 根据本章所学基本内容，识图一层平面图，尝试完成建筑综合体首层模型。

项目3 体量建模

1. 证书考核要求

(1) 掌握实体编辑方法，如移动、复制、旋转、偏移、阵列、镜像、删除、创建组、草图编辑等。

(2) 熟悉参数化设计的概念与方法。

2. 知识要求

(1) 了解内建体量与概念体量的区别。

(2) 掌握内建体量的创建方法与技巧。

(3) 掌握概念体量的创建方法与技巧。

3. 能力要求

(1) 能运用面墙、面楼板、面屋顶等功能创建体量建筑形体。

(2) 能运用新建概念体量建模方法创建出不同形式的体量形体。

(3) 能识读体量构件图纸并根据图纸区分新建、内建方法创建体量模型。

4. 思维导图

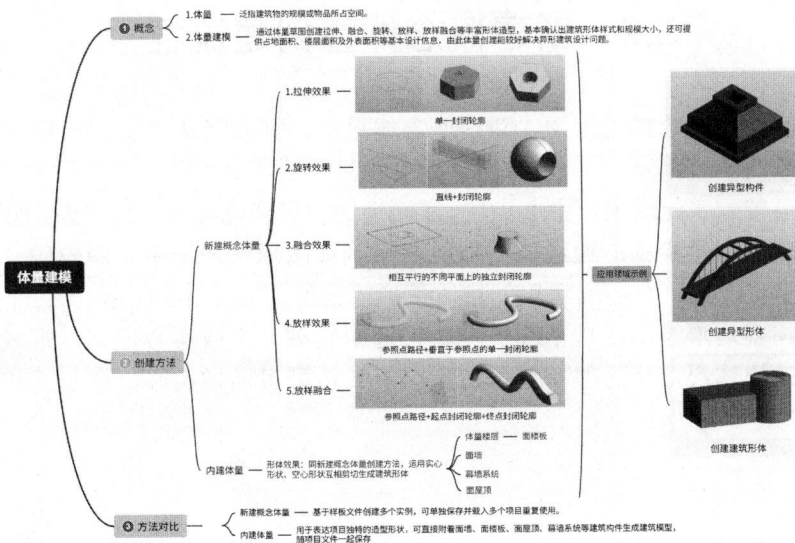

案例引入：2022 年北京冬奥会期间，某短视频网站上出现"多国运动员赞扬此次冬奥会室外高山滑雪的防风高科技"的视频，让远在张家口赛区的北京冬奥会国家跳台滑雪中心(以下简称"雪如意")成功地上了热搜。"雪如意"作为世界上首个在顶部出发区设置大型悬挑建筑物的跳台滑雪场馆，拥有世界上最长的跳台滑雪赛道。标准跳台出发区高程为1749.7 米，结束区高程为 1635 米，落差 114.7 米。设计过程中体现了绿色、低碳、可持续的发展理念，采用了可再生能源的风电利用、山体生态修复、建筑自然采光+自然通风+外遮阳设计、市政管线集中于地下管廊设置、利用透气防渗材料实现水体净化等新技术。

问题思考：随着社会对环保和可持续发展的关注度不断提高，绿色建筑成为建筑行业的重要发展方向。这些绿色低碳技术是如何在"雪如意"设计、施工、运营过程中实现的？

理论展学

3.1 体 量 概 念

体量，泛指建筑物的规模或物品所占空间。

体量概念主要用于项目前期概念设计阶段，可以为建筑师提供简单、快捷、灵活的概念设计模型，还可以提供占地面积、楼层面积及外表面积等基本设计信息，从而基本确认出建筑形体样式和规模大小。

基于建筑设计的需要，常规建模方法无法创建异形建筑形体，在 Revit 中可通过体量草图创建拉伸、融合、旋转、放样、放样融合等丰富的形体造型，体量创建能较好地解决异形建筑设计问题。在 Revit 建模平台中主要有内建体量和新建概念体量两种创建方式。其中，内建体量用于表达项目独特造型形状，可直接附着面墙、面楼板、面屋顶、幕墙系统等建筑构件生成建筑模型。新建概念体量基于样板文件创建多个实例，可载入多个项目重复使用。

3.2 新建概念体量创建流程

(1) 软件初始界面选择"族""新建概念体量"，打开默认"公制体量.rft"文件，进入新建界面，如图 3-1 所示。

平面视图自带十字光标统一中心点位,立面视图中可新建标高,三维视图如图 3-2 所示。

(2) 一般体量创建步骤：通过"模型线"绘制草图形状，选中草图轮廓，通过功能面板中的"实心形状"或"空心形状"创建体量形体模型，如图 3-3 所示。

拉伸效果：多边形绘制"模型线"轮廓，选中轮廓，生成实心形状，形成拉伸效果。可根据需求修改形体尺寸从而改变体量造型。复杂造型可通过实心、空心互相剪切实现，如图 3-4 所示。

图 3-1 新建概念体量

图 3-2 新建体量模型三维视图

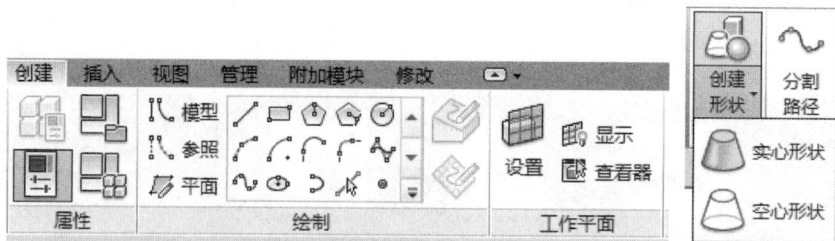

图 3-3　创建功能面板

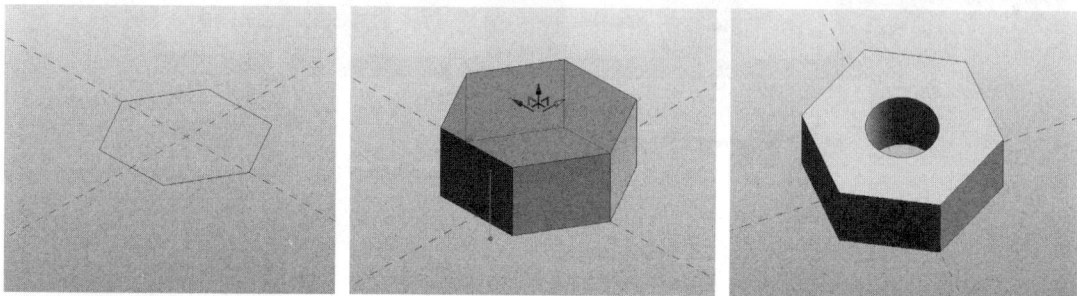

图 3-4　拉伸效果示例

（3）"创建"选项卡中："模型线"绘制草图形状、"参照线"创建限制条件、"参照平面"确定工作位置。

旋转效果："参照线"绘制直线，"模型线"绘制半圆轮廓草图，选中直线和半圆创建实心形状，形成旋转效果。此时"参照线"是旋转中心轴，"模型线"是旋转轮廓，如图 3-5 所示。

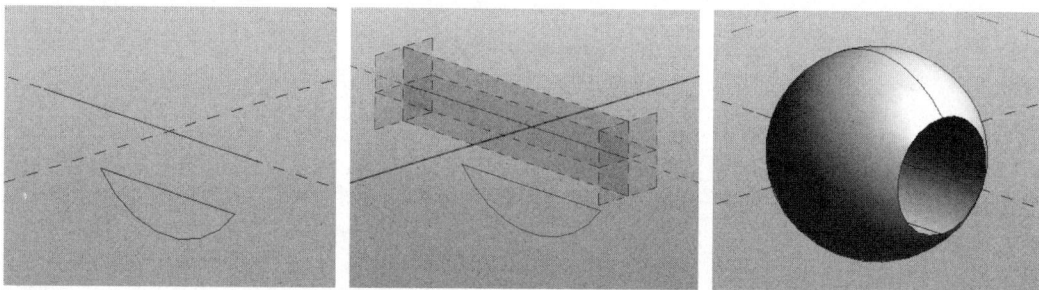

图 3-5　旋转效果示例

（4）"参照平面"可以是绘制的标高平面，也可以是绘制线确定的工作平面，还可以根据已有模型物体表面或线、点等组成部分拾取确定。

融合效果：在立面视图新建"标高 2"平面，在"标高 1"工作平面绘制多边形"模型线"，在"标高 2"工作平面绘制圆形"模型线"，选中多边形和圆形草图创建实心形状，形成融合效果，如图 3-6 所示。

放样效果："参照线"中的"通过点的样条曲线"绘制曲线，"工作平面"中"设置"通过鼠标拾取点确定工作平面，"显示"工作平面后，在该位置上绘制圆形"模型线"，选中轮廓线和样条曲线创建实心形状，形成放样效果。此时，"参照线"是放样路径、"模型线"是放样轮廓，如图 3-7 所示。

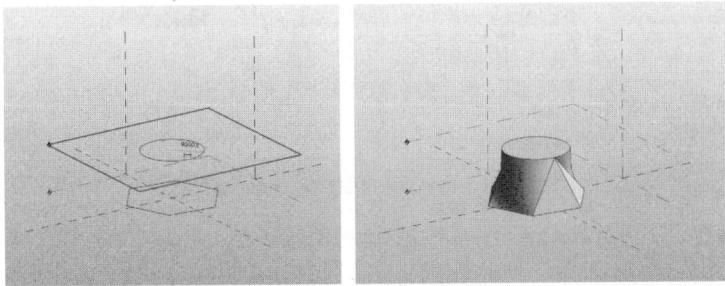

图 3-6　融合效果示例

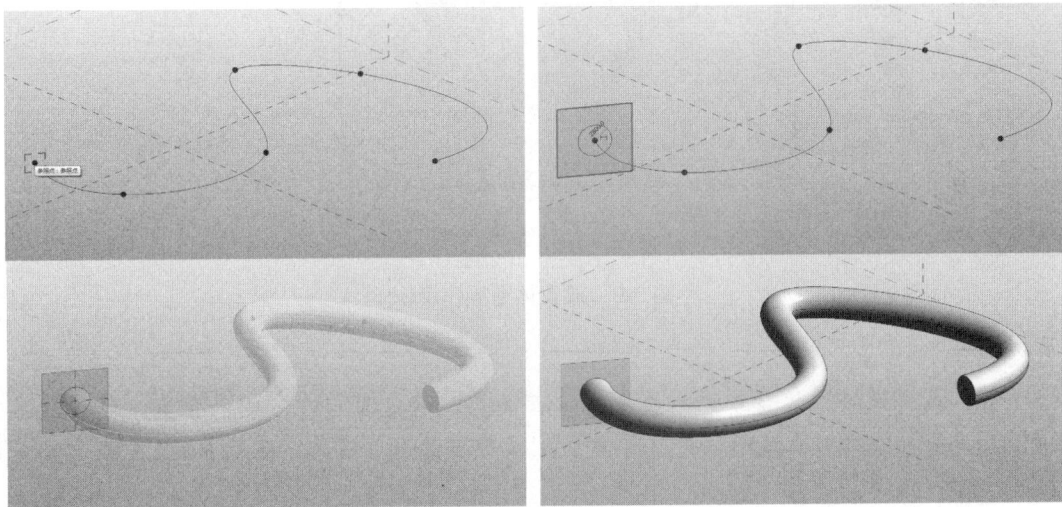

图 3-7　放样效果示例

　　放样融合效果："参照线"中的"通过点的样条曲线"绘制曲线，"工作平面"中"设置"通过鼠标拾取点依次确定起点工作平面、"显示"工作平面后绘制圆形"模型线"，拾取确定终点工作平面、"显示"工作平面后绘制矩形"模型线"，选中轮廓线和样条曲线创建实心形状，形成放样效果。此时，"参照线"是放样路径、"模型线"是融合轮廓，如图 3-8 所示。

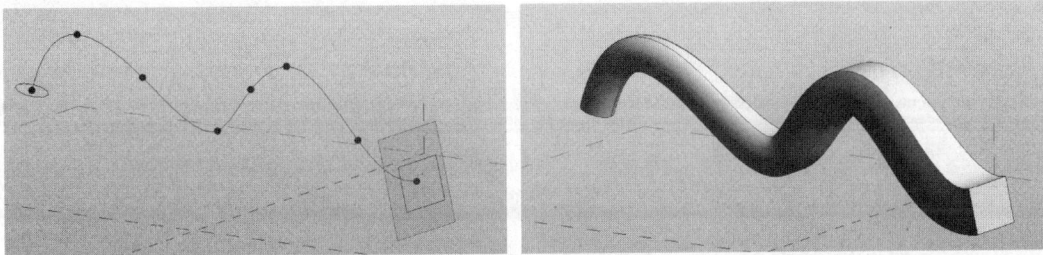

图 3-8　放样融合效果示例

　　(5)　新建概念体量保存为可随时调用的体量族文件，项目文件中载入体量族，通过"体

量和场地"选项卡"放置体量"完成体量放置，如图 3-9 所示。

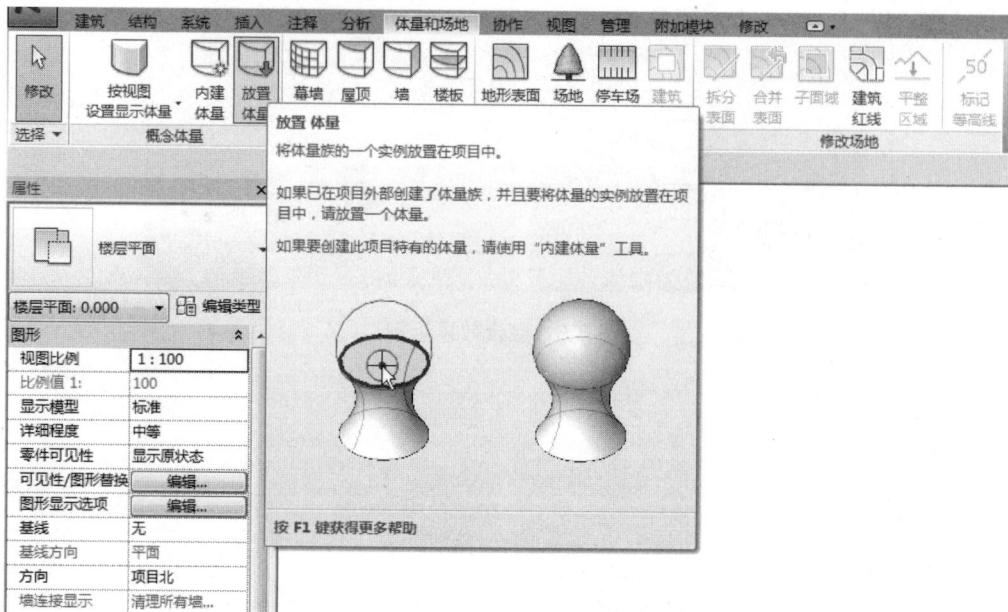

图 3-9　放置体量操作示例

※知识拓展※

"参照点"是概念体量中非常重要的定位图元。确定了点在空间的位置，通过连接空间点生成曲线，再利用曲线通过放样等方式生成各种曲面、实体，这是 Revit 中概念体量设计的基本工作步骤。

"分割表面"工具可对概念体量模型中的"面"进行分割，并在分割后的表面中，沿分割网格为概念体量模型指定表面图案，以增强方案表现能力。其中"UV 网格"分割表面自然网络，也可以根据标高、参照平面、模型线等图元按指定方式分割，如图 3-10 所示。

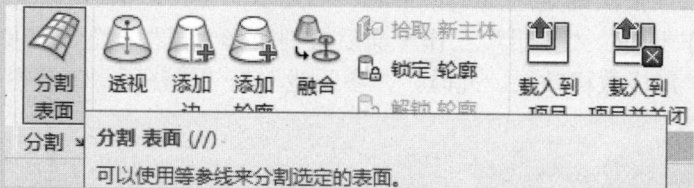

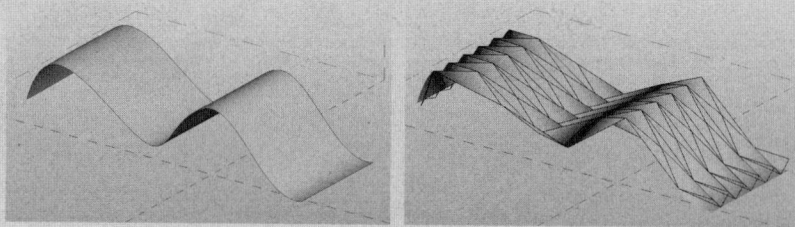

图 3-10　分割表面示例

3.3 内建体量创建流程

(1) 项目文件中，通过"体量和场地""内建体量"进入项目模型内创建体量界面，体量形体创建步骤及思路与新建概念体量一致，如图 3-11 所示。

建筑形体完成后，单击功能面板的"完成体量"按钮，回到项目模型界面，如图 3-12 所示。

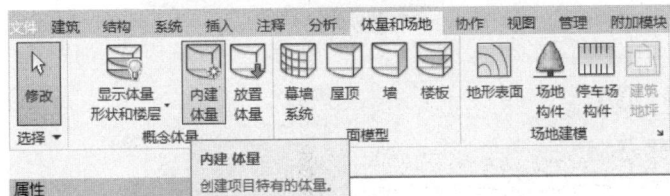

图 3-11 内建体量功能面板

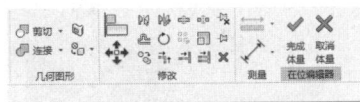

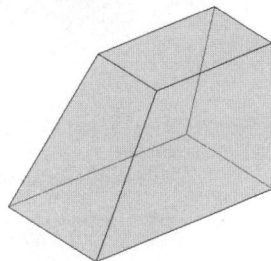

图 3-12 完成体量

(2) 创建楼板。选中体量形体，通过"体量楼层"指定标高创建紫色面的体量楼层面，软件自动识别顶部为屋顶，未转变为体量楼层面，如图 3-13 所示。

再用"面楼板"工具将属性卡中定义好的楼板类型将选中的体量楼层转换为建筑楼层，从而创建楼板构件。

方法一：选择"体量和场地""楼板"，编辑楼板参数，选中体量楼层，选择"创建楼板"。

方法二：选择"建筑""楼板""面楼板"，编辑楼板参数，选中体量楼层，选择"创建楼板"。

(3) 创建墙。使用"面墙"工具拾取形体中的面为体量实例创建墙构件。如图 3-14 所示。

方法一：选择"体量和场地""墙"，编辑墙类型，单击形体面。

方法二：选择"建筑""墙""面墙"，编辑墙类型，单击形体面。

(4) 创建幕墙系统。使用"幕墙系统"工具拾取形体中的面为体量实例创建幕墙构件，如图 3-15 所示。

方法一：选择"体量和场地""幕墙系统"，编辑幕墙类型，选中形体面，选择"创建系统"。

方法二：选择"建筑""幕墙系统"，编辑幕墙类型，选中形体面，选择"创建系统"。

面楼板

可将体量楼层转换为建筑模型的楼层。

使用"面楼板"工具之前，必须选择体量并使用"体量楼层"工具来创建体量楼层。

创建 楼板

用于根据选定的体量面来创建图元。

如果对体量面进行修改，这些图元不会自动更新。要更新图元，请使用"面的更新"工具。

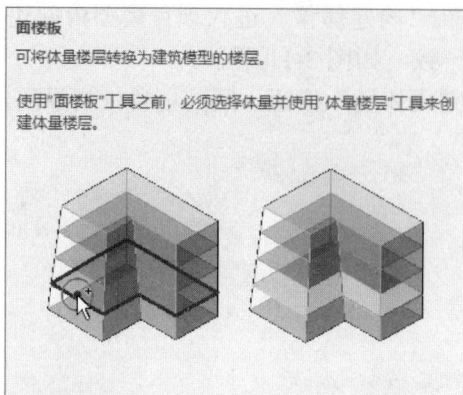

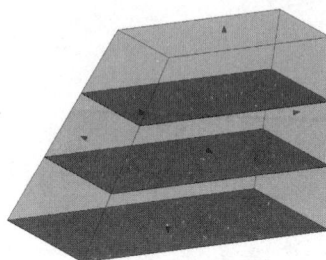

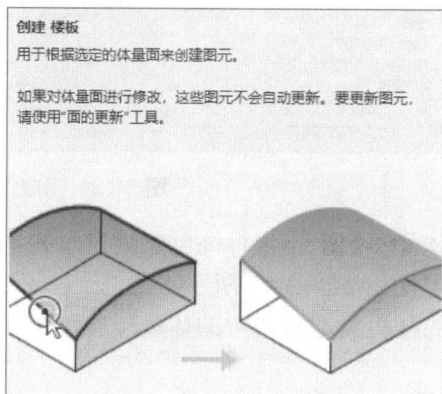

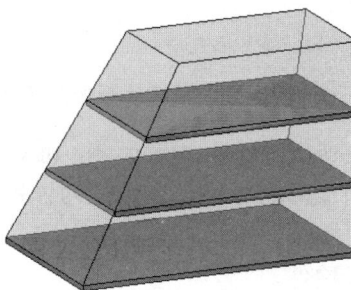

图 3-13　创建楼板

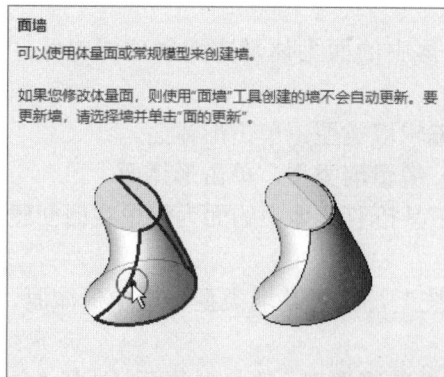

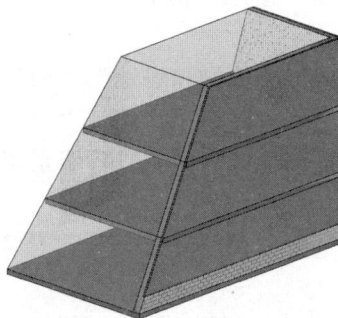

面墙

可以使用体量面或常规模型来创建墙。

如果您修改体量面，则使用"面墙"工具创建的墙不会自动更新。要更新墙，请选择墙并单击"面的更新"。

图 3-14　创建墙

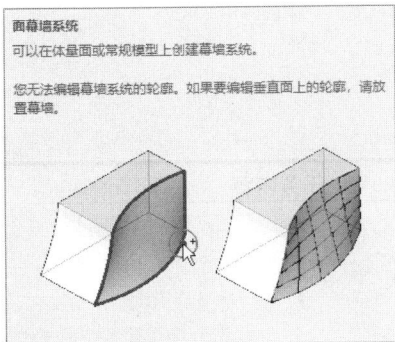

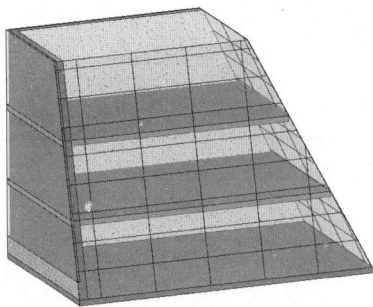

图 3-15 创建幕墙

(5) 创建屋顶。使用"面墙"工具拾取形体中的面为体量实例创建墙构件，如图 3-16 所示。

方法一：选择"体量和场地""屋顶"，编辑屋顶类型，选中形体面，选择"创建屋顶"。

方法二：选择"建筑""屋顶""面屋顶"，编辑屋顶类型，选中形体面，选择"创建屋顶"。

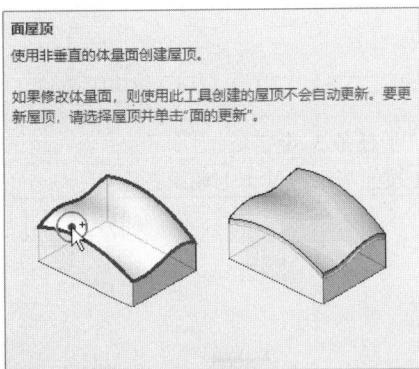

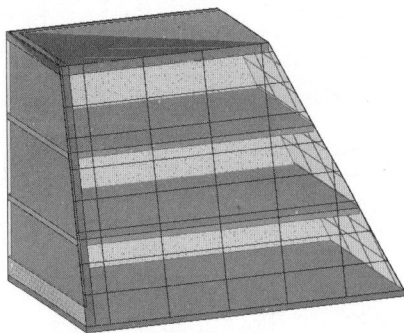

图 3-16 创建屋顶

※知识拓展※

表 3-1 新建概念体量与内建体量对比分析

类型	不同点			相同点
	操作基础	创建过程	应用场景	
新建概念体量	体量创建界面认知（微课视频）	项目文件中内建体量，可直接附着建筑构件生成建筑模型	随项目文件一起保存	文件后缀名为rfa，是形状的族，属于体量类别。通过体量草图创建拉伸、融合、旋转、放样、放样融合等丰富形体造型，展示建筑形体样式和规模大小
内建体量		新建概念体量族，加载进入项目文件后可附着添加建筑构件	可单独保存、重复使用	

实操研学

任务概览

任务名称	任务内容
任务 1：新建概念体量创建异型构件 	 子任务 1　水塔　　　　　子任务 2　高塔 全国 BIM 技能等级考试五期第三题　　全国 BIM 技能等级考试十六期第三题 子任务 3　金字塔 全国 BIM 技能等级考试十七期第三题
任务 2：内建体量创建建筑形体 	 子任务 1　体量幕墙 1+X 建筑信息模型(BIM)职业技能等级考试 2020 年二期第二题 子任务 2　体量形体 全国 BIM 技能等级考试九期第三题

任务实施

任务：新建概念体量创建异型构件——子任务 1 水塔

一、任务信息

某水塔，如图 3-17 所示，请按图示尺寸要求建立该水塔的实心体量模型，水塔水箱和上下曲面均为正十六面棱台。最终以"水塔"为文件名进行保存。

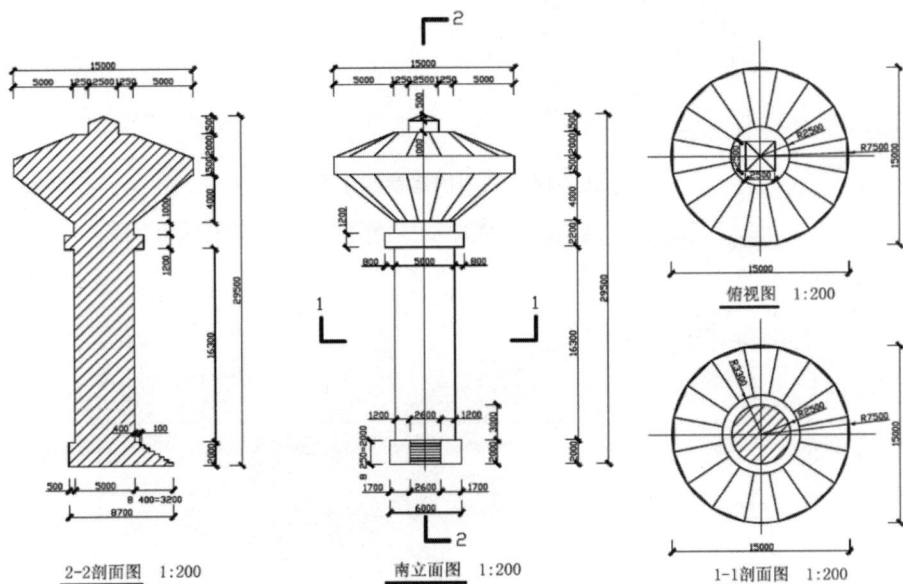

图 3-17 水塔

二、任务实施

(1) 新建概念体量，进入任一立面创建参照平面(RP)，并将参照线命名为相应高度(为方便绘制时确定高度位置)，如图 3-18 所示。

(2) 进入标高 1 平面绘制水塔底座正方形轮廓，轮廓创建实心形状，修改高度生成底座，如图 3-19 所示。

底座台阶进入东/西立面绘制台阶轮廓，轮廓创建实习形状，修改厚度生成台阶，通过旋转复制和镜像生成其他三个台阶，如图 3-20 所示。

(3) 进入标高 1 平面，放置高度平面设置为 2000 参照平面，绘制水塔塔身圆形轮廓，轮廓创建实心形状，修改高度生成塔身，如图 3-21 所示。

(4) 进入标高 1 平面，放置高度平面设置为 16300 参照平面，绘制半径为 3300 的圆形轮廓，轮廓创建实心形状，修改高度生成塔身圆饼，如图 3-22 所示。

水塔创建
(微课视频)

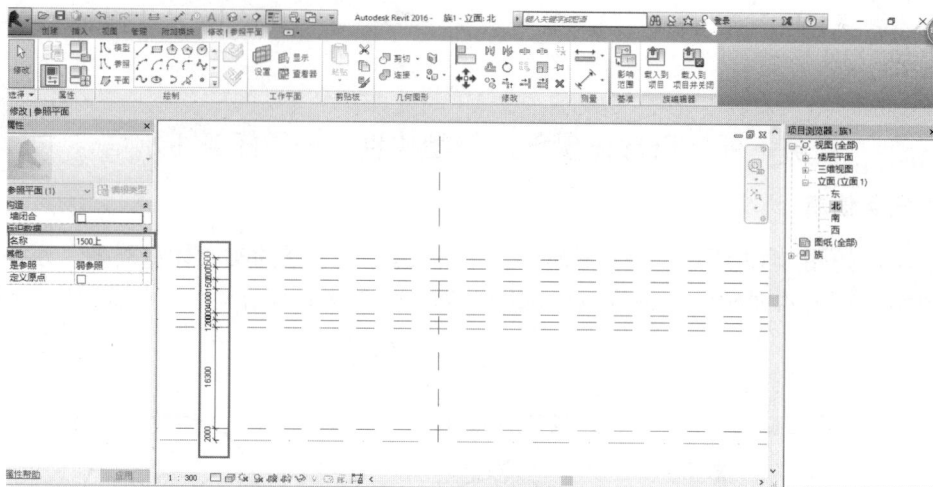

图 3-18　立面创建参照平面

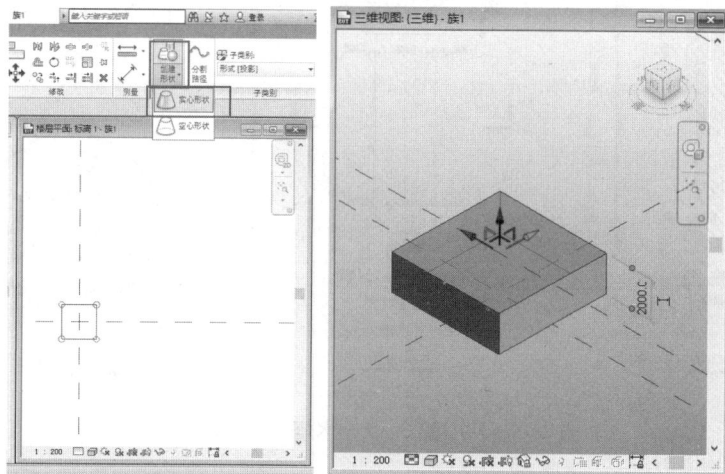

图 3-19　正方形底座创建

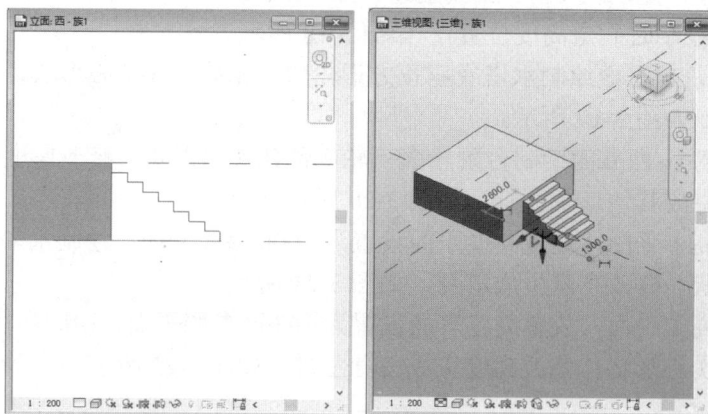

图 3-20　台阶创建

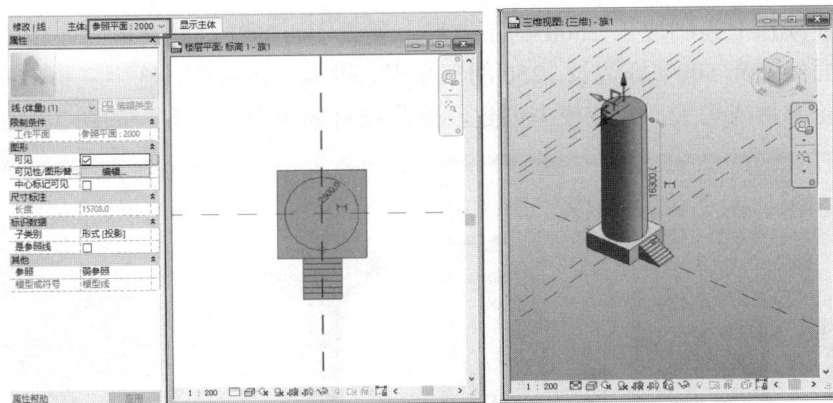

图 3-21 塔身创建

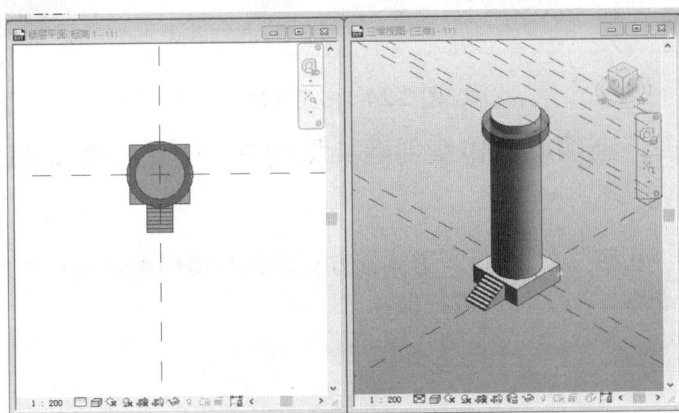

图 3-22 塔身圆饼创建

(5) 进入"标高 1"平面，放置高度平面设置为 1000 参照平面，绘制半径为 2500 的正十六边形轮廓，放置高度平面设置为 4000 参照平面，绘制半径为 7500 的正十六边形轮廓，选中两个轮廓创建实心形状，修改高度生成水塔水箱(同样创建方式或用镜像功能创建水箱上部，将水箱顶部十六边形平面 AL 对齐至 2000 上参照平面)，如图 3-23 所示。

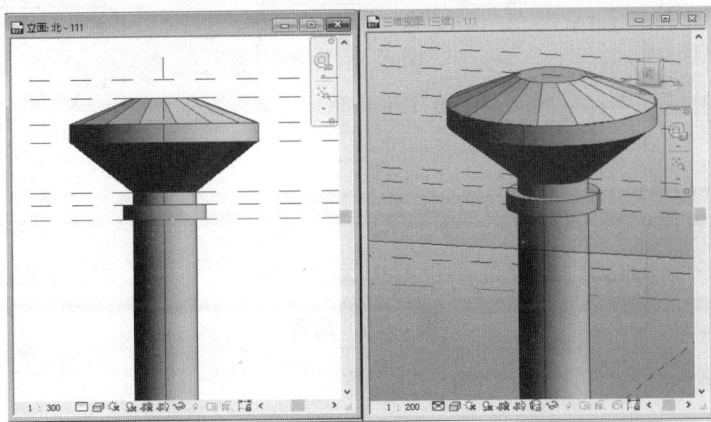

图 3-23 水箱创建

(6) 继续往上绘制边长 2500 的正方形，生成实心形状，创建塔尖处 1000 高正方体；进入北立面绘制高 500、底边长 1250 的三角形，进入三维视图，选中三角形和顶部正方面，创建实心轮廓形成塔尖，完成模型创建，按照题目要求命名保存，如图 3-24 所示。

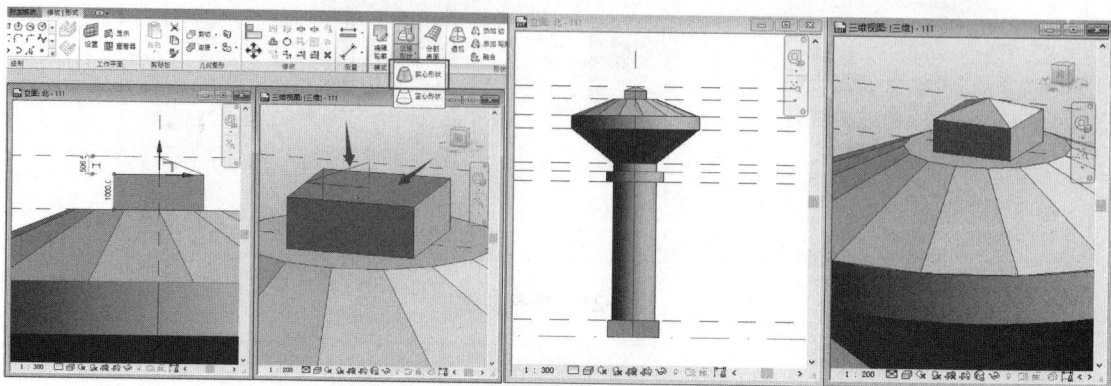

图 3-24 塔尖创建

任务：新建概念体量创建异型构件——子任务 2 高塔

一、任务信息

根据给定尺寸，按图 3-25 所示，用体量方式创建高塔模型，未标明尺寸的部分不作要求，请将模型以"高塔"为文件名进行保存。

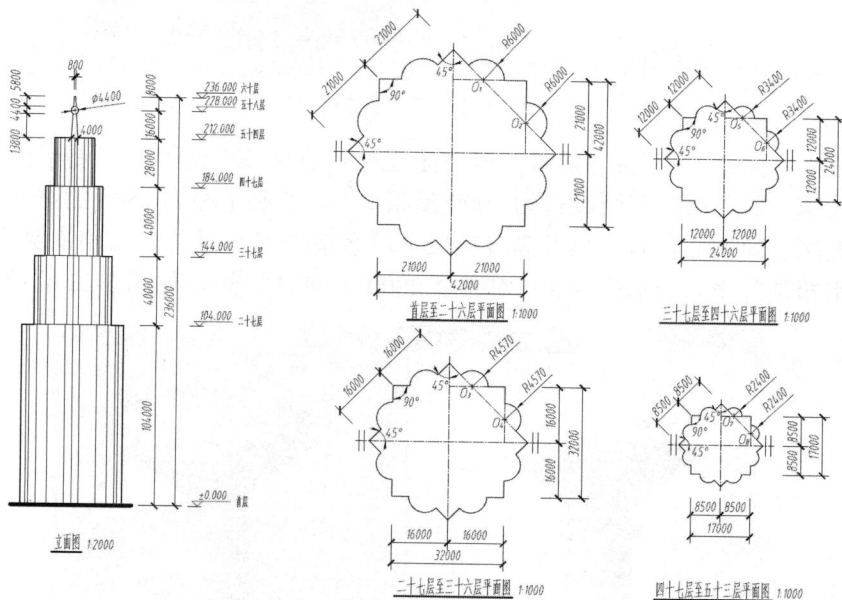

图 3-25 高塔

二、任务实施

(1) 新建概念体量，根据图纸进入立面创建标高，并创建对应楼层平面，如图 3-26 所示。

高塔创建
(微视频)

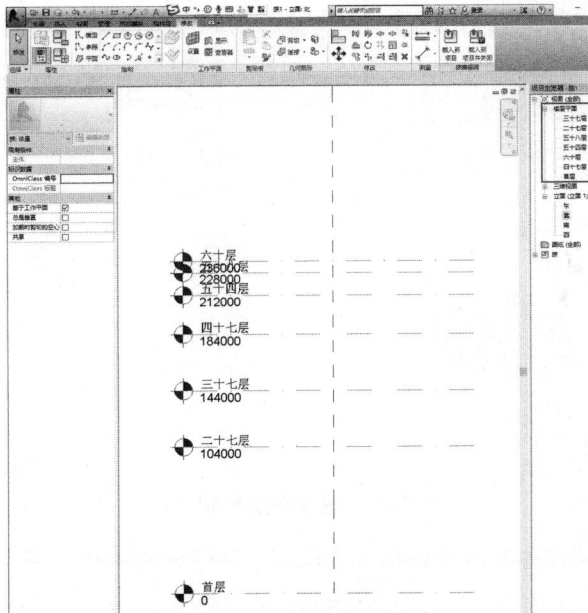

图 3-26 标高创建

(2) 进入"首层"平面，根据"首层至二十六层平面图"绘制平面轮廓，内接多边形绘制四边形，旋转45°生成第二个四边形，拆分后修剪；"圆心端点弧线"绘制弧线，镜像快速生成所有弧线，修剪形成首层轮廓，如图3-27所示。

(3) 进入二十七层楼层平面，采用拾取模型线，拾取首层轮廓，拾取完成后进行缩放，缩放尺寸从42000改为32000，拾取角点，将缩放轮廓移动到所示位置，如图3-28所示。

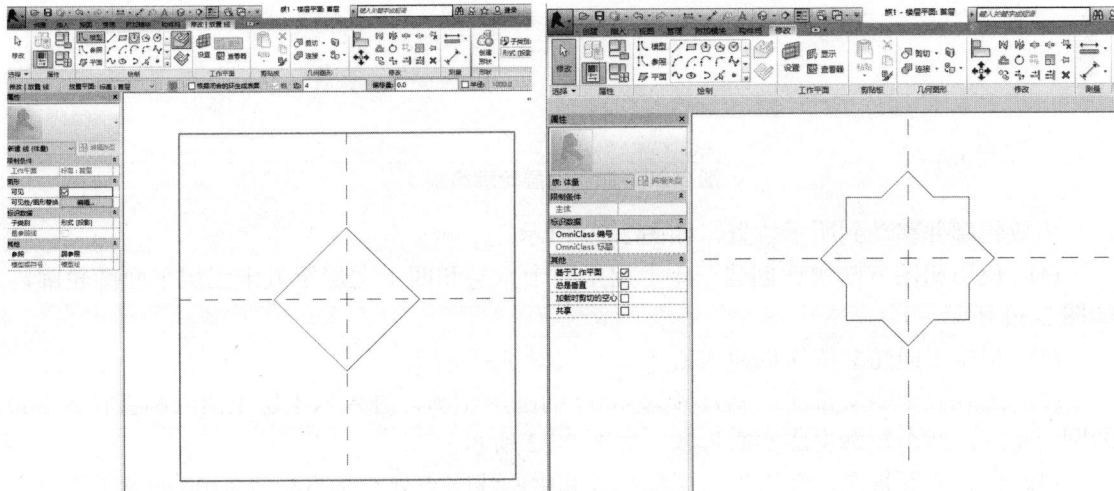

图 3-27 首层轮廓绘制

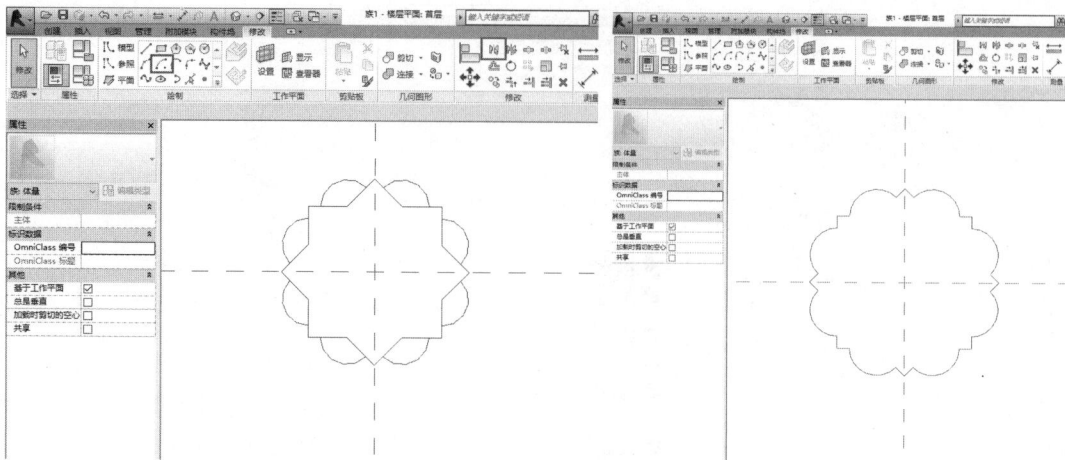

图 3-27 首层轮廓绘制(续)

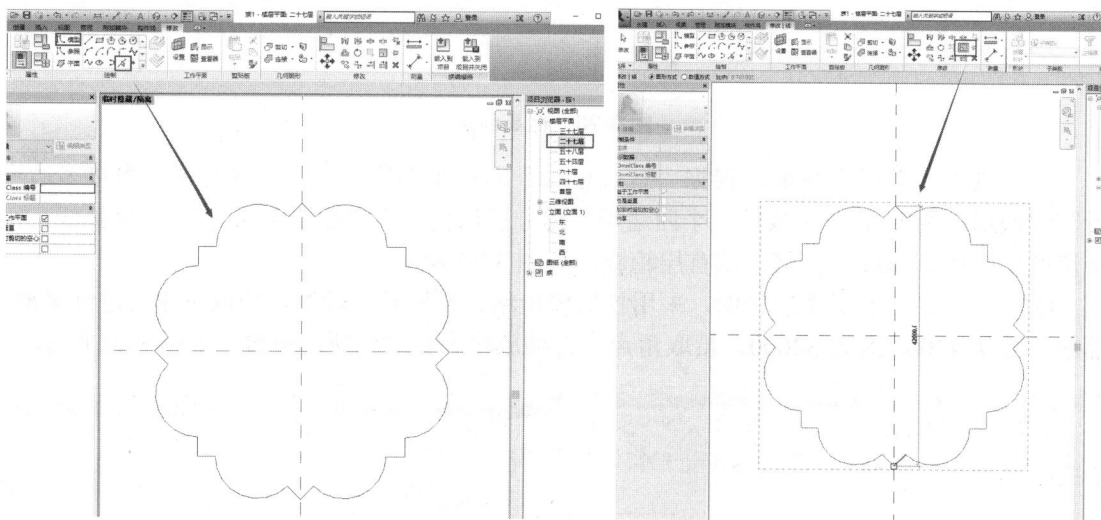

图 3-28 二十七层轮廓绘制 1

缩放轮廓并移动到所示位置，如图 3-29 所示。

(4) 使用相同方法快速创建三十七层至四十六层和四十七层至五十三层平面图轮廓，如图 3-30 所示。

(5) 根据平面轮廓依次创建实心形状，如图 3-31 所示。

(6) 进入五十四层平面绘制直径为 4000 的圆形轮廓，进入六十层平面绘制直径为 800 的圆形轮廓，两个轮廓生成实心形状，如图 3-32 所示。

(7) 进入立面视图，在五十八层标高线和中心线交点处绘制直径为 4400 的圆形轮廓，生成实心圆形，完成高塔体量模型创建，按要求命名并保存模型，如图 3-33 所示。

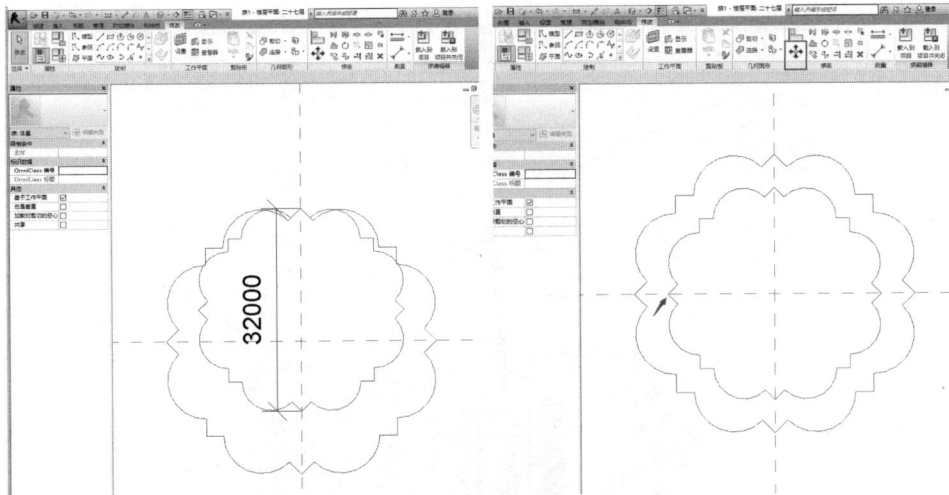

图 3-29 二十七层轮廓绘制 2

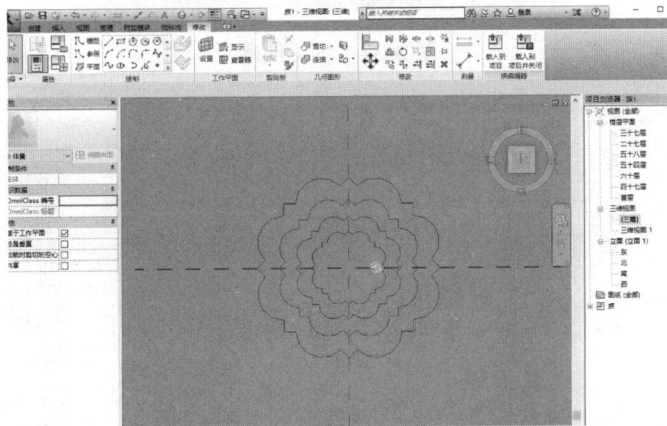

图 3-30 其他层轮廓绘制

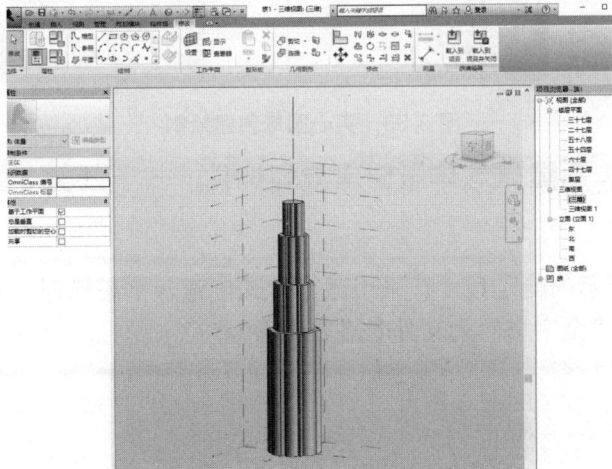

图 3-31 塔身创建

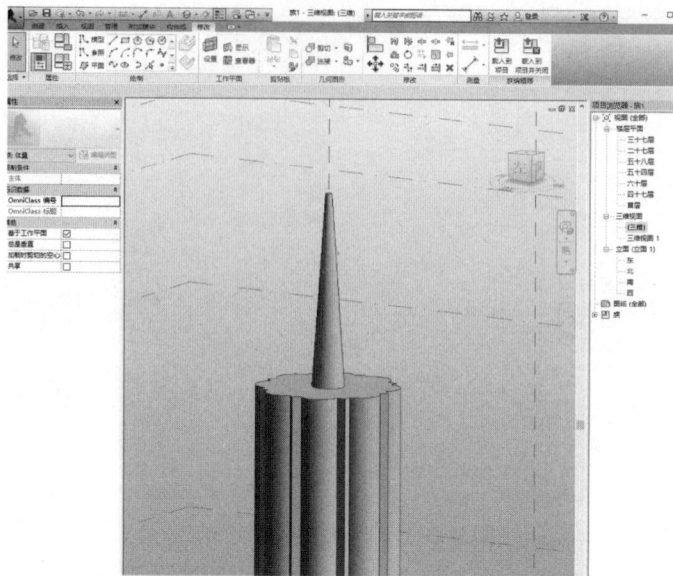

图 3-32　塔尖创建

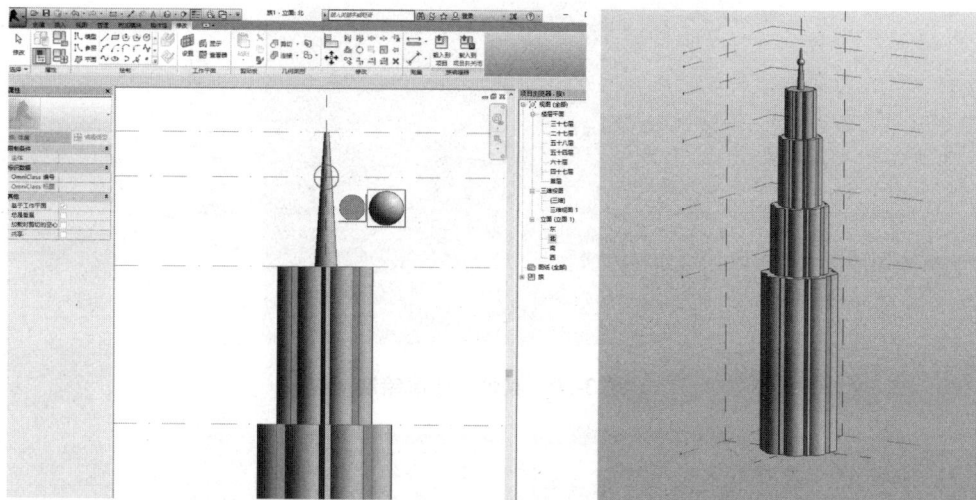

图 3-33　实心圆球创建绘制

任务 1：新建概念体量创建异型构件——子任务 3 金字塔

一、任务信息

根据如图 3-34 所示的给定尺寸，采用适当方式创建金字塔模型，未标明尺寸的部分不作要求。请将模型以"金字塔"为文件名进行保存。

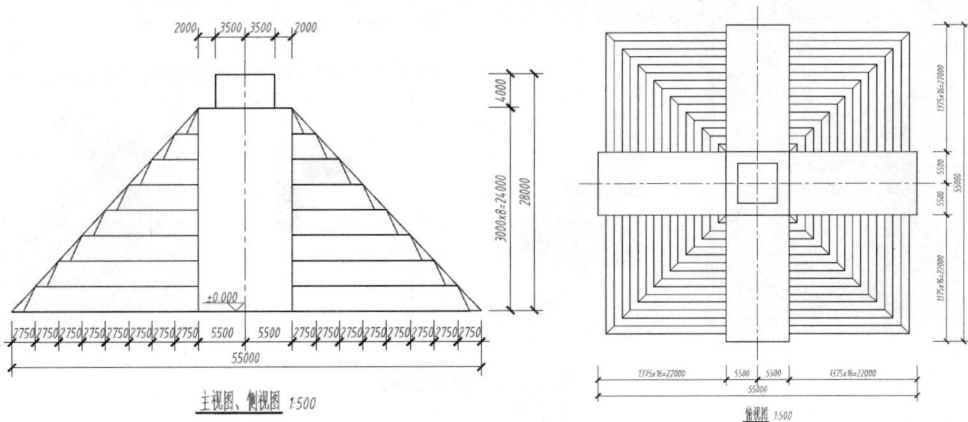

图 3-34　金字塔

二、任务实施

(1) 新建概念体量，根据图纸进入立面创建标高，并创建对应楼层平面，如图 3-35 所示。

金字塔创建
(微课视频)

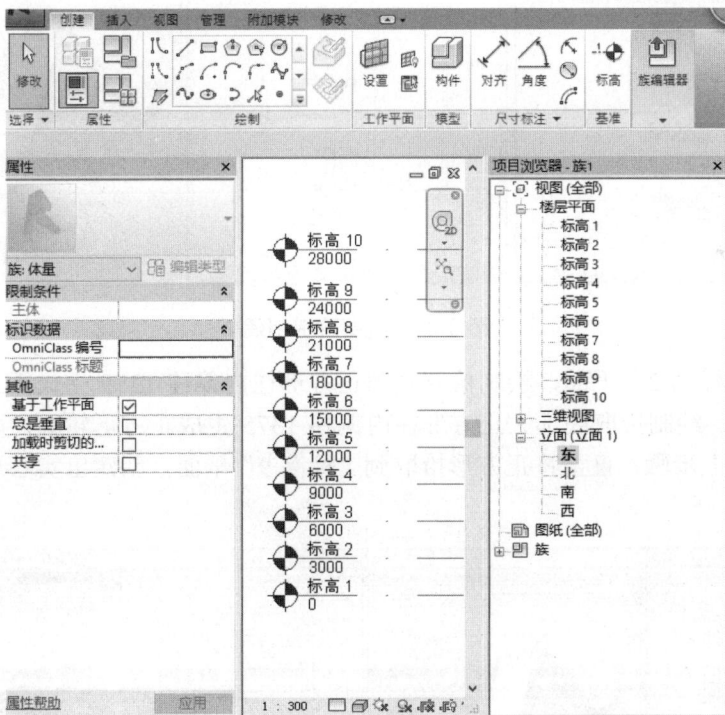

图 3-35　标高创建

(2) 进入任一立面绘制高为 24000、底边为 22000 的三角形，创建实心形状，AL 对齐调整厚度位置。进入楼层平面，通过旋转复制和镜像生成其他三个三角体，如图 3-36 所示。

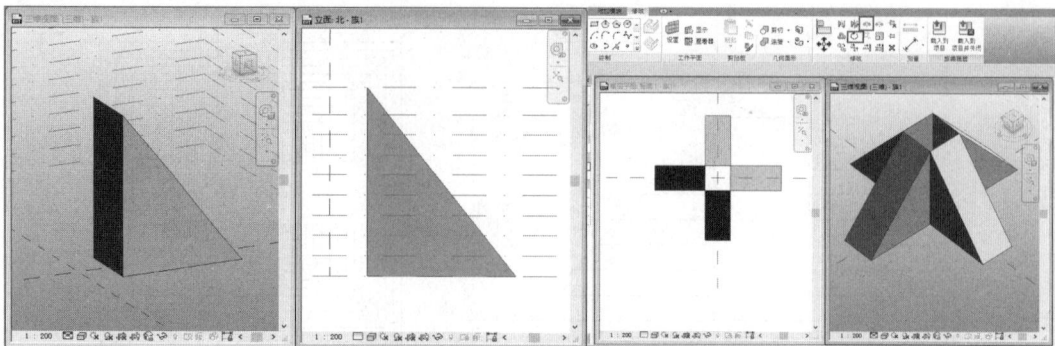

图 3-36　边坡创建

(3) 进入"标高 1"平面绘制 53625×53625 正方形轮廓(可拾取三角体平面最外侧边往内偏移 1375，TR 修建/延伸连接成角形成轮廓)，再进入"标高 2"平面绘制拾取底部大正方形往内偏移 1375 生成正方形轮廓，两个轮廓创建实心形状，如图 3-37 所示。

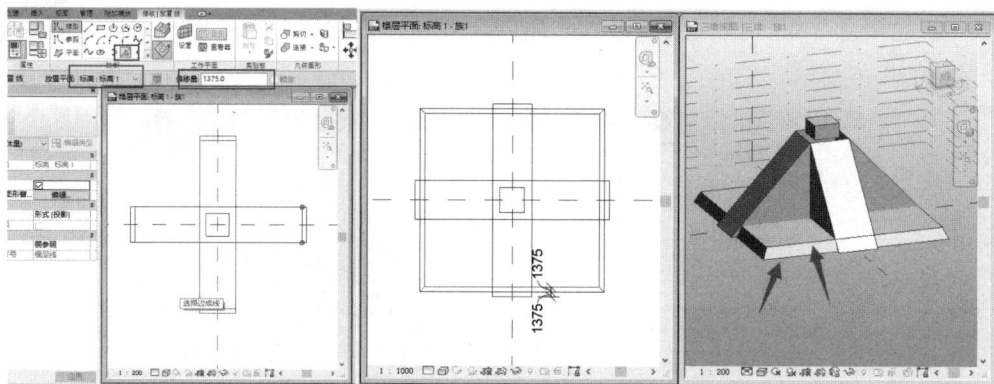

图 3-37　首层阶梯创建

(4) 进入"标高 2"平面，绘制拾取底部正方形往内偏移 1375 生成正方形轮廓，进入"标高 3"平面，绘制拾取底部大正方形往内偏移 1375 生成正方形轮廓，两个轮廓创建实心形状；重复以上步骤，直至将正方形拾取到"标高 9"平面，创建出实心形状，如图 3-38所示。

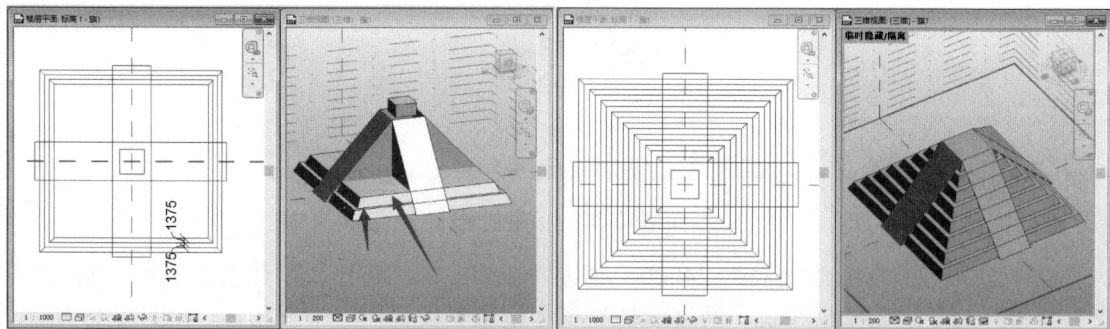

图 3-38　台阶创建

(5) 进入"标高 1"平面绘制 11000×11000 正方形轮廓，创建实心形状，修改高度，进入标高 9 平面绘制 7000×7000 正方形轮廓，创建实心形状，修改高度，如图 3-39 所示。

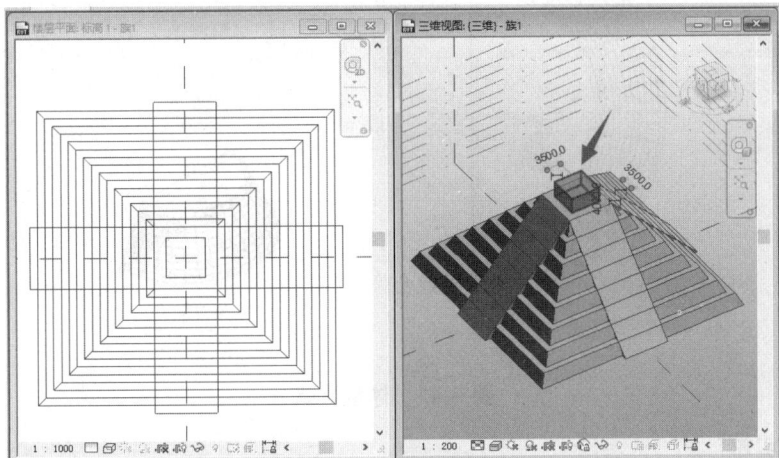

图 3-39　塔尖创建

(6) 用"修改"选项卡功能面板中的"连接"命令将斜坡和台阶连接，形成模型整体效果，按照题目要求命名保存，如图 3-40 所示。

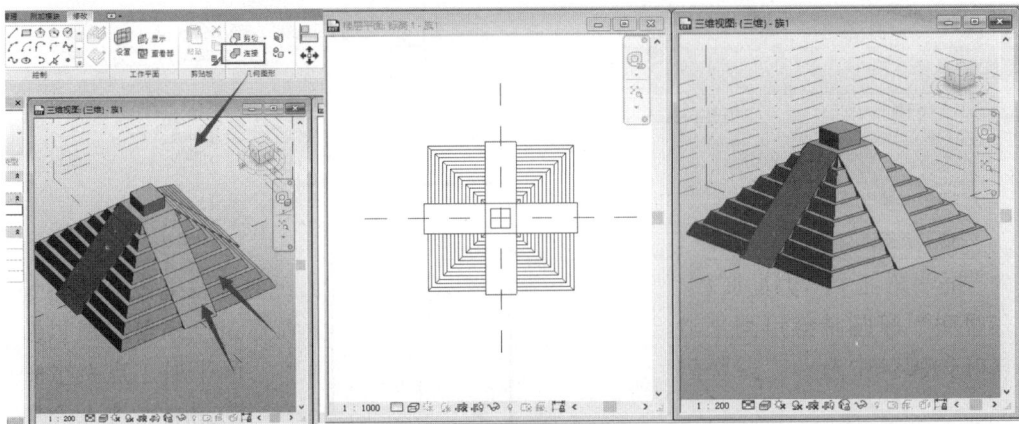

图 3-40　模型优化

任务 2：内建体量创建建筑形体——子任务 1 体量幕墙

一、任务信息

按照如图 3-41 所示的图纸创建体量模型，半圆圆心对齐。将上述体量模型创建幕墙，幕墙系统为网格布局 1000×600(横向竖梃间距为 600mm，竖向竖梃间距为 1000mm)；幕墙的竖向网格中心对齐，横向网格起点对齐；网格上均设置竖梃，竖梃均为圆形竖梃，半径为 50mm。创建屋面女儿墙以及各层楼板。请将模型以 "体量幕墙" 为文件名进行保存。

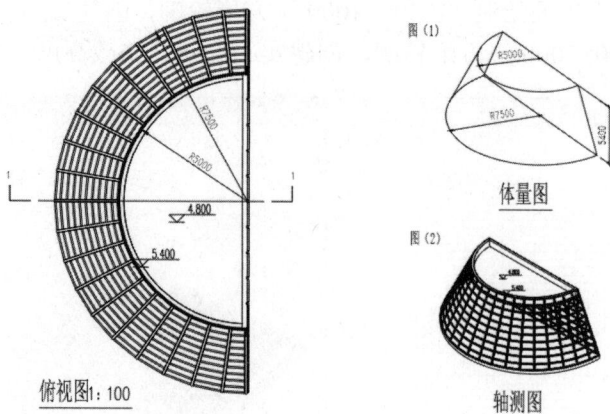

图 3-41　体量幕墙

体量幕墙创建
（微课视频）

二、任务实施

(1) 新建建筑样板，按要求创建标高，添加楼层平面，如图 3-42 所示。

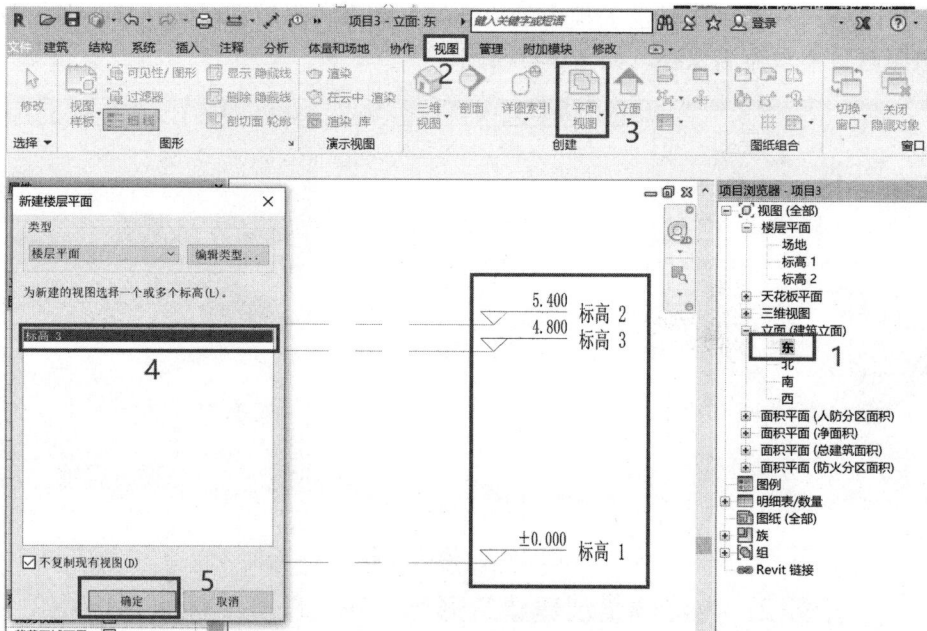

图 3-42　标高创建

(2) 在"标高 1"平面中，创建内建体量，按题目要求进行命名，如图 3-43 所示。

(3) 在"标高 1"和"标高 2"视图中，利用直线、弧线创建如图所示两个半圆。选中"标高 2"中的小半圆，将其复制到"标高 3"中，为后期建女儿墙做辅助参照，如图 3-44 所示。

(4) 同时选中"标高 1""标高 2"平面中的两个半圆创建实心形状，完成体量，如图 3-45 所示。

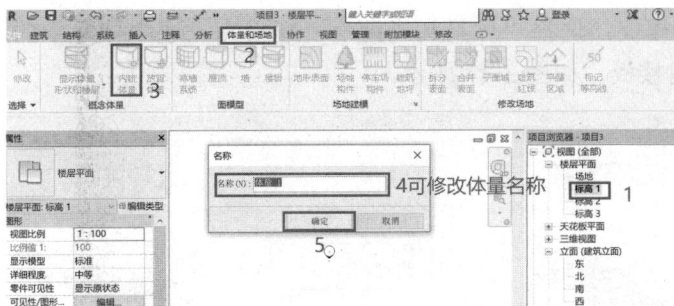

图 3-43 内建体量创建

图 3-44 轮廓绘制

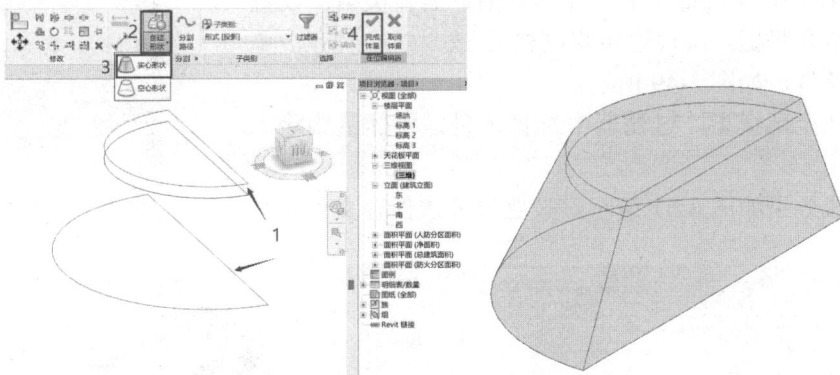

图 3-45 体量形体创建

(5) 选择"体量""体量楼层",在"标高 1"和"标高 3"平面中创建楼层,如图 3-46 所示。

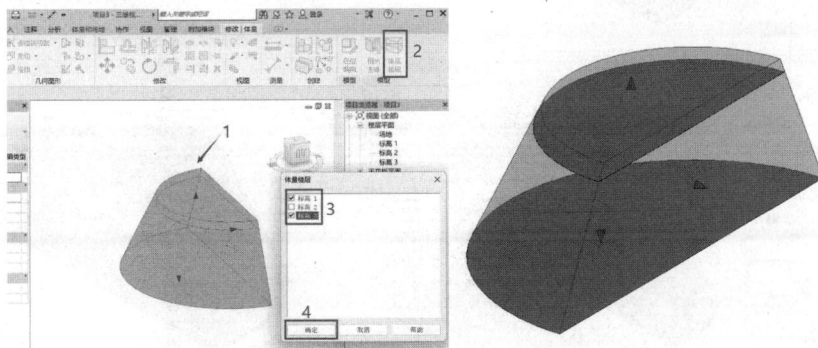

图 3-46 体量楼层创建

(6) 创建体量楼板：选择"体量和场地""楼板"，选中体量中的两个楼层，楼板更换为 300mm，创建楼板，如图 3-47 所示。

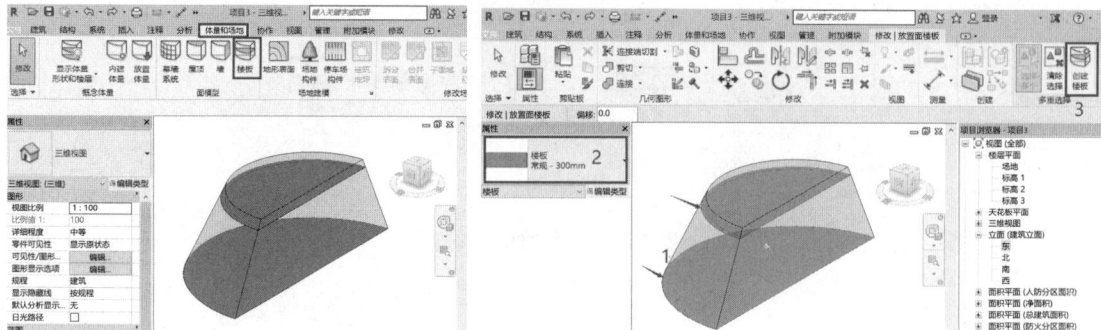

图 3-47　楼板创建

(7) 创建女儿墙：选择"建筑""墙""常规 200mm"，创建如图 3-48 所示的女儿墙。

(8) 创建幕墙：选择"体量和场地""幕墙系统"，选中体量中的 1 个垂直立面和 1 个弧形立面，编辑类型；设置幕墙系统网格和竖梃，属性栏中将网格 1 改为中心对齐，单击"创建系统"，如图 3-49 所示。

(9) 框选全部模型，过滤器中选择体量，将体量删除，如图 3-50 所示。

(10) 完成效果如图 3-51 所示，按题目要求保存文件。

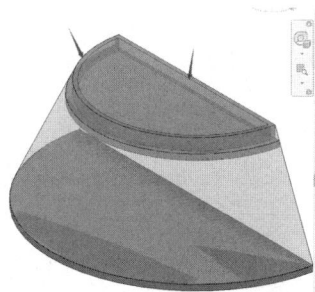

图 3-48　女儿墙创建

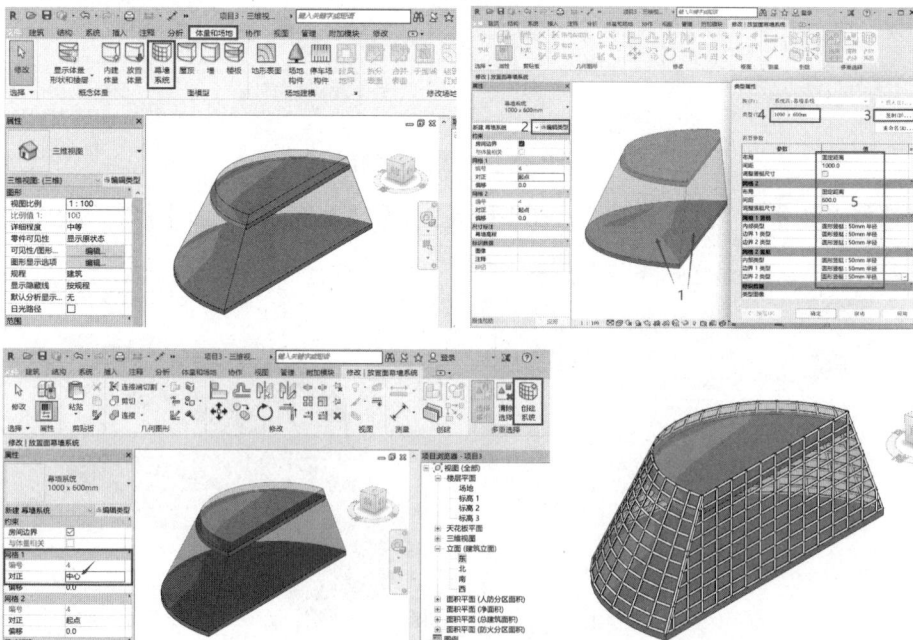

图 3-49　幕墙创建

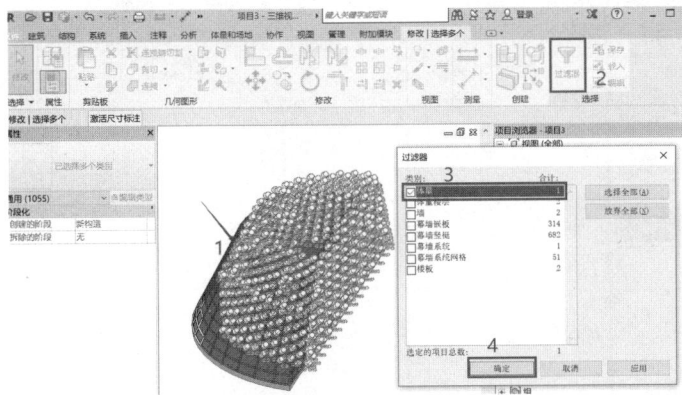

图 3-50　模型优化

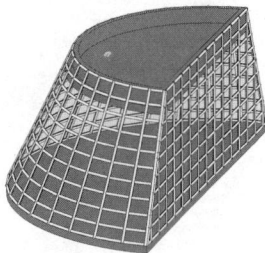

图 3-51　模型效果

任务 3：内建体量创建建筑形体——子任务 2 体量形体

一、任务信息

根据图 3-52 给定的数值创建体量模型，包括幕墙、楼板和屋顶，其中幕墙网格尺寸为 1500mm×3000mm，屋顶厚度为 125mm，楼板厚度为 150mm，请将模型以"建筑形体"为文件名保存。

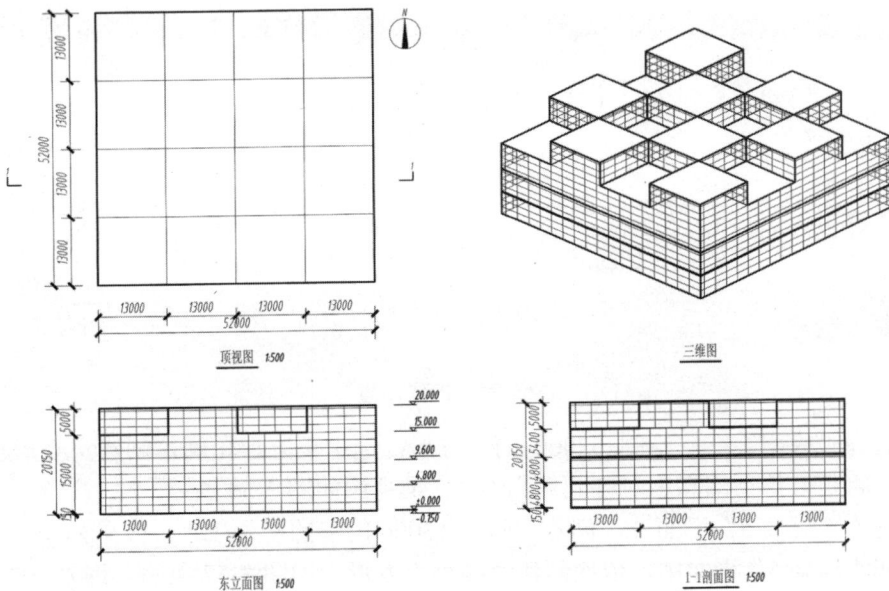

图 3-52　建筑形体

体量形体创建
（微课视频）

二、任务实施

（1）新建建筑样板，按图纸要求创建标高，添加楼层平面，如图 3-53 所示。

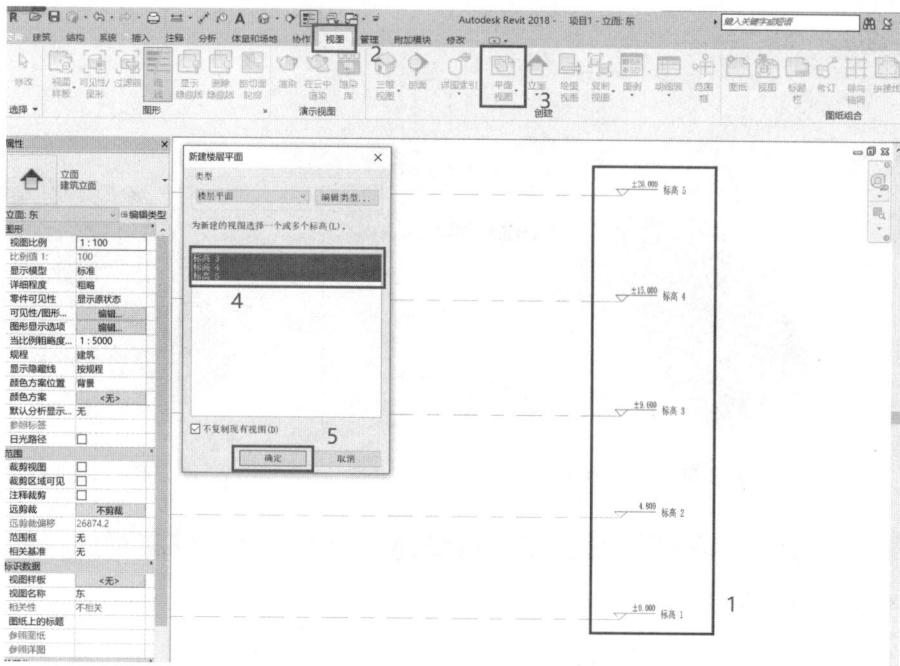

图 3-53　标高创建

(2) 在"标高 1"平面图中,创建内建体量,如图 3-54 所示。

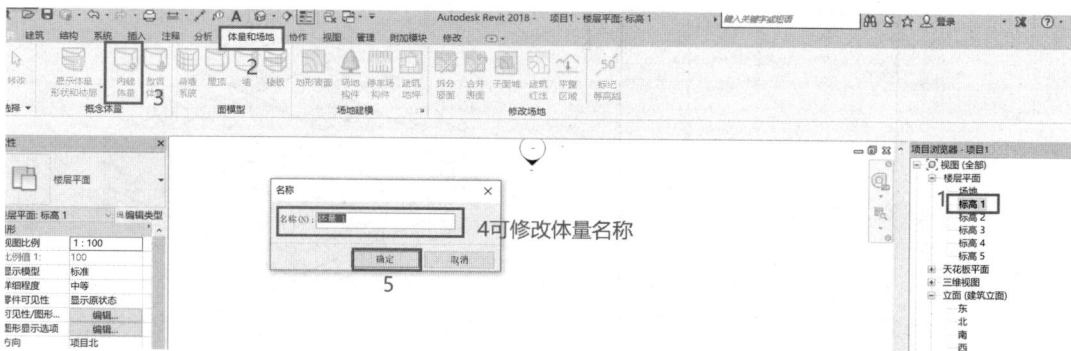

图 3-54　内建体量

(3) 选择"模型线",绘制 52000 的正方形,选中正方形轮廓,创建实心形状。进入立面图中,将正方体顶部高度对齐到标高 5,三维视图如图 3-55 所示。

(4) 进入"标高 5"平面中,创建间隔为 13000 的参照平面(RP),效果如图 3-56 所示。

(5) 在"标高 5"平面中,依次创建空心小正方形,如图 3-57 所示。进入三维视图中,选中其中一个小正方形,创建空心模型,修改高度,依次类推创建完全部空心,完成体量,如图 3-57 所示。

(6) 创建幕墙。选择"体量""体量和场地""幕墙系统",选用 1500×3000 默认类型,如图 3-58 所示选中需要创建幕墙系统的面型,单击"创建系统",完成效果如图 3-58 所示。

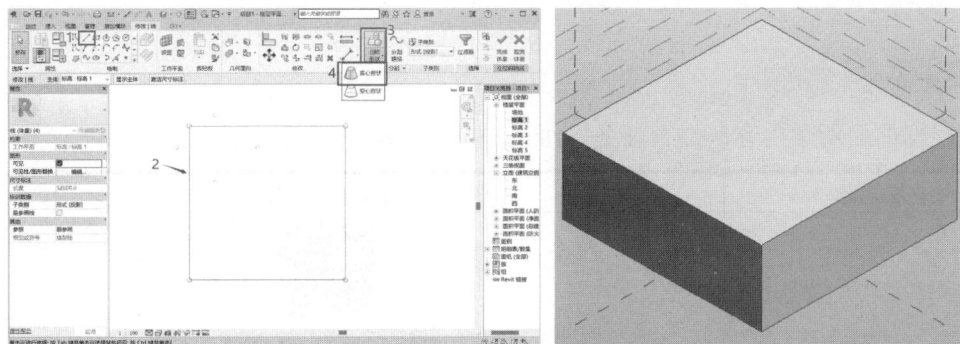

图 3-55　正方体形体创建

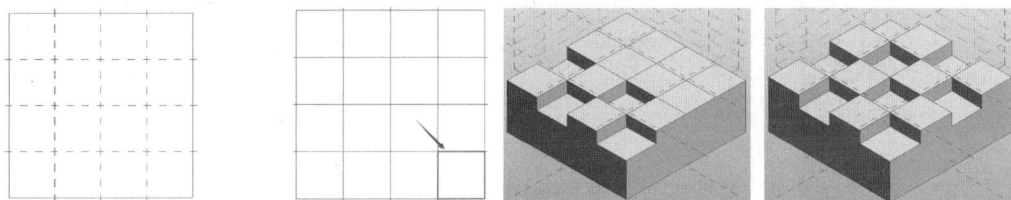

图 3-56　参照平面创建

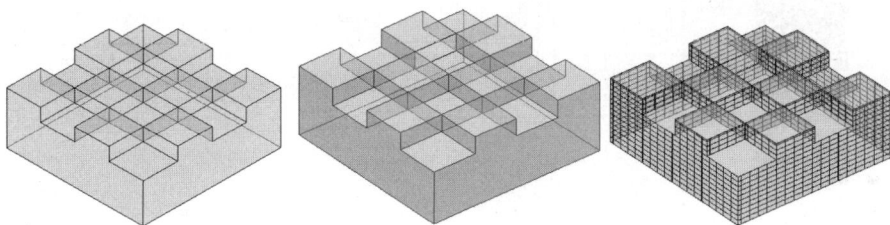

图 3-57　空心形体创建

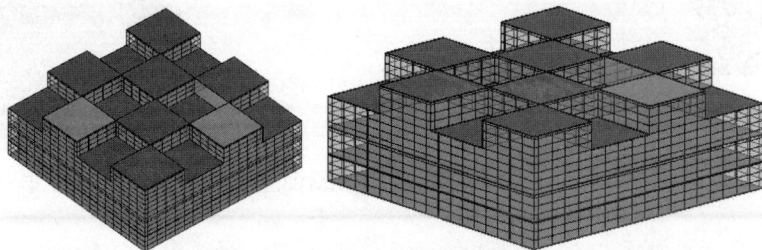

图 3-58　幕墙创建

(7) 创建楼板与屋顶。选择"体量""体量和场地""屋顶",选择"常规 125mm",单击顶面,创建屋顶,效果如图 3-59 所示。选择"体量""体量和场地""体量楼层",选中标高 1 至标高 3,选择"楼板: 常规 150mm",单击三层楼板,创建楼板,完成建模,如图 3-59 所示。

图 3-59　楼板与屋顶创建

(8) 按题目要求保存文件。

任务固学

请根据前面所学内容，结合任务二维码独立完成固学任务。

任务名称	固学任务内容
重难点归纳	 体量建模重难点归纳(微课视频)
证书考核任务 — 任务1：新建概念体量创建异型构件	 全国 BIM 技能等级考试七期第四题　全国 BIM 技能等级考试十期第三题 全国 BIM 技能等级考试十三期第三题　全国 BIM 技能等级考试十四期第三题
任务2：内建体量创建建筑形体	 1+X 建筑信息模型(BIM)职业技能等级考试 2019 年一期第二题

任务名称	固学任务内容
工程案例任务	根据以下图纸创建一个参数化模型"体量大厦",并创建项目"大厦"。在项目中创建玻璃幕墙和玻璃斜窗屋面;前后、左右、屋顶幕墙网格尺寸均一致;垂直幕墙网格最大间距尺寸2000,水平幕墙网格最大间距尺寸3000。计算体量总体积为( ),总表面积为( )。

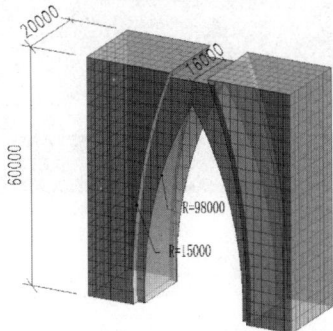

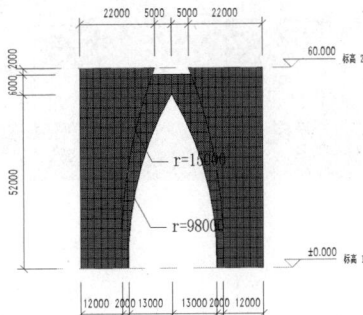

项目4 族 建 模

目标导学

1. 证书考核要求

(1) 掌握实体编辑方法，如移动、复制、旋转、偏移、阵列、镜像、删除、创建组、草图编辑等。

(2) 熟悉参数化设计的概念与方法。

2. 知识要求

(1) 熟悉族样板选择方法。

(2) 熟练掌握常用族构建的选择与应用方法。

(3) 熟练掌握拉伸、融合、旋转、放样、放样融合创建方法。

(4) 掌握复杂族构件集的创建方法与技巧。

3. 能力要求

(1) 能运用拉伸、融合、旋转、放样、放样融合建模方法创建出不同形式的族构件和构件集。

(2) 能将族构件运用在项目文件中。

4. 思维导图

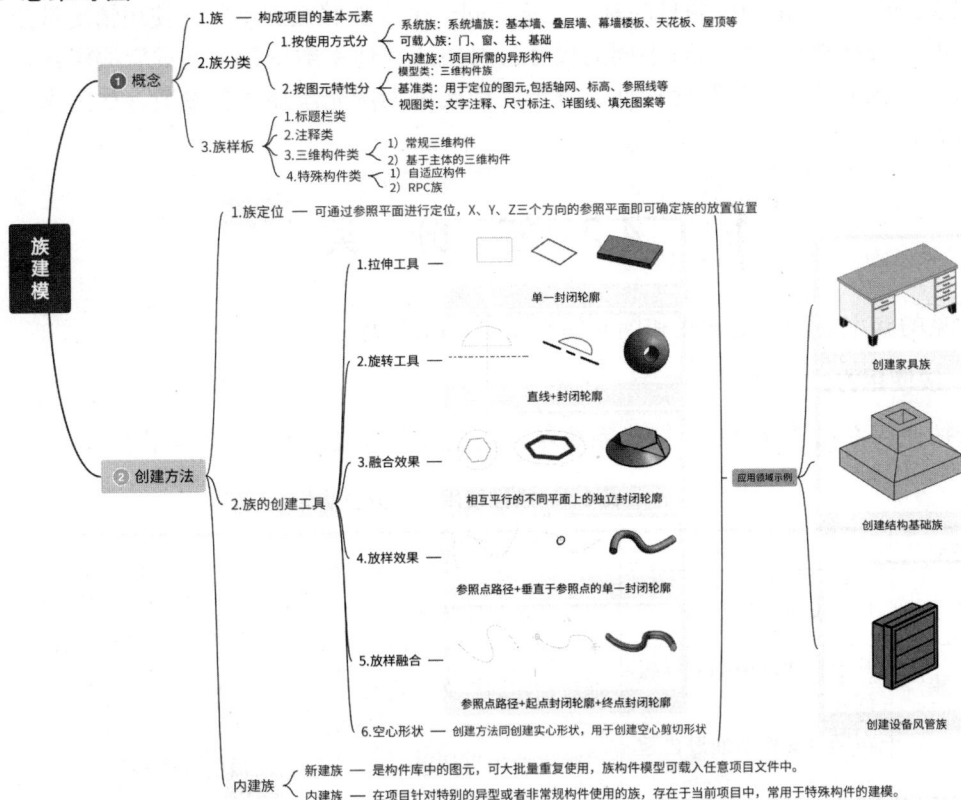

案例引入：位于北京市西城区的旌勇祠享殿是重要的文物保护单位，其修复工作至关重要。在此项目中，团队完成了古建筑修复工程的数字化应用。利用数字化手段能够精确地还原构件的样式，实现了可视化施工技术交底。此外，团队可以对构件进行分类统计，实时更新修缮进度，使得项目各方人员能够共享信息，实现古建筑修复施工的信息化协同管理。该项目展示了 BIM 在解决传统古建筑修复过程中构件繁多、工况复杂问题方面的优势，推进了古建筑修复领域的数字化应用及古建筑保护的全寿命期管理。

问题思考：通过这个项目，可以看到 BIM 技术在古建筑修复中的应用，这推动了古建筑保护的全寿命期管理。你认为在未来，数字化技术还将在哪些方面为传统文化保护和传承提供支持和帮助？通过设问让学生认识到保护和传承传统文化的重要性，并思考如何在现代社会中更好地传承和发扬传统文化。

理论展学

4.1 Revit 族概念

Revit 中的所有图元都需基于族创建，在进行族设计时，可以赋予不同类型的参数，便于在设计时使用。软件自带丰富的族库，同时也提供了新建族和自定义参数化图元的功能，

为 BIM 设计提供了更灵活的解决方案。

在 Revit 中，族是构成项目的基本元素。同一个族能够根据不同的使用情况被定义为不同的类型，每种类型可以具有不同的尺寸、材质或其他参数变量。通过族编辑器，不需要编程语言，就可以创建参数化构件。基于族样板可为图元添加各种参数，如距离、材质、可见性等。

4.2 族 分 类

常见的族主要按使用方式和图元的类别来进行分类。

1. 按使用方式分类

族按使用方式进行分类，分为系统族、可载入族和内建族，如表 4-1 所示。

表 4-1 族按使用方式分类

族类别	创建方式	载入方式	示例
系统族	样板文件中选择	可以在项目间传递	系统墙族：基本墙、叠层墙、幕墙楼板、天花板、屋顶
可载入族	基于新建族中的族样板创建	通过创建的族文件载入	门、窗、柱、基础
内建族	在项目文件中通过内建族创建	仅限当前项目使用	项目所需的异型构件

系统族是在 Revit 项目样板中定义的族，不同样板的系统族有所不同。例如，建筑样板中墙体的系统族包含基本墙、叠层墙和幕墙三个类别；在建模时可以复制和修改现有系统族，但不能创建新系统族；在编辑系统族时，"载入"功能显示为灰色，不能使用，但系统族可通过传递项目标准在不同项目中传递。系统族类型属性如图 4-1 所示。

可载入族是构件库中的图元，在不同项目样板中包含有不同的构件。例如，建筑样板中默认载入了门窗、幕墙竖梃等图元，结构样板中默认载入了钢筋形状图元等。建模时，"载入"功能已显示为可选，可以通过"载入"将所需构件中的可载入族载入项目中使用(如图 4-2 所示)。

图 4-1 系统族示例　　　　图 4-2 可载入族示例

内建族是在项目有特别的异型或者非常规构件时使用的族，只能通过"构件"工具下拉菜单中的"内建模型"创建，不能在其他项目中进行使用。内建族常用于特殊构件的建模，常见的需要使用内建模型进行建模的构件有室外台阶、散水、集水坑等。其创建及放置工具如图 4-3 所示。

内建族的创建方式与族样板中创建族的操作方式类似，本项目将通过族样板中创建族的方式进行讲解。

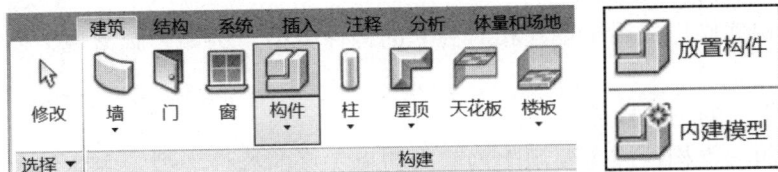

图 4-3　内建族的创建路径

2. 按图元特性分类

族按图元特性分类，分为模型类、基准类、视图类。需要说明的是，按图元特性分类的与按使用方式分类的族是相互包含的关系。模型类主要是指三维构件族，例如常见的墙、门窗、楼梯、屋顶等；基准类主要是指用于定位的图元，例如轴网、标高、参照线等；视图类是指在特定视图使用的图元，例如文字注释、尺寸标注、详图线、填充图案等。

4.3　族　样　板

Revit 中新建族与新建项目一样，均需基于样板来进行创建，族样板是创建族的初始状态，选择合适的样板会极大提升创建族的效率，如图 4-4 所示。

图 4-4　族样板选择界面

1. 标题栏类

标题栏族样板主要用于创建图框，包含 A0、A1、A2、A3、A4 五种图幅的图框尺寸，可以基于此类样板创建自定义的图纸图框。

2. 注释类

注释类族样板主要用于创建平面标注的标签符号图元，例如构件标记详图符号等。

3. 三维构件类

1) 常规三维构件

常规三维构件族样板用于创建相对独立的构件类型，例如公制常规、公制家具、公制结构柱等。

2) 基于主体的三维构件

基于主体的三维构件族主要用于创建有约束关系的构件类型。主体包含墙、楼板、天花板等，例如公制门、公制窗均是基于墙进行创建。

4. 特殊构件类

1) 自适应构件

自适应构件族样板提供了一个更自由的建模方式，创建的图元可根据附着的主体生成不同的实例，例如不规则的幕墙嵌板可采用自适应构件进行创建。

2) RPC 族

RPC 族样板可将二维平面图元与渲染的图片结合，生成虚拟的三维模型，模型形式状态与视图的显示状态有关。

4.4　族的创建流程

1. 族定位

在创建族时可通过参照平面进行定位，X、Y、Z 三个方向的参照平面即可确定族的放置位置。在项目中为了满足不同情况的绘制需求，可以在"创建"选项卡的"基准"面板中选择"参照平面"，在弹出的绘制面板中通过工具绘制任意参照平面，所绘制的参照平面与平面视图垂直，用参照平面工具绘制完成的参照平面如图 4-5 所示。

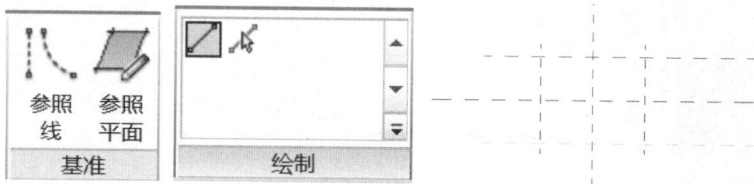

图 4-5　族的主要定位参照

2. 族的创建工具

Revit 提供五种创建实心、空心形状的方式，分别为拉伸、融合、旋转、放样、放样融合(如图 4-6 所示)，应用这五种基本工具可创建出复杂的族类型，本节主要介绍这五种工具创建模型的基本原理。

图 4-6 族的主要绘制工具

1) 拉伸

拉伸可以基于平面内的闭合轮廓沿垂直于该平面方向创建几何形状，确定几何形状的要素包括拉伸起点、拉伸终点、拉伸轮廓、基准平面。

选择"参照标高""创建""形状""拉伸"，在"修改|创建拉伸"选项卡中选择适当的工具绘制轮廓，如图 4-7 所示。

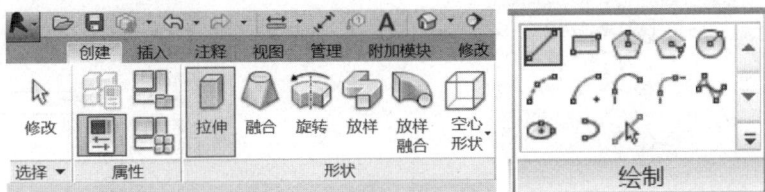

图 4-7 拉伸选项下的绘制工具

在属性栏中设置拉伸起点为-500.0，拉伸终点为 500.0，单击"模式"面板中的√按钮完成拉伸，切换至三维视图中查看模型，如图 4-8 所示。

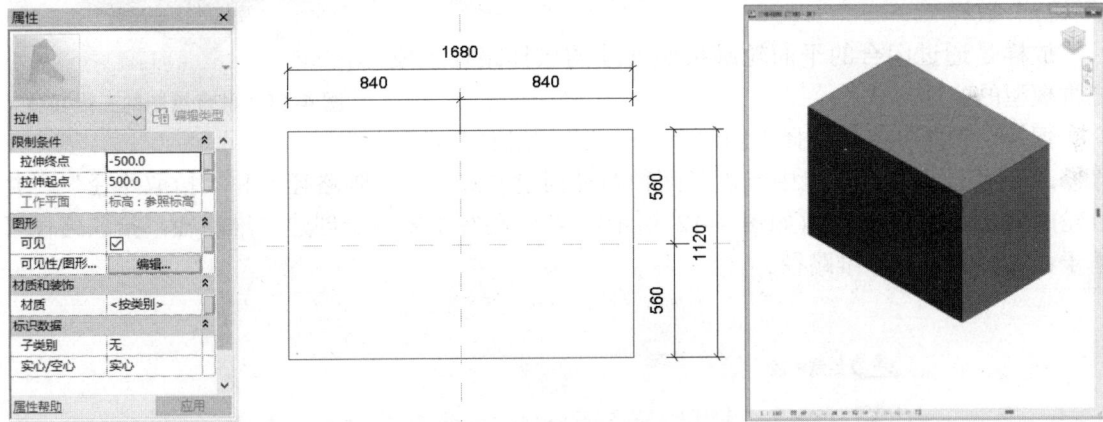

图 4-8 族的拉伸绘制

2) 融合

融合是在两个平行的平面分别创建不同的封闭轮廓形成三维模型，融合的要素包括平行且不在同一平面的两个封闭轮廓。

切换至参照标高，选择"创建""形状""融合"，在"修改|创建融合"选项卡中选择矩形工具按钮，绘制底部轮廓，如图 4-9 所示。

此时可以看到完成按钮显示为灰色 ，单击"编辑顶部"按钮，再绘制顶部轮廓，如图 4-10 所示。

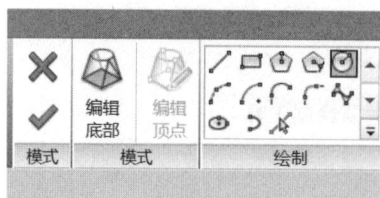

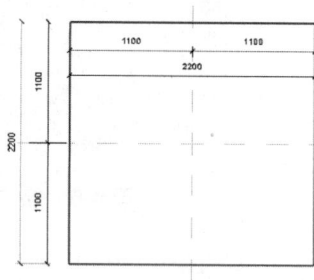

图 4-9　族的融合绘制(底部)

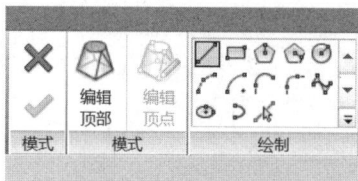

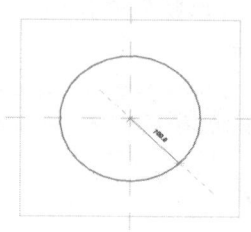

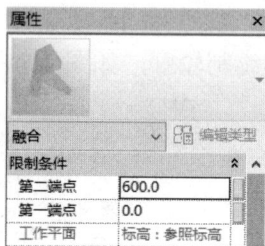

图 4-10　族的融合绘制(顶部)

接下来,在属性栏修改第二端点(即顶部轮廓)为 600.0,第一端点(即底部轮廓)为 0.0,单击√按钮,生成三维模型,切换至三维视图查看,效果如图 4-11 所示。

3)　放样

放样是通过闭合的平面轮廓按照连续的放样路径生成三维模型的建模方式。

图 4-11　融合绘制的三维实体

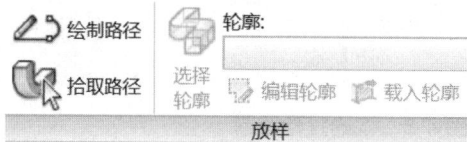

切换至参照标高,选择"创建""形状""放样",在"修改|创建放样"选项卡中提供了两种路径创建方式:"绘制路径"和"拾取路径",并且轮廓为灰色,无法编辑(如图 4-12 所示)。绘制路径主要用于创建二维路径,拾取路径可基于已有图元创建三维路径。

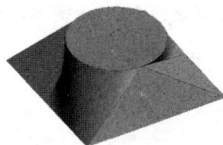

图 4-12　族的放样绘制

选择"绘制路径",单击"修改|放样""绘制路径""样条曲线"绘制曲线,绘制完成后单击√按钮,完成路径创建;此时编辑轮廓为高亮显示,选择"编辑轮廓""转到视图""三维视图""打开视图",如图 4-13 所示。

基于放样中心点绘制放样轮廓,单击√按钮完成轮廓绘制,再次单击√按钮完成放样形状。

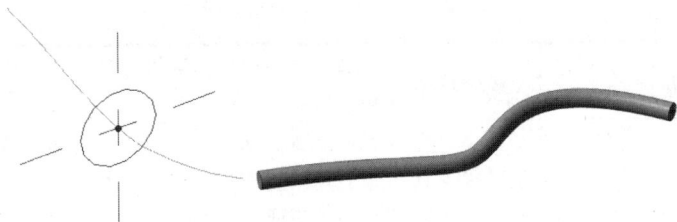

图 4-13　族的放样绘制

4)　放样融合

放样融合结合了放样与融合的特点，可以将两个不在同一平面的形状按照指定的路径生成三维模型。

选择"创建""形状""放样"，在"修改|放样融合"选项卡中可以看到"绘制路径""选择轮廓 1""选择轮廓 2"等选项(如图 4-14 所示)，选择"创建路径""起点轮廓""终点轮廓"，单击 √ 按钮完成放样融合。

图 4-14　族的放样融合绘制

5)　旋转

旋转工具可使闭合轮廓绕旋转轴旋转一定角度生成三维模型。旋转的要素主要为旋转轴和旋转边界。

在"修改|创建旋转"选项卡中有绘制边界线及绘制轴线的工具，绘制完成后，在属性栏中设置旋转角度为 360.000°，单击 √ 按钮完成，如图 4-15 所示。

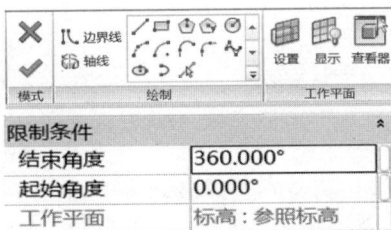

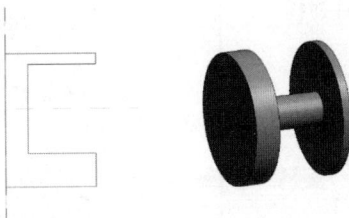

图 4-15　族的旋转绘制

6)　空心形状

空心形状的创建方式与实心形状类似，多用于特殊构件的相互剪切，将在本项目后面的实操案例中讲解。

※**知识拓展**※

族与体量对比如表 4-2 所示。

表 4-2　族与体量对比分析

类型	对比分析			
族与体量	族建模界面认知 (微课视频) 族与体量对比分析 (微课视频)	不同点	1.编辑环境	编辑环境明显的区别在体量在三维标高平面中创建,族是在平面标高创建
			2.建模工具	族主要借助拉伸、融合、旋转、放样、放样融合几个工具创建形状。 体量只通过模型线、参照线来创建形体
			3.建模方式	族的创建是通过特定的工具绘制出形体。 体量通过绘制几何图形生成实体,相对而言体量的建模方式更简单
			4.形体控制方式	通过族绘制的形体,若是使用拉伸工具创建的形体只能利用拉伸命令编辑形体,其他命令绘制的形体也一样。 体量绘制的形体可以不受拘束,可以编辑整体形状、某一个面、或者一条线段、甚至一个点,体量中可以通过参照点来约束控制形体,是族环境中没有的功能
		相同点	1.文件类型	生成的都是.rfa族文件
			2.参数化	都可添加参数进行控制,且都可赋予材质
			3.打开位置	都可以在项目中内建,也可以外建

实操研学

任务概览

任务名称	任务内容
任务 1:族构件建模-族构件拉伸	 东立面视图 1:20　　平面视图 1:20 全国 BIM 技能等级考试七期第三题　榫卯
任务 2:族构件建模-族构件放样	 全国 BIM 技能等级考试三期第四题　柱顶饰条

任务名称	任务内容
任务 3：族构件建模- 族构件拉伸放样	 全国 BIM 技能等级考试九期第四题　直角支吊架
任务 4：族构件建模- 族构件拉伸旋转	 全国 BIM 技能等级考试十期第四题　陶立克柱
任务 5：族构件建模- 族构件拉伸融合放样	 全国 BIM 技能等级考试十三期第二题　纪念碑

任务实施

任务 1：族构件建模-族构件拉伸

一、任务信息

创建如图 4-16 中的榫卯结构，并建在一个模型中，将该模型以构件集命名为"榫卯结构"保存。

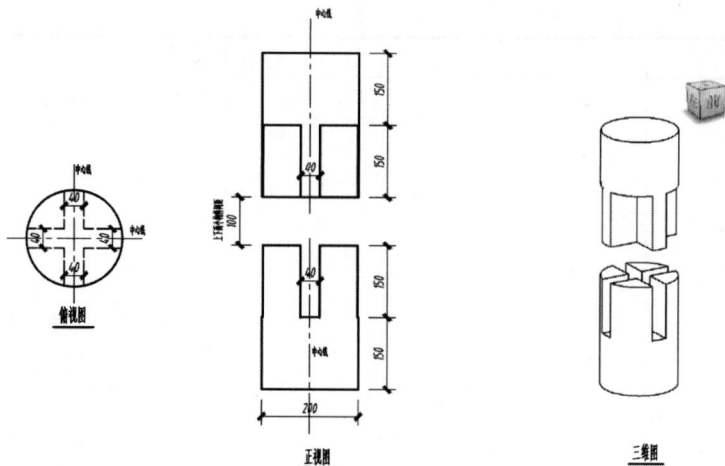

图 4-16　榫卯结构尺寸示意图

二、任务实施

榫卯创建
（微课视频）

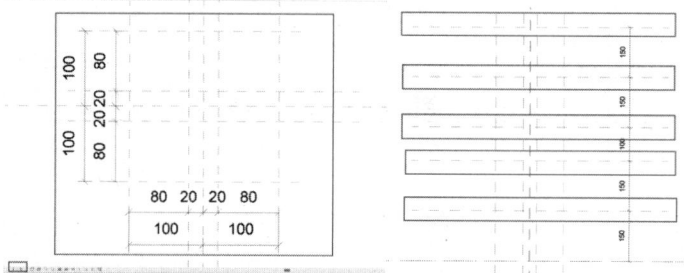

(1)　新建公制常规模型，进入参照标高，按照平面尺寸创建参照平面(RP)，并用"对齐尺寸"标注注释(DI)，完成平面参照线后，转入任一立面按照立面尺寸创建参照平面(RP)，完成立面参照线后，使用"对齐尺寸"标注注释(DI)。如图 4-17 所示(注意：当尺寸标注过大的时候可修改注释比例为 1∶5)。

图 4-17　创建参照平面

(2)　进入参照标高，选择"创建拉伸实心形状"绘制榫卯底部圆柱形底座，使用圆形工具，绘制半径为 100 的圆形，修改拉伸终点为 300，生成底座。底座生成后转入任一立面，沿参照平面辅助线复制，生成顶部圆柱。如图 4-18 所示(注意：当复制无法往上拖动时候，需要取消复制功能中的约束选项)。

(3)　进入参照平面，选择"创建空心拉伸"，按图中底部空心部分轮廓绘制空心拉伸轮廓，设置拉伸起点为 150，拉伸终点为 300，生成底部榫卯插槽。生成后继续在参照平面按顶部空心部分轮廓绘制顶部空心拉伸轮廓，设置拉伸起点为 400，拉伸终点为 550，生成顶部榫卯插头。如图 4-19 所示。

(4)　进入三维视图，检查空心形状是否剪切成功。一般情况下，Revit 会自动剪切实体，当未进行剪切时，可先选中空心形状，再单击几何图形中的剪切按钮，最后单击所需要剪切的实心形状完成剪切。生成对应模型后，按照题目要求命名保存。如图 4-20 所示。

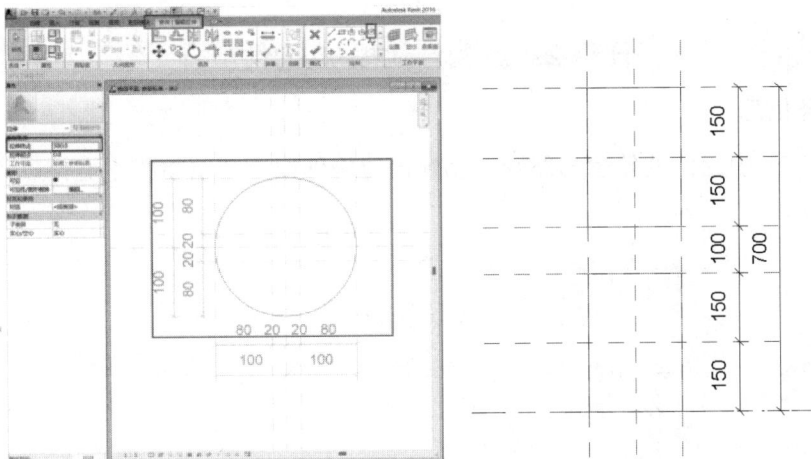

图 4-18　创建拉伸底座

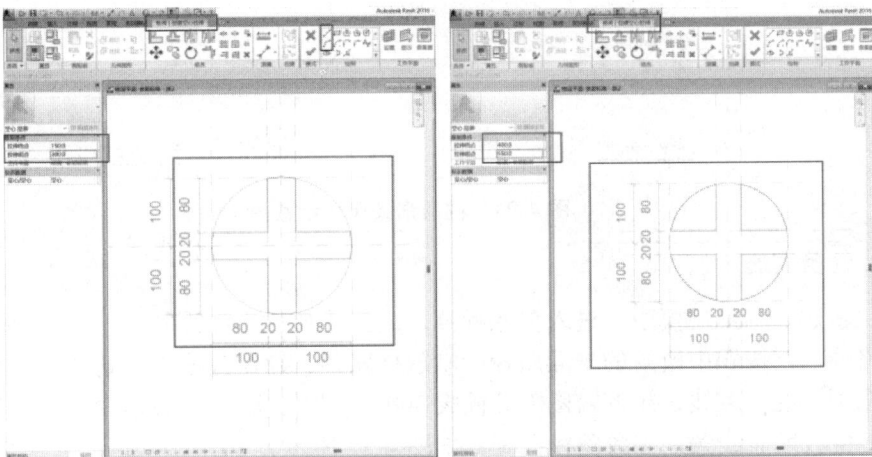

图 4-19　创建空心剪切

图 4-20　榫卯结构三维视图

任务 2：族构件建模-族构件放样

一、任务信息

根据图 4-21 中给定的轮廓与路径，创建内建构件模型。请将模型文件以"柱顶饰条"为文件名保存。

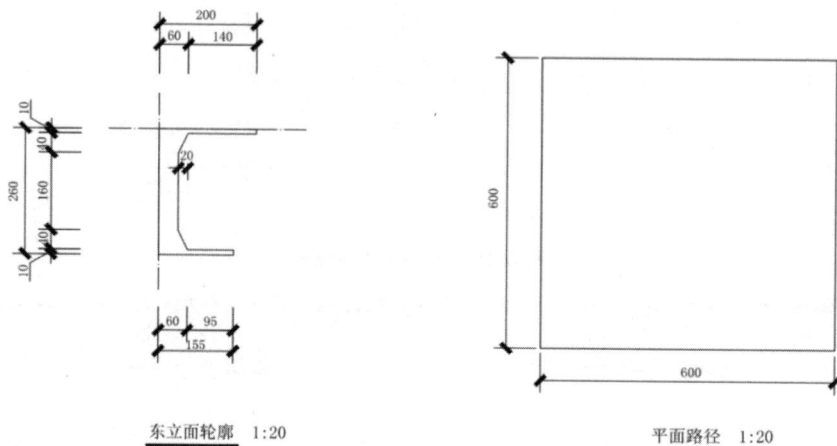

图 4-21 柱顶饰条尺寸示意图

二、任务实施

(1) 新建公制常规模型，进入参照标高，选择"放样实心形状""绘制路径"，按题中所给的平面路径绘制放样路径。绘制过程中，选择绘制选项中的拾取线，并将偏移量设置成 300，绘制四条平行直线，并使用修剪延伸为角功能(TR)生成所需线条，完成路径绘制。如图 4-22 所示。

柱顶饰条创建.
(微课视频)

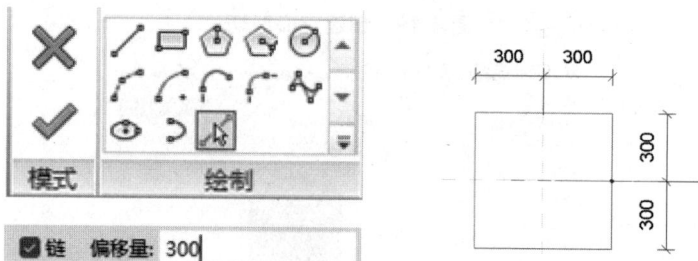

图 4-22 绘制放样路径

(2) 完成路径后，选择"编辑轮廓""绘制放样轮廓"。由于轮廓线较为复杂，可以先使用参照平面(RP)进行辅助定位，从上至下依次设置间距为 10、40、160、40、10 间距的参照平面，从左至右按照轮廓线形状的关键点设置参照平面，并逐一将控制形状的关键点连线，完成轮廓线的绘制。如图 4-23 所示。

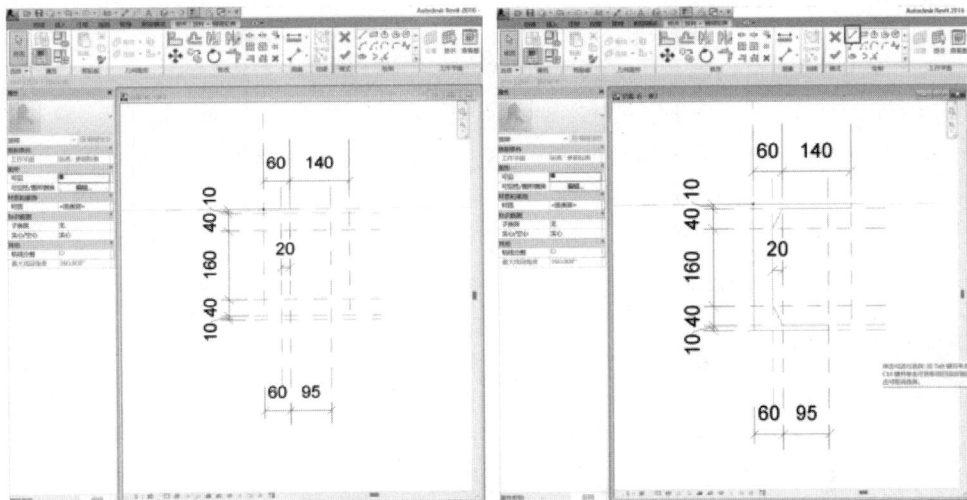

图 4-23　绘制放样轮廓

（3）完成轮廓绘制后，确认两次生成放样模型，确认无误后，按照题目要求命名保存。如图 4-24 所示。

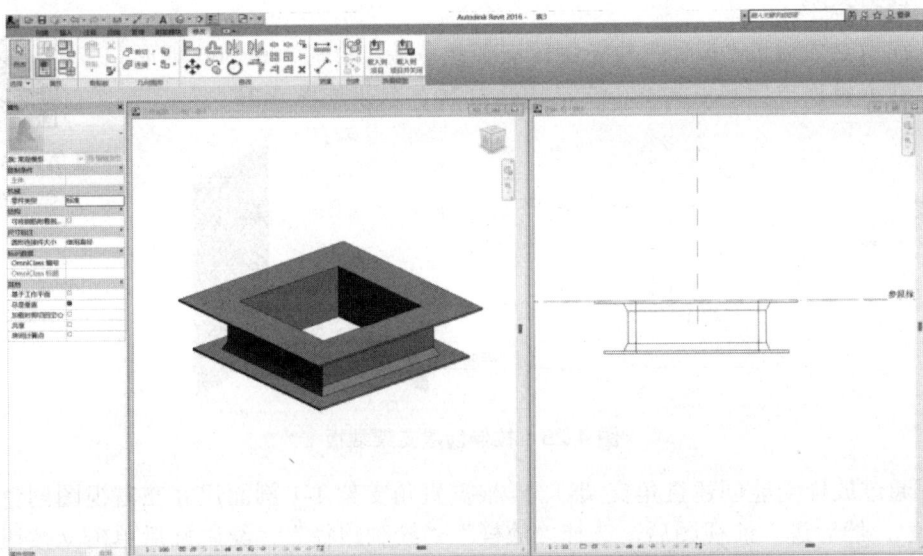

图 4-24　柱顶饰条三维视图

任务 3：族构件建模-族构件拉伸放样

一、任务信息

根据图 4-25 所示给定的数值用构件集形式创建直角支吊架，请将模型以"直角支吊架"为文件名保存。

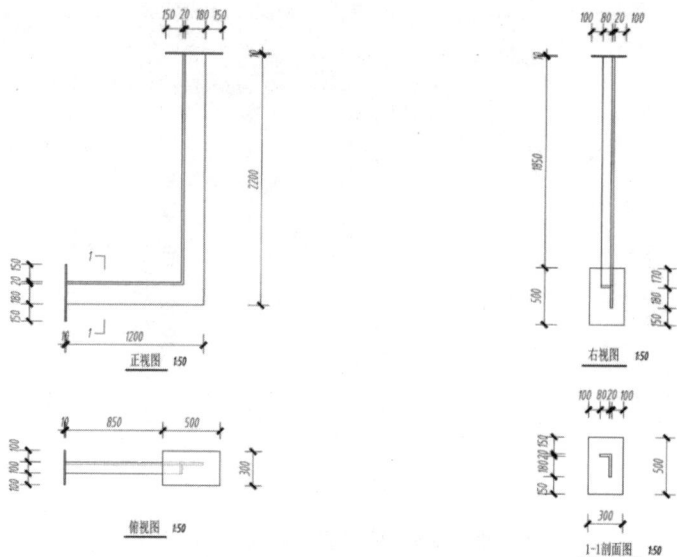

图 4-25　直角支吊架尺寸示意图

二、任务实施

(1)　在右立面通过"拉伸"功能创建支架起点端，绘制 300×500 矩形轮廓，属性卡设置拉伸起点为 0，拉伸终点为 10，效果如图 4-26。

直角支吊架创建
(微课视频)

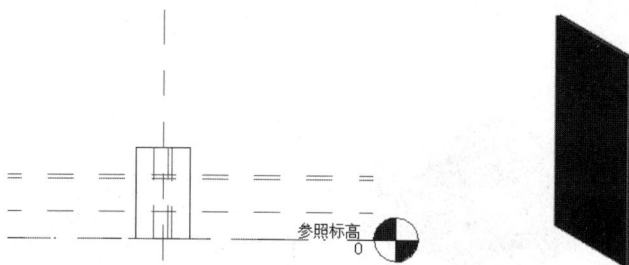

图 4-26　拉伸创建支架端板

(2)　通过放样功能创建直角支架部分，根据直角支架 1-1 剖面尺寸在右视图创建辅助线(拾取创建)，然后进入前视图后，选择"放样""绘制路径"，绘制好后单击 √ 按钮，完成路径创建。如图 4-27 所示。

(3)　在面板中选择"编辑轮廓""右立面视图"创建直角支架截面样式，进入右立面后根据前一步骤中创建的辅助线确定好的截面样式绘制截面图，单击 √ 按钮完成，效果如图 4-28 所示。

(4)　根据图示，进入前立面创建另一端拉伸，此时创建拉伸矩形，在不清楚拉伸起点和终点的情况下(知道端点形状为 500×300(拉伸厚度))，可将起点设置为 0，终点设置为 300，完成拉伸后在进入三维模式顶视图进行对齐调整。最终完成效果如图 4-29 所示。

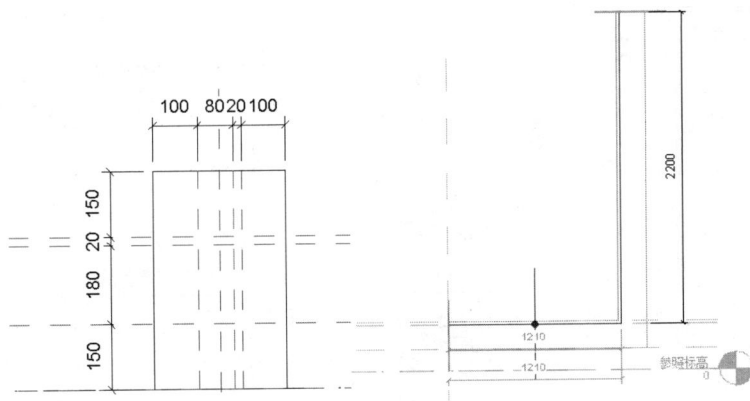

图 4-27   绘制直角支架放样路径

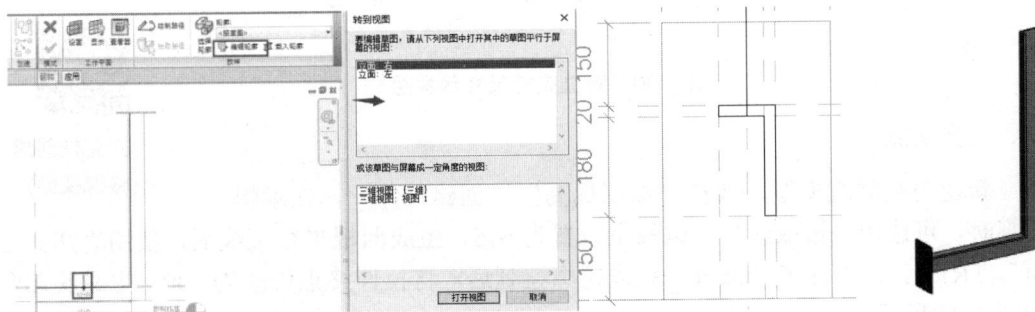

图 4-28   绘制直角支架放样轮廓

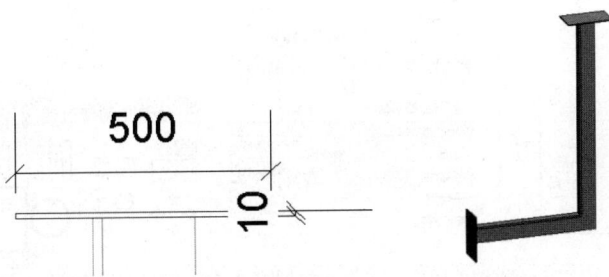

图 4-29   拉伸创建支架端板

任务 4：族构件建模-族构件拉伸旋转

一、任务信息

根据图 4-30 给定尺寸，用构建集形式建立陶立克柱的实体模型，并以"陶立克柱"为文件名保存。

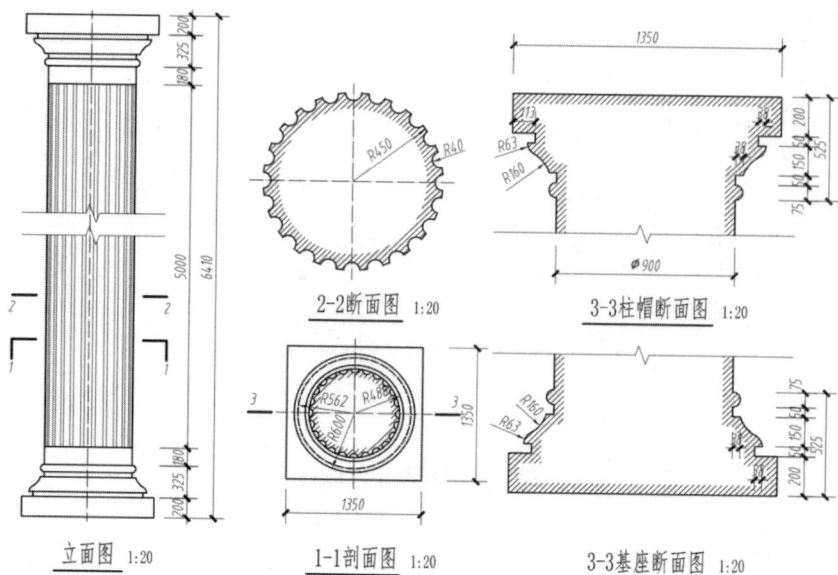

图 4-30　陶立克柱尺寸示意图

二、任务实施

(1)　新建公制常规模型，选择"参照标高""创建拉伸"，在编辑
拉伸轮廓时，可选用"拾取线"，偏移量设置为675，生成四根平行直线后，使用"修剪延
伸为角"(TR)工具，去除多余部分。完成轮廓绘制后，将拉伸终点修改为200，生成底部台
座。如图 4-31 所示。

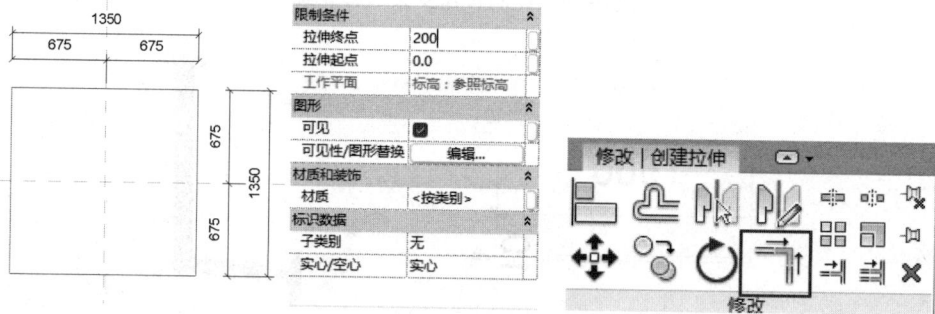

图 4-31　拉伸立柱底座

(2)　转入前立面，绘制底部基座。首先按"3-3 基座断面图"所示尺寸使用"参照平面"
(RP)绘制辅助线(由于该对象为上下部分沿中线对称，在查找尺寸时，可参考图"3-3 柱帽断
面图")。完成后，选择创建实心旋转，沿定位辅线绘制闭合旋转轮廓。在绘制轮廓时，先
绘制图 4-32 所示部分。

(3)　剩余两段圆弧的处理办法为：直线连接两个端点，确定曲线由凸变凹的交点为下
方竖线与连线交点，在交点两端分别按图示 160 和 63 两个尺寸绘制起点终点半径弧，绘制
完后修剪多余线条(TR)。最后，在旋转编辑中选择轴线，沿中线绘制旋转轴，完成旋转，

生成柱底台座。如图 4-33 所示。

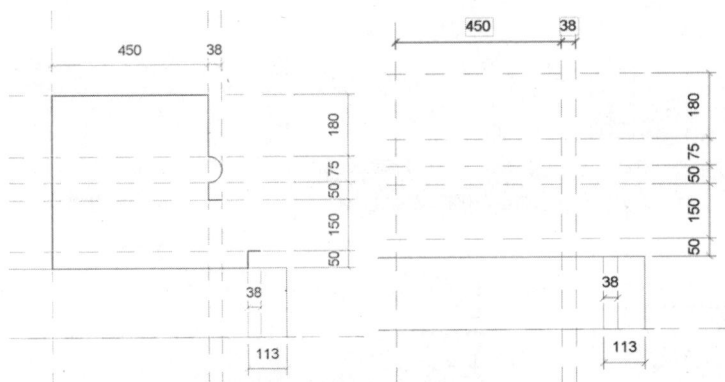

图 4-32　旋转绘制底部基座

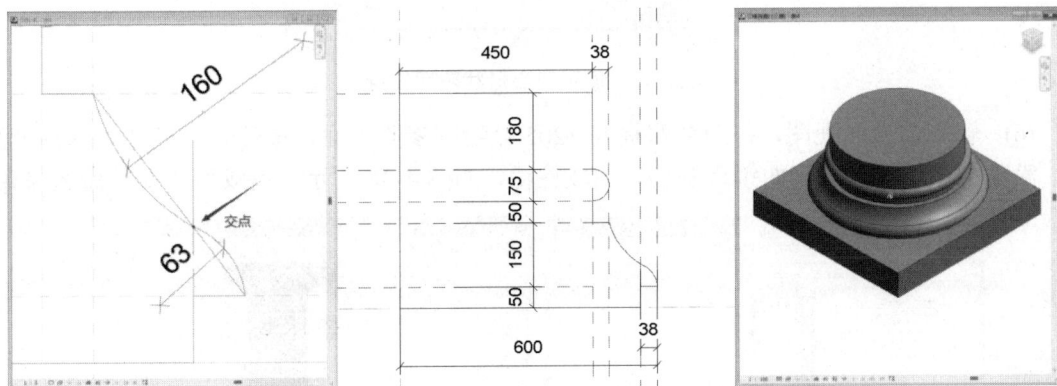

图 4-33　底部基座轮廓的处理办法

（4）选择"参照标高""创建拉伸"，在编辑拉伸中使用圆形工具绘制半径为 450 的正圆，拉伸起点设置为 705.0，拉伸终点设置为 5705.0，生成柱身。如图 4-34 所示。

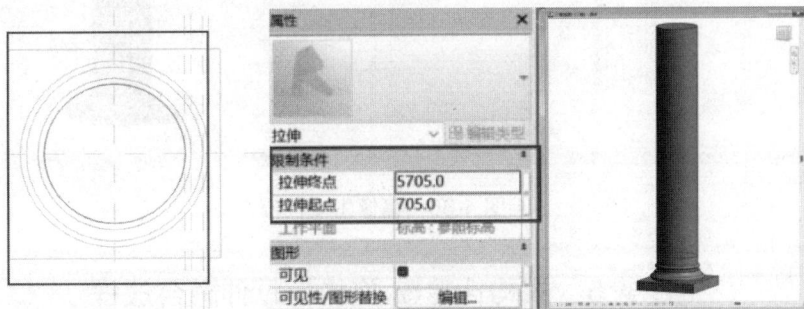

图 4-34　拉伸生成立柱柱身

（5）转入参照标高，选择"创建空心形状""创建空心拉伸"。在编辑空心拉伸中使用圆形工具绘制半径为 40 的正圆于柱身轮廓正上方边缘，拉伸起点设置为 705.0，拉伸终点设置为 5705.0，完成空心形状。选择生成的空心形状使用"阵列"(AR)命令，在"阵列"工具栏中，将"线性"改为"径向"，拖曳旋转中心到柱身圆心，取消成组并关联，项目

数设置为 24，角度设置为 15，按 Enter 键完成阵列。此时柱身已裁剪为题设要求，如图 4-35 所示。

图 4-35　使用空心形状截切柱身

（6）转入前立面视图，在距参照标高 3205 处绘制参照平面，按住 Ctrl 键选中两部分基座，沿刚刚绘制的参照平面镜像基座，生成柱帽，如图 4-36 所示。完成后按要求命名保存。

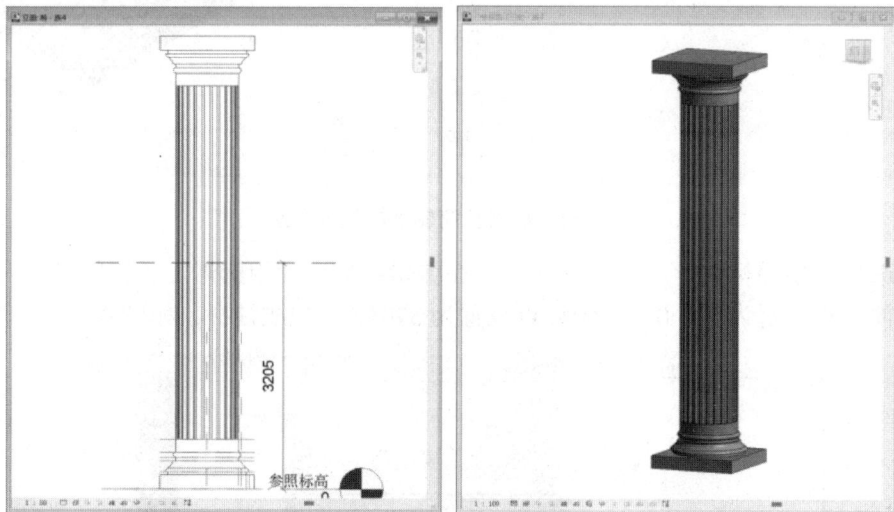

图 4-36　镜像生成柱帽

任务 5：族构件建模-族构件拉伸融合放样

一、任务信息

根据图 4-37 给定的投影图尺寸，用构件集的方式创建模型，请将模型文件以"纪念碑"为文件名保存。

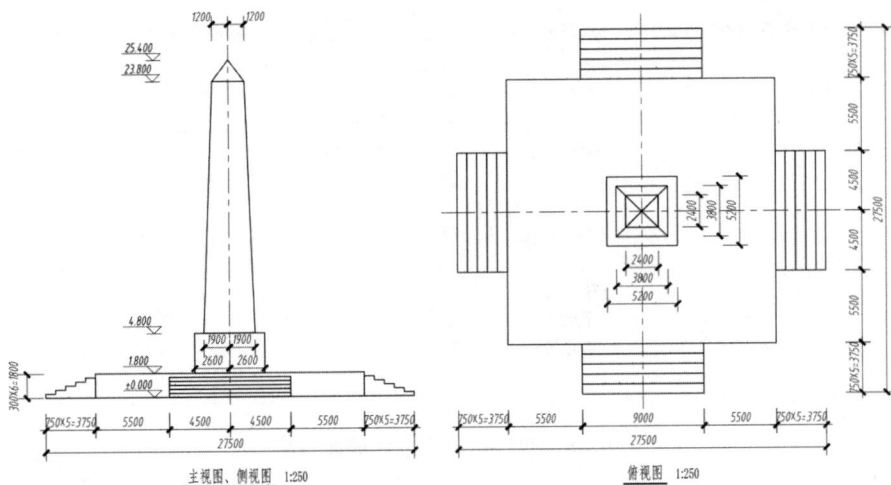

图 4-37 纪念碑尺寸示意图

二、任务实施

(1) 新建族，选择"公制常规模型"作为族样板，选择"楼层平面""拉伸"，绘制底部 20000×20000 正方形底座，设置拉伸起终点为 0.0 和 1800，如图 4-38 所示，单击 √ 按钮完成实体创建。

纪念碑创建
(微课视频)

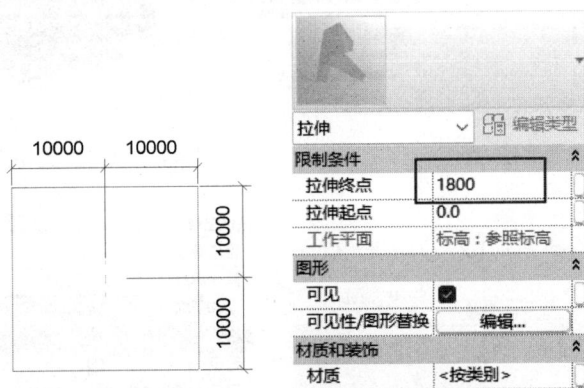

图 4-38 拉伸绘制正方形底座

(2) 选择"前立面视图""拉伸"，创建高度为 1800 的 6 步台阶，踏步宽度为 750，高度为 300，设置拉伸起终点为 -4500 和 4500，单击 √ 按钮，完成实体创建。如图 4-39 所示。

(3) 采用"复制"和"旋转"功能，绘制剩下三个立面的台阶如图 4-40 所示。

(4) 创建纪念碑底座：选择"拉伸"功能绘制 5200×5200 的正方形，设置拉伸起终点为 1800 和 4800，单击 √ 按钮，完成实体创建，如图 4-41 所示。

(5) 创建纪念碑主体：选择"融合"功能，创建纪念碑。设置融合限制条件，第一端点和第二端点分别设为 4800.0 和 23800.0，底部轮廓为边长 3800 的正方形，顶部轮廓为边长 2400 的正方形，单击 √ 按钮，完成实体创建，如图 4-42 所示。

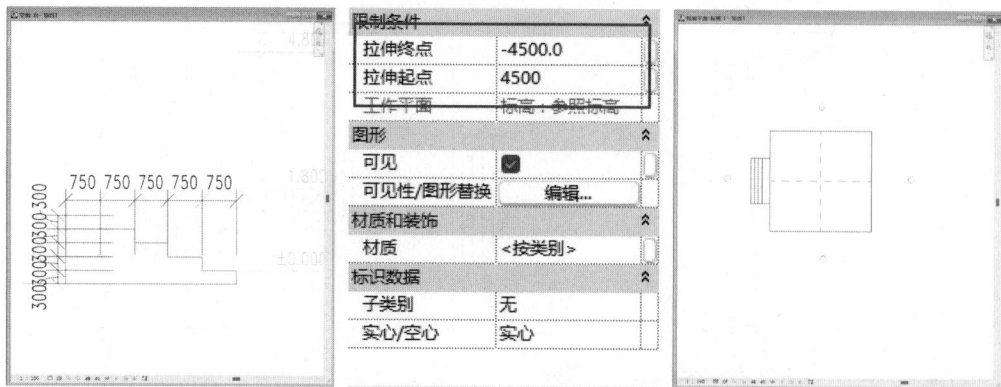

图 4-39　拉伸绘制正方形底座台阶

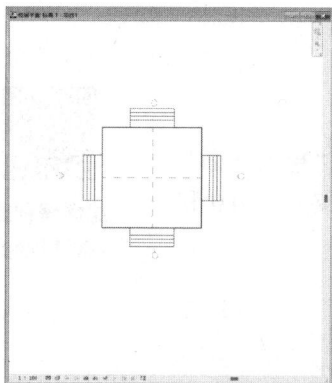

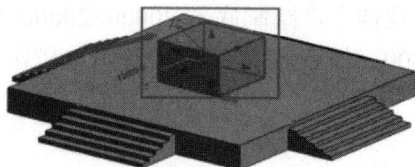

图 4-40　生成剩余正方形底座台阶

图 4-41　拉伸生成纪念碑底座

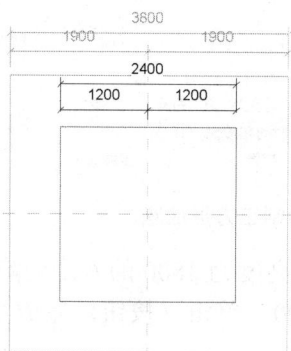

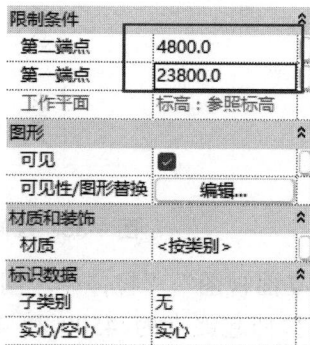

图 4-42　融合生成纪念碑主体

(6) 完成纪念碑顶部四棱锥创建：选择"放样"功能，绘制路径边长为 2400 的正方形，编辑轮廓为 1200×1600 的三角形，单击√按钮，完成实体创建，模型创建完成如图 4-43 所示。最后按要求命名保存为 rfa 族文件。

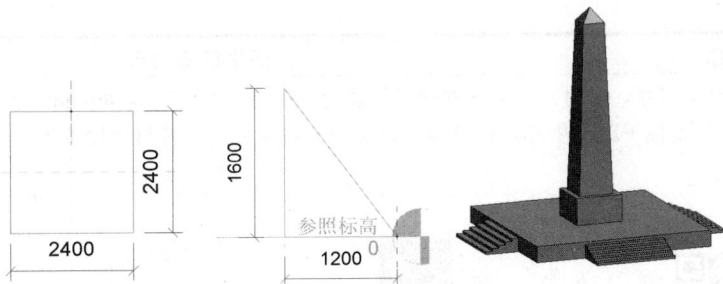

图 4-43 放样生成纪念碑顶部棱锥

任务固学

请根据前面所学内容，结合任务二维码独立完成固学任务。

任务名称	固学任务内容
重难点归纳	 族构件建模重难点归纳(微课视频)
证书考核任务 — 任务 1：族构件建模-族构件拉伸、放样	 全国 BIM 技能等级考试十四期第一题 1+X 证书 2019 年第一期第一题
任务 2：族构件建模-综合构件集	 全国 BIM 技能等级考试十二期第一题 1+X 证书 2021 年第二期第二题

续表

任务名称	固学任务内容
工程案例任务	根据下图给定尺寸，使用公制常规族样板创建台阶模型，栏杆高度 900mm，栏杆、扶手直径均为 30mm，栏杆均位于踏面中心，台阶材质设置为"石材"，栏杆材质设置为"油漆面层，红色"  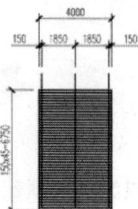 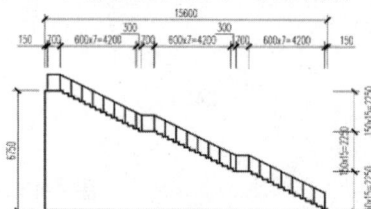 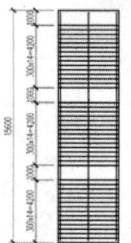 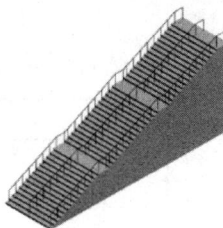

主视图 1:150

左视图 1:150

俯视图 1:150

三维图

项目 5 综合体建模

目标导学

1. 证书考核要求

(1) 掌握综合体建模的一般创建思路与方法，如首层建模、中间层建模、屋面层建模、附属构件建模等。

(2) 熟练掌握各类建筑构件的创建方法，如标高轴网、墙体、幕墙、柱、门窗、楼板、楼梯、屋顶、异形构件的创建等。

(3) 熟悉一般建筑构件的修改方法。

2. 知识要求

(1) 了解综合体建模的一般创建思路与方法。

(2) 掌握各类建筑构件的创建方法。

(3) 掌握各类建筑构件的修改方法。

3. 能力要求

(1) 能灵活运用所学知识，创建项目所需的标高与轴网、墙体、门窗、楼板、屋顶、楼梯与扶手等。

(2) 能识读房屋综合体平面图、立面图、剖面图。

(3) 能快速查阅所需构件参数。

4. 思维导图

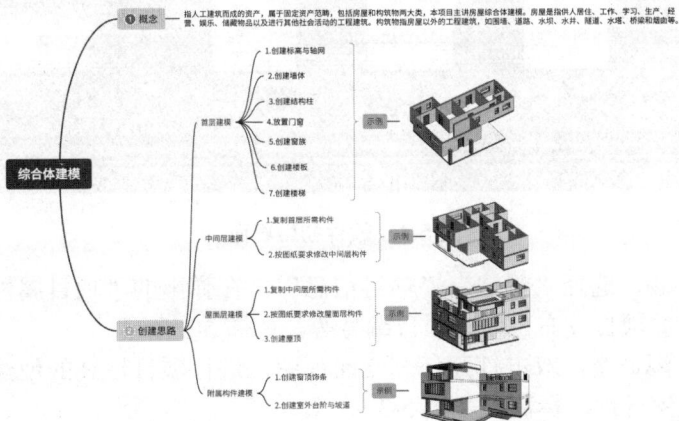

案例引入：成都地铁 8 号线一期工程土建 1 标项目位于成都市双流地区，标段内有 4 个盾构区间、16 个洞门、7 个联络通道。8 号线一期工程中，隧道穿过的主要地层结构包括砂卵石、淤泥质黏土、中密卵石、强风化泥岩、中等风化泥岩等地层结构；同时还途经工厂、酒店、管道管线、闹市区、河流等地形建筑，这都对隧道建设提出了严格要求。该项目施工难度大、质量控制要求高、安全风险大，需要借助信息化手段，施工部门辅助决策系统进行科学合理的施工组织策划、隧道监测与人员定位，以保障作业安全和施工顺利进行。

问题思考：成都地铁施工过程中是如何科学、高效地进行施工安全管理的？

理论展学

5.1　建　筑　概　念

建筑指人工建筑而成的资产，属于固定资产范畴，包括房屋和构筑物两大类。

房屋是指供人居住、工作、学习、生产、经营、娱乐、储藏物品，以及进行其他社会活动的工程建筑，主要包括地基、结构、墙体、门窗、楼层、屋顶等构件。构筑物指除房屋以外的工程建筑，如围墙、道路、水坝、水井、隧道、 水塔、桥梁和烟囱等。

5.2　综合体建模操作界面

(1) 在软件初始界面，选择"项目""建筑样板"，打开"进入新项目"界面，如图 5-1 所示。

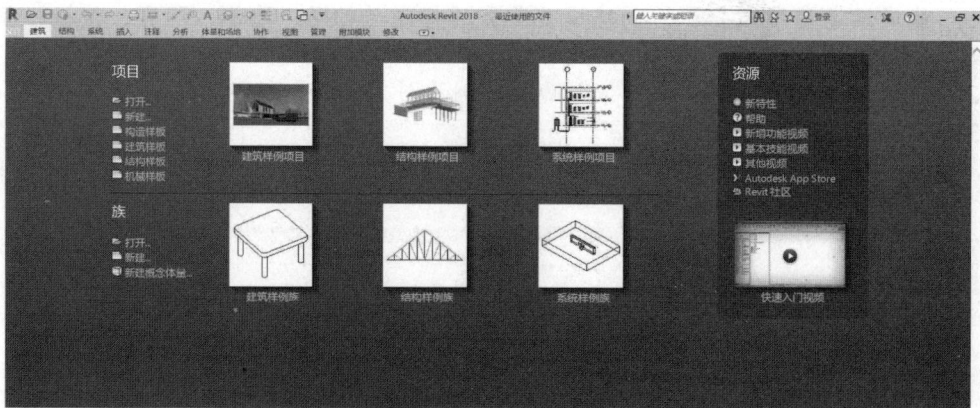

图 5-1　软件初始界面

(2) 打开项目后，选择"管理""项目信息"，在弹出的"项目属性"对话框中可设定项目基本信息，如项目发布日期、项目编号等，如图 5-2 所示。

(3) 进入项目浏览器，双击打开任一立面视图，进行项目标高的创建，一般情况下只需创建楼层标高及室外地坪标高，如图 5-3 所示。

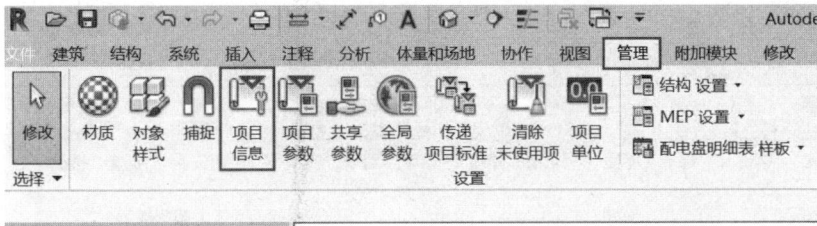

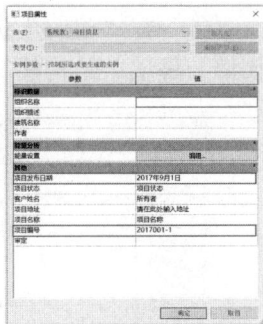

图 5-2　项目信息管理

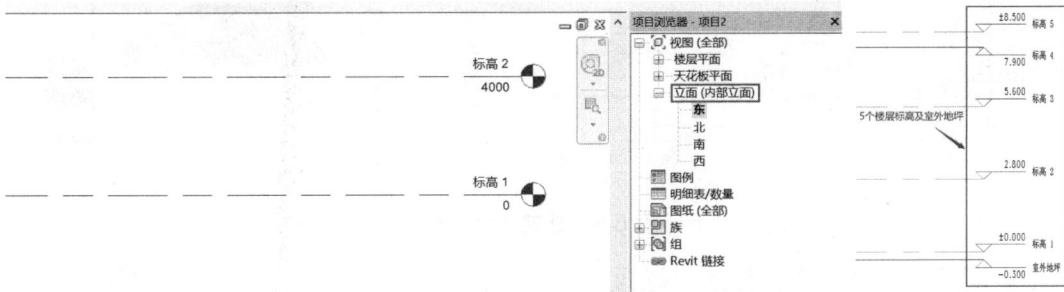

图 5-3　标高创建

(4) 标高创建完成后,选择"视图""平面视图","标高 1""标高 2"为默认已有平面视图,新建的标高需添加对应的平面视图,需全部添加,如图 5-4 所示。

图 5-4　添加楼层平面视图

(5) 进入"标高 1"平面视图,按照首层平面图图纸,完成轴网的创建,如图 5-5 所示。

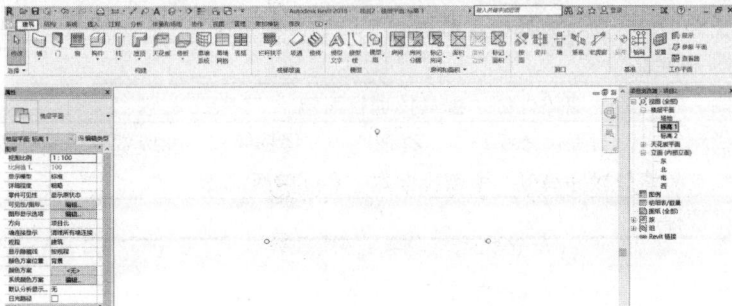

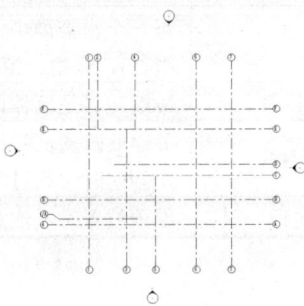

图 5-5　轴网创建

(6) 在"建筑"选项卡下，使用常用构件命令创建首层综合体模型所需的全部构件，如墙、幕墙、结构柱、门窗、楼板、楼梯等，如图 5-6 所示。

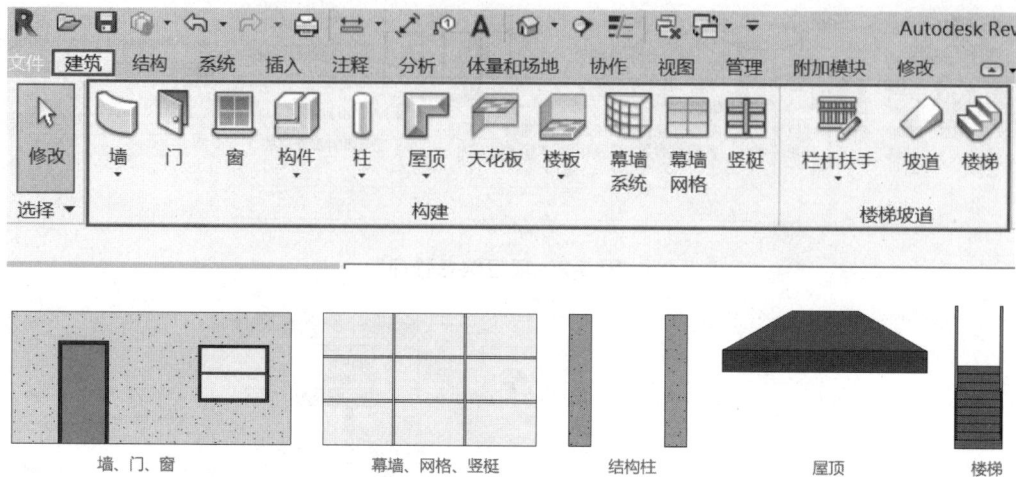

图 5-6　建筑构件创建

(7) 随后，依次进入中间层、屋面层平面视图，在"建筑"选项卡下，使用常用构件命令创建中间层、屋面层各类建筑构件。

(8) 最后，按所需保存综合体模型文件到对应位置。

※知识拓展※

综合体构件创建注意事项如表 5-1 所示。

表 5-1　综合体构件创建注意事项

构件名称	注意事项
标高	按楼层数量精准创建，数量并非越多越好
轴网	首层图纸中的所有轴网均需绘制，最好与图纸轴网显示方式一致
墙体	设定好墙体类型后需查看图纸，观察墙体与轴线之间的关系以便定位
结构柱	放置结构柱时，均需修改为按"高度"放置
门	每一个门类型中，最为关键的数据有三个：门类型(单扇、双扇还是其他类型)、门宽、门高
窗	每一个窗类型中，最为关键的数据有四个：窗类型(固定窗、推拉窗、组合窗还是其他类型？)、窗宽、窗高、窗底高
楼板	楼板边界是墙体内侧、轴线还是墙体外侧，视具体项目而定
楼梯	关键要查阅清楚楼梯相关定位数据：楼梯起点、楼梯终点、楼梯平台、梯段宽度、梯井；在创建时，通过图纸查阅清楚楼梯高度、所需梯面数、实际踏板深度
屋顶	屋顶放置时需注意屋顶标高

实操研学

任务概览

任务名称	任务内容
任务1：首层建模 任务2：中间层建模 任务3：屋面层建模	 全国 BIM 技能等级考试十一期第四题

任务实施

任务1：首层建模

一、任务信息

根据以下要求和给出的图纸，创建模型并将结果输出。新建名为"别墅"的文件夹，将结果文件保存在该文件夹中。

(1) BIM 建模环境设置。

设置项目信息：①项目发布日期为 2017 年 9 月 1 日；②项目编号为 2017001-1。

(2) BIM 参数化建模。

① 根据给出的图纸创建标高、轴网、建筑形体，包括墙、门、窗、柱、屋 顶、楼板、楼梯、洞口、坡道、扶手。其中，要求门窗尺寸、位置、标记名称 正确。未标明尺寸与样式不作要求。

② 主要建筑构件参数要求如表 5-2 所示。

(3) 创建图纸。

① 创建门窗表，要求包含类型标记、宽度、高度、底高度、合计，并计算总数。

② 建立 A3 或 A4 尺寸图纸，创建"1-1 剖面图"，样式要求(尺寸标注；视图比例：1：100；图纸命名：1-1 剖面图；轴头显示样式：在底部显示)与试卷一致。

表 5-2　建筑构件参数表

外墙	5　厚涂料-白色	楼板	10　厚瓷砖
	285　厚混凝土		280　厚混凝土
	10　厚瓷砖		10　厚混合砂浆涂料
内墙	5　厚涂料-白色	结构柱	450×450
	90　厚混凝土		
	5　厚涂料-白色		

(4) 模型文件管理。

用"别墅"为项目文件夹命名，并保存项目。

二、任务实施

(1) 打开 Revit 软件，单击"建筑样板"，在电脑桌面上新建名为"别墅"的文件夹，以"别墅+考生姓名"为项目文件名保存到该文件夹中，文件最大备份数改为 1，如图 5-7 所示。

综合体首层建模
(微课视频)

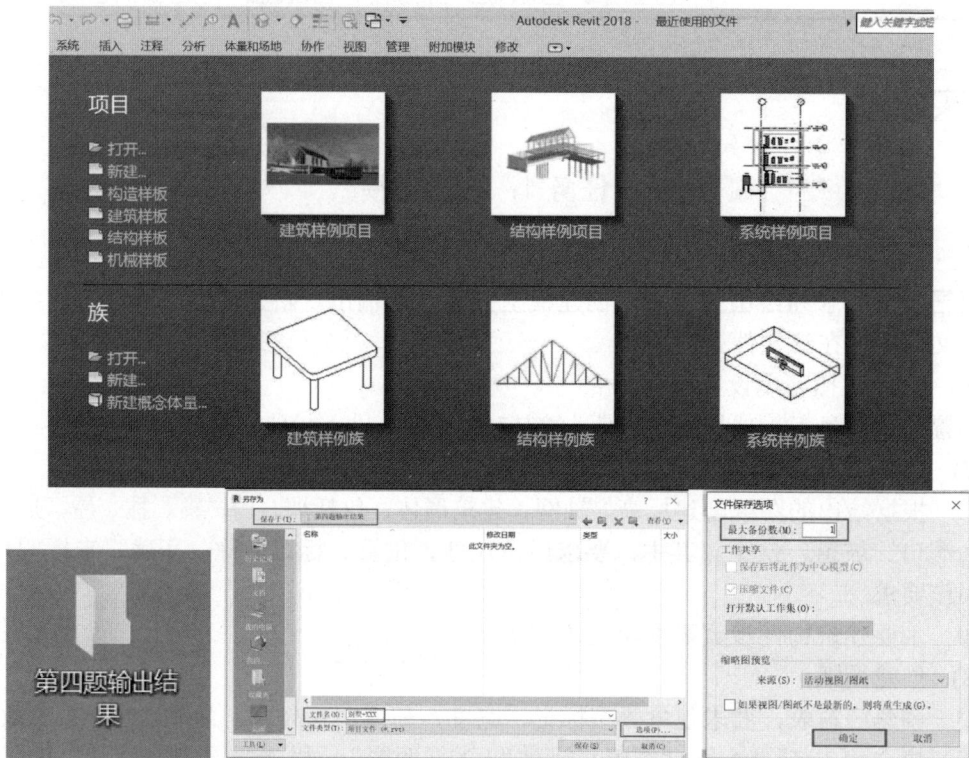

图 5-7　新建建筑样板文件

(2) 项目信息设置：选择"管理""项目信息"，根据题目要求设置发布日期和项目编号，单击"确定"按钮，如图 5-8 所示。

(3) 创建标高：根据立面图纸，在东西南北任意一个立面视图中，创建所需楼层标高。选择"视图""平面视图"，单击"楼层平面"，添加全部新建标高对应的楼层平面视图，

如图 5-9 所示。

（4）创建轴网：进入"标高 1"平面视图，根据首层图纸创建轴网。要求轴头不能重叠或相交，轴号显示正确，后进行尺寸标注，可通过修改图纸比例调整尺寸数字大小，绘制完成后确保四个立面符号位于项目外部，如图 5-10 所示。

（5）创建首层墙体：进入"标高 1"平面视图，根据题目要求编辑两种不同厚度的墙体类型，如图 5-11 所示；在属性栏中设置墙体的定位线、底部限制条件和顶部约束条件；按照首层平面图墙体位置，自室外地坪开始到标高 2，创建一层和室外地坪墙体模型，如图 5-12 所示。

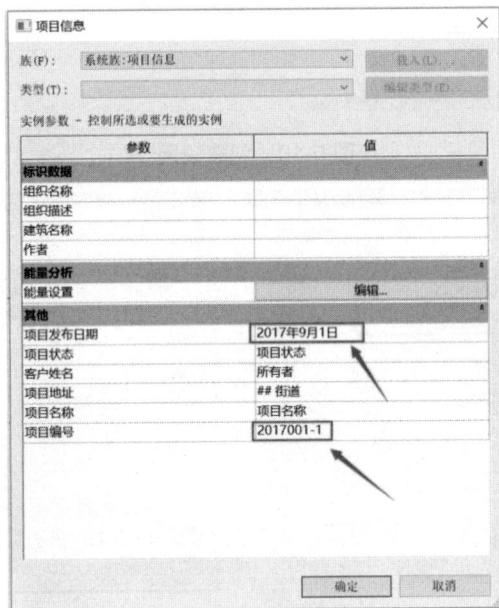

图 5-8　设置项目信息

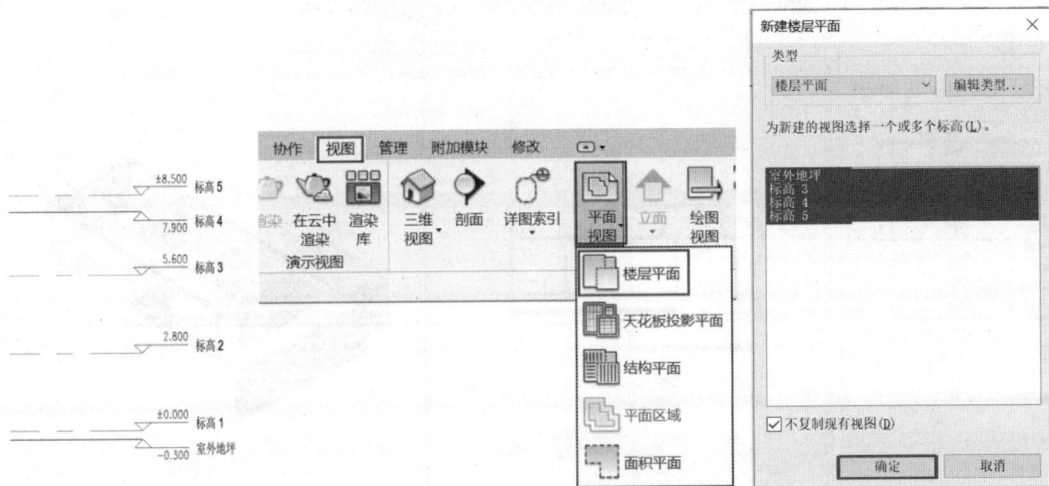

图 5-9　创建标高、添加楼层平面

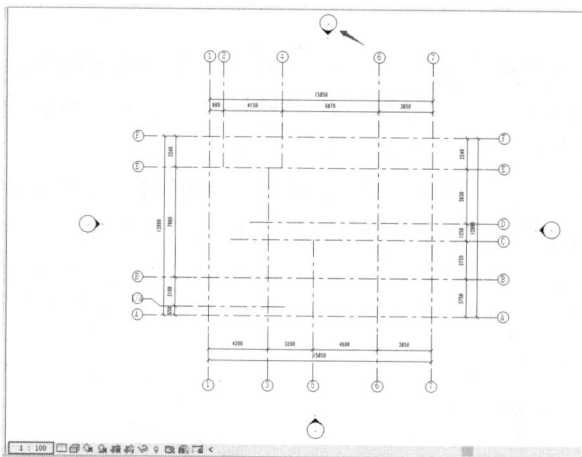

图 5-10　创建轴网

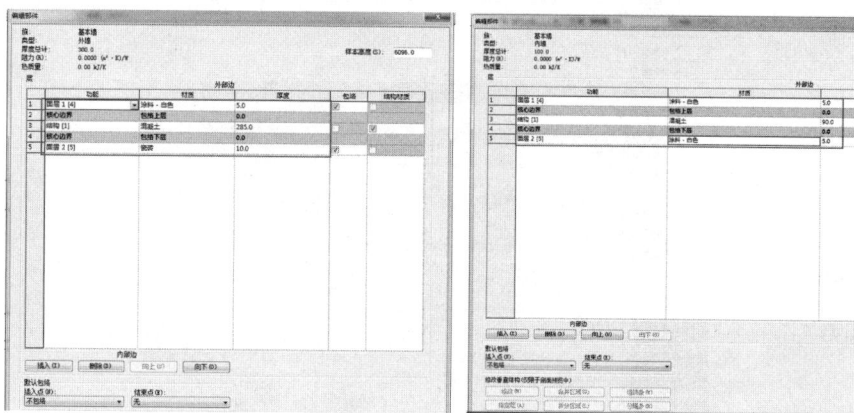

图 5-11　设置墙体信息

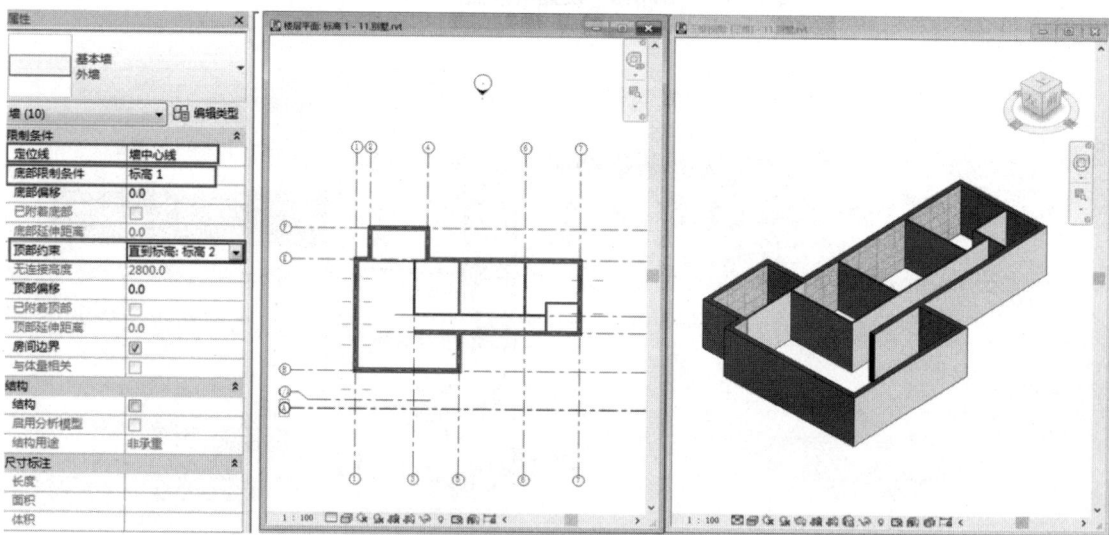

图 5-12　创建首层墙体

（6）创建首层结构柱：进入"标高1"平面视图，根据题目要求，选择"族""结构""柱""混凝土""混凝土-正方形柱"，编辑族类型为450×450结构柱，放置前确认放置柱的类型是否正确，以及方向是否为按"高度"放置，确认无误后，按照结构柱所在的轴网处单击进行放置，完成这一层柱子的创建。使用对齐工具将柱子将左边柱子对齐到墙体外侧，如图5-13所示。

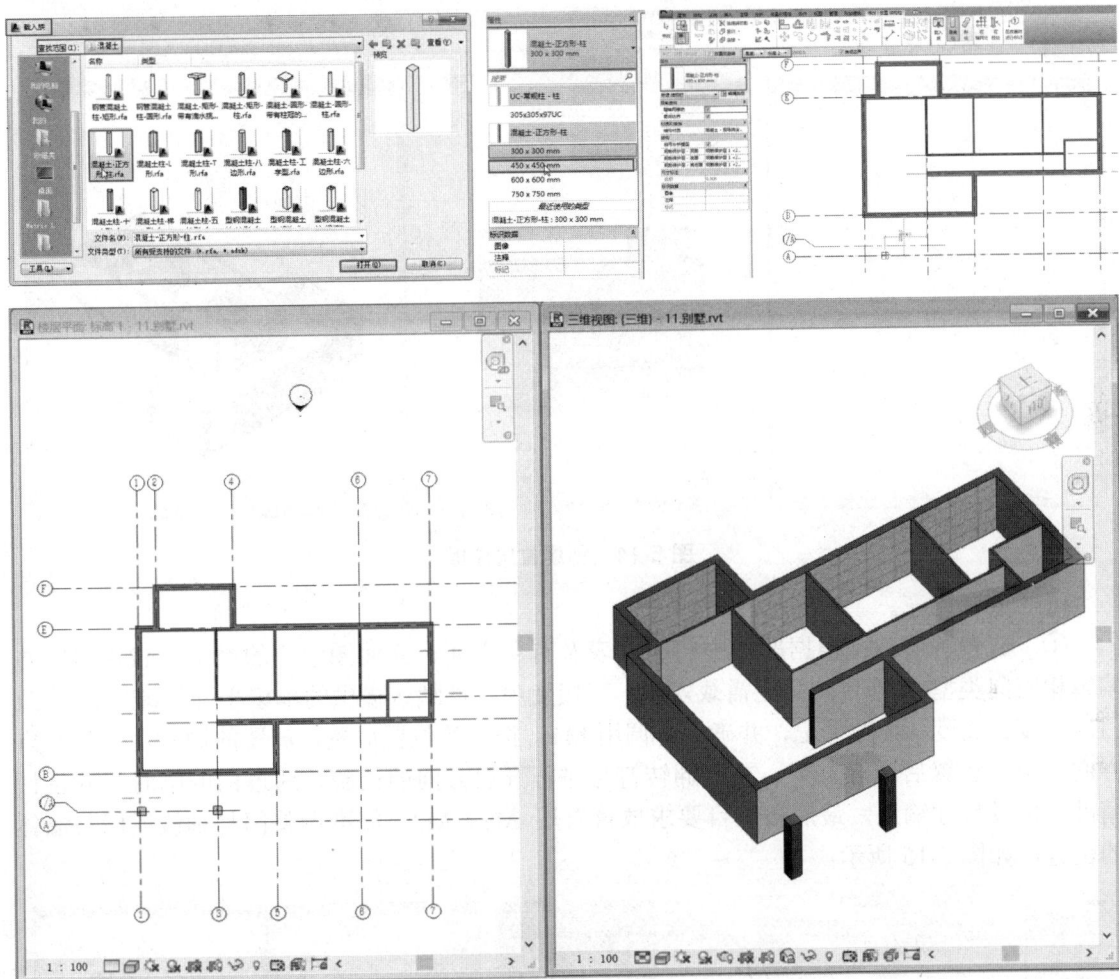

图 5-13　创建首层结构柱

（7）创建首层楼板：进入"标高1"平面视图，选择"建筑""楼板"，单击"编辑类型"，完成楼板参数编辑，根据题目要求，编辑楼板边界，完成首层楼板创建，如图 5-14所示。

编辑部件

族: 楼板
类型: 楼板
厚度总计: 300.0 (默认)
阻力(R): 0.0000 (m²·K)/W
热质量: 0.00 kJ/K
层

	功能	材质	厚度	包络
1	面层 1 [4]	瓷砖	10.0	
2	核心边界	包络上层	0.0	
3	结构 [1]	混凝土	280.0	
4	核心边界	包络下层	0.0	
5	面层 2 [5]	混合砂浆涂料	10.0	

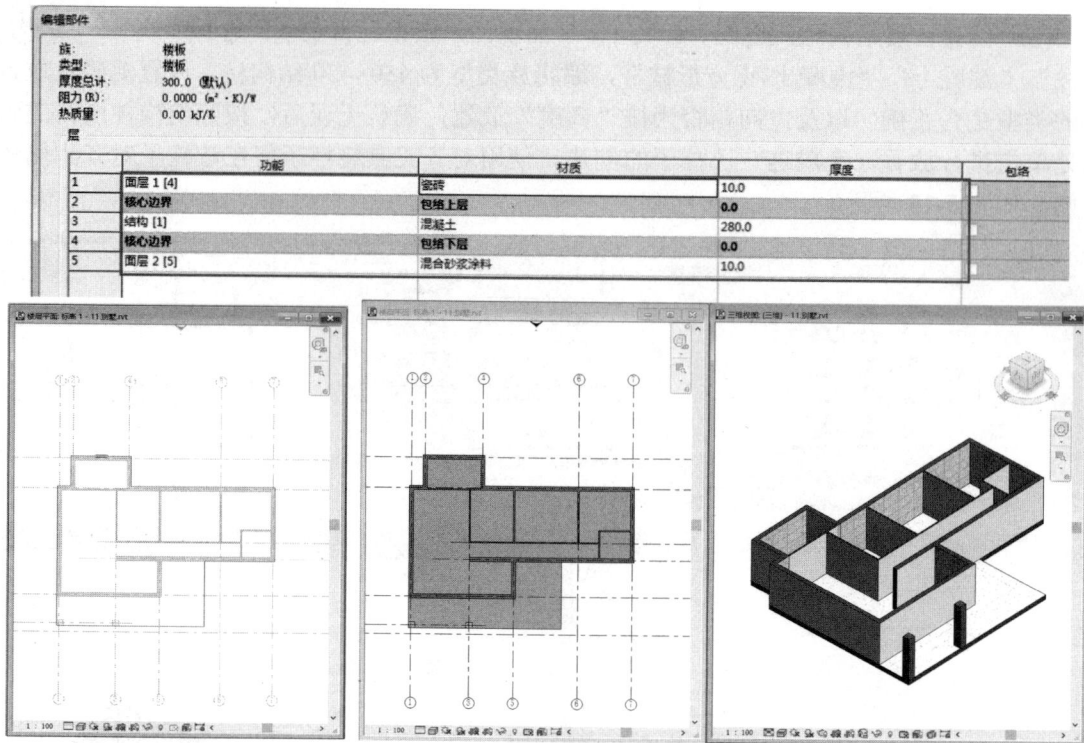

图 5-14　创建首层楼板

(8) 放置门窗。

① 放置首层门：根据题目中门明细表及首层平面、立面图中门的类型，载入门族并编辑相应门类型(本项目的门无需载入族，直接使用软件默认提供的单扇平开门即可)，修改门的宽度、高度、类型标记，并确定。调用 M1，按大致位置放置，放置的同时注意门开启方向，也可放置后通过上下、左右翻转符号进行开启方向的调整，通过门的临时尺寸进行精准定位及尺寸输入。最后按题目要求放置首层 M1、M2，精准调整门与轴线或门与墙体的位置，如图 5-15 所示。

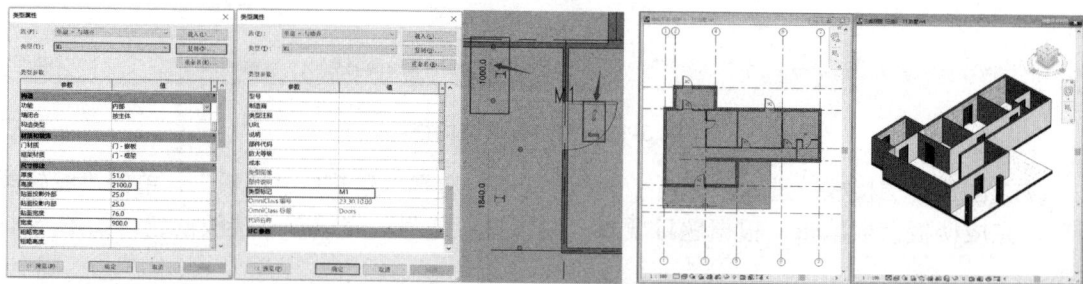

图 5-15　放置首层门

② 放置首层窗：根据题目中窗明细表及首层平面、立面图中窗的类型，选择载入"族""窗""普通窗""推拉窗""上下推拉窗 1"，选择"建筑""窗"，并编辑相应窗类型，修改窗的宽度、高度、底高度和类型标记，并确定。调用 C1，按大致位置放置，放置的同

时注意窗台方向，也可放置后通过方向符号调整窗台方向，通过窗的临时尺寸进行精准定位及尺寸输入。最后按题目要求放置首层 C1、C2、C3、C5，精准调整窗与轴线的位置，如图 5-16 所示。

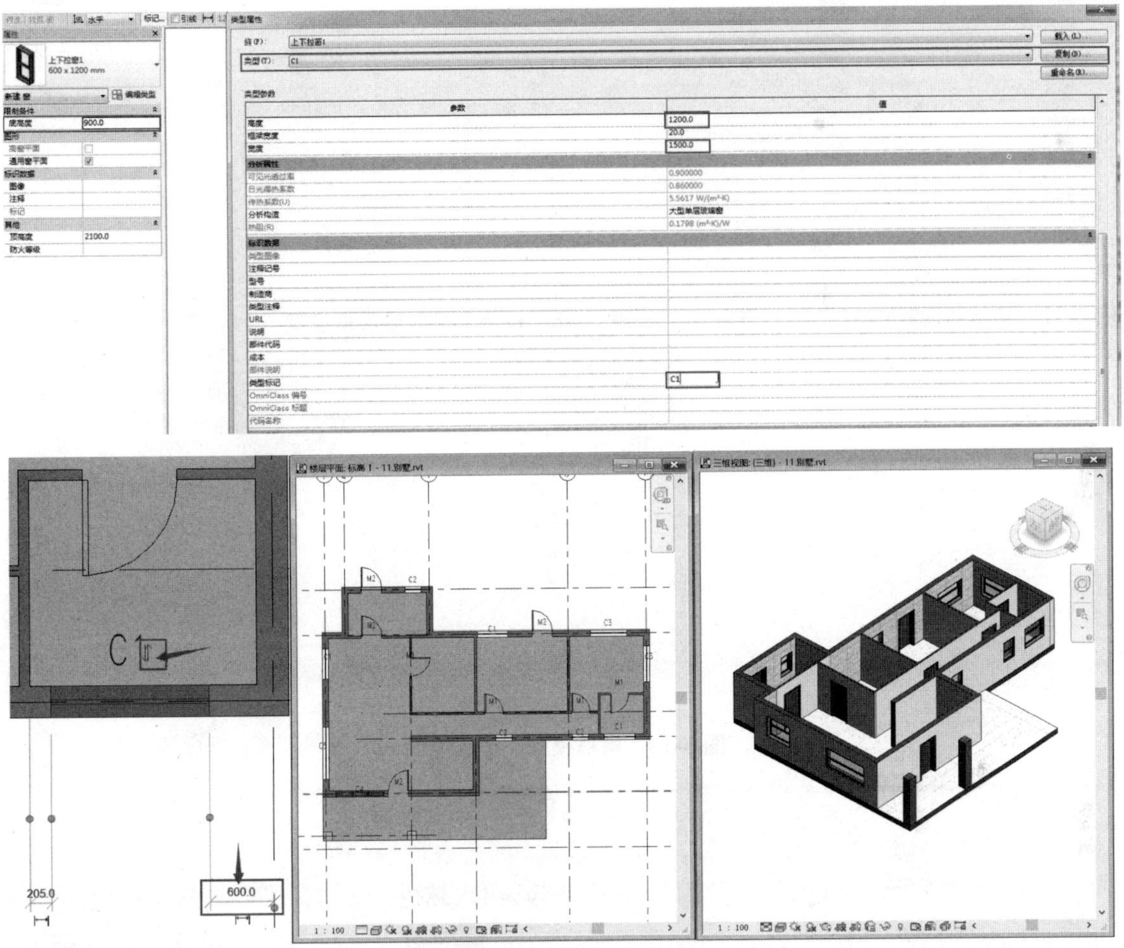

图 5-16 放置首层窗

(9) 创建窗族 C4：选择"文件""新建""族""基于墙的公制常规模型"，选择"文件"菜单下的"族类别和族参数"，将常规模型的属性定义为"窗"，如图 5-17 所示。根据图纸给定的 C4 详图，应用"拉伸"工具创建竖向窗框模型，如图 5-18 所示。以同样的方法创建横向窗框模型、玻璃模型(玻璃模型子类别改为"玻璃")，如图 5-19 所示。将 C4 载入到项目中，按图纸位置进行准确放置，在属性栏中设定窗底部高度(如窗族创建过程中已经将窗底高绘制在相应高度，那么窗族载入项目后无需调整窗底高)，如图 5-20 所示。

图 5-17 族类别设置

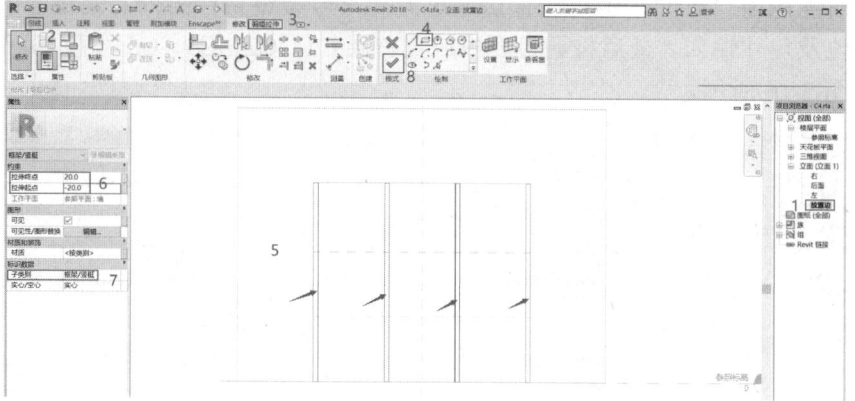

图 5-18 拉伸工具创建窗框模型

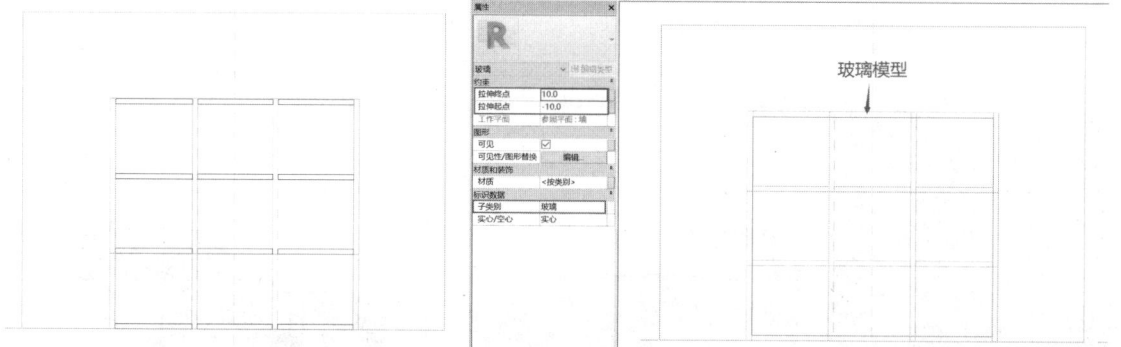

图 5-19 窗框模型、玻璃模型

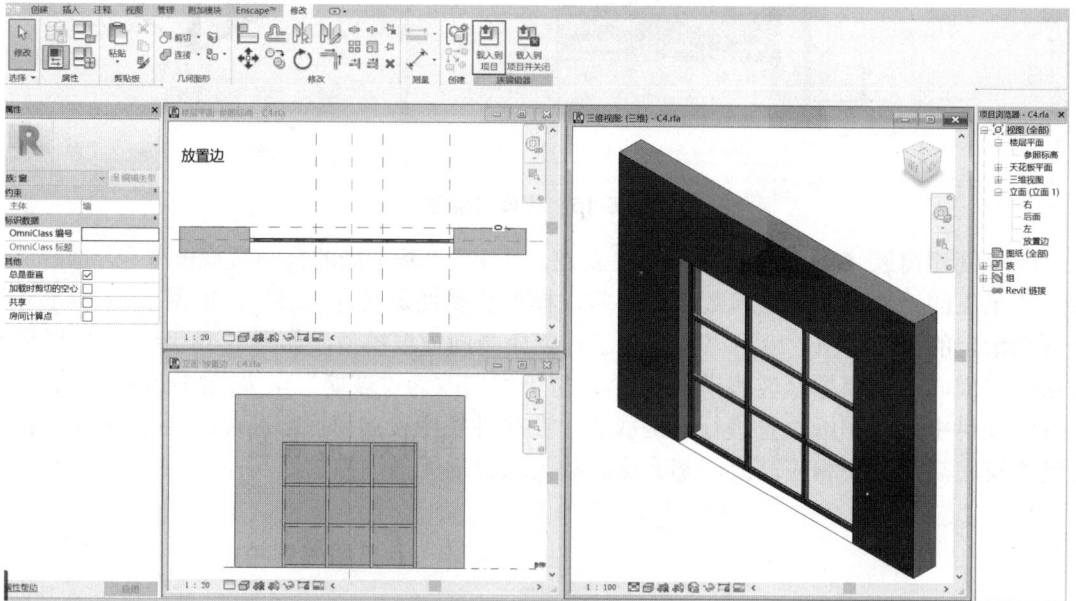

图 5-20 载入窗族 C4 到项目

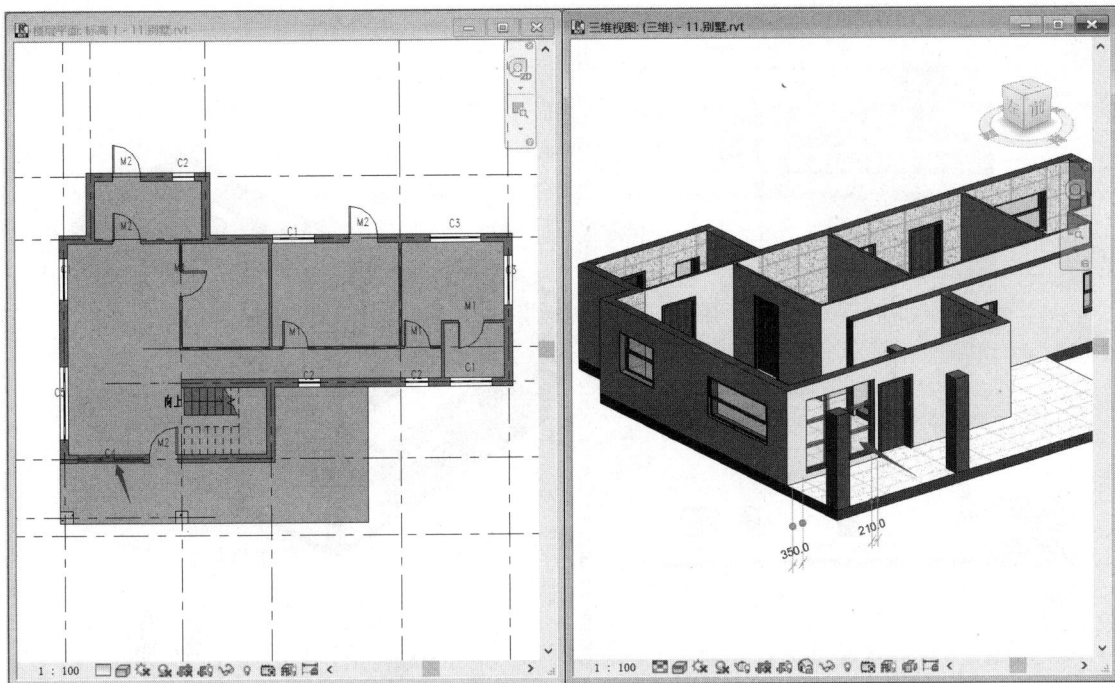

图 5-20　载入窗族 C4 到项目(续)

(10) 创建首层楼梯：进入"标高 1"平面图，根据图纸中楼梯位置标注数据，创建楼梯参照平面，对楼梯的起点、终点、平台、楼梯宽度位置进行定位。调用"楼梯"创建工具，设置楼梯创建属性：修改"楼梯类型"为"整体浇筑楼梯"，"底部标高"为"标高 1"，"顶部标高"为"标高 2"，"所需踢面数"为 16，"实际踏板深度"为 280.0，从起点位置开始创建第一个梯段，接着创建楼梯平台，再创建第二个梯段，确定生成楼梯，删除靠墙栏杆扶手，如图 5-21 所示。

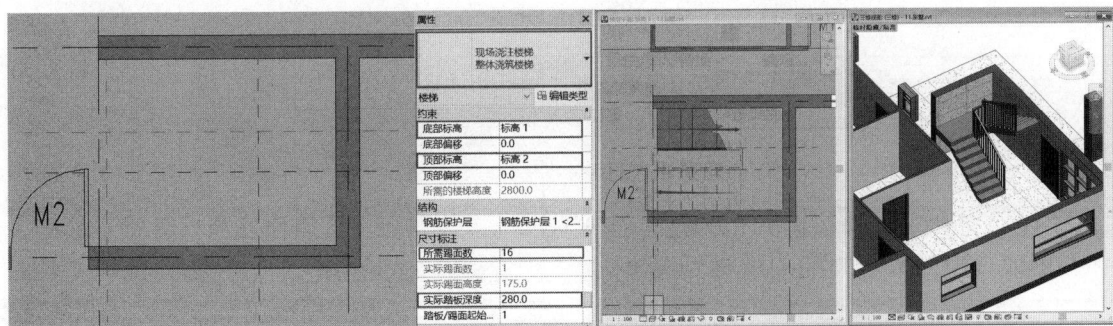

图 5-21　创建首层楼梯

(11) 完成建筑首层建模，如图 5-22 所示。

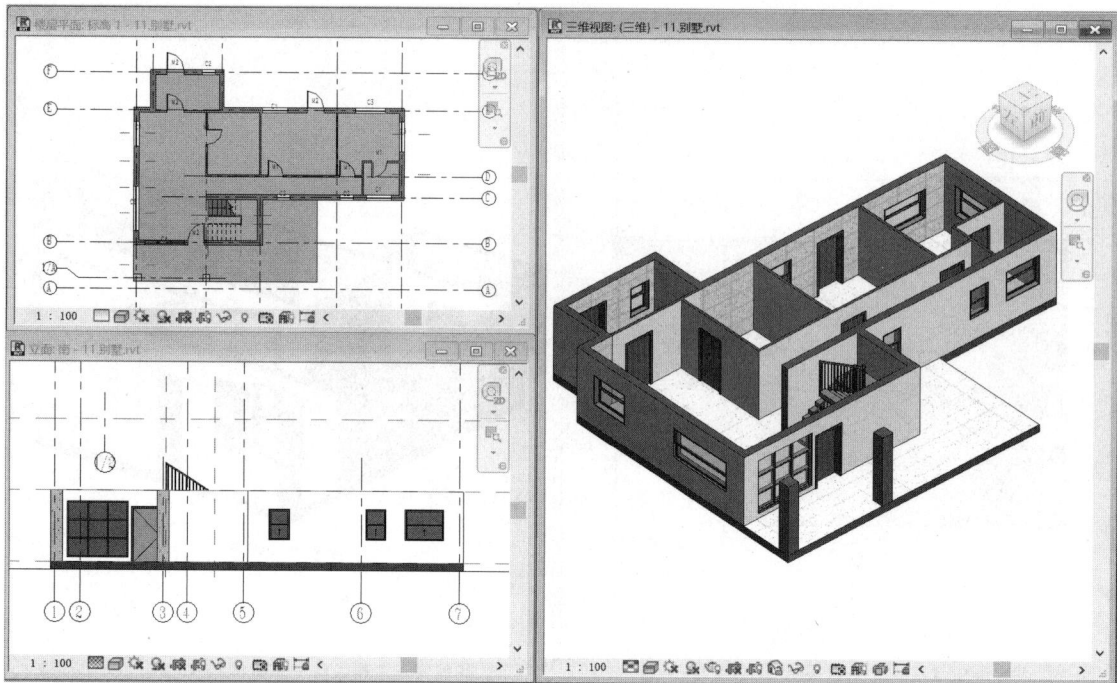

图 5-22 首层模型

任务 2：中间层建模

一、任务实施

(1) 在属性栏中设置中间层房屋项目基线，二层房屋绘制参照一层基线，一层构件在二层高度呈现暗线显示，提高建模准确度，如图 5-23 所示。

综合体中间层建模
（微课视频）

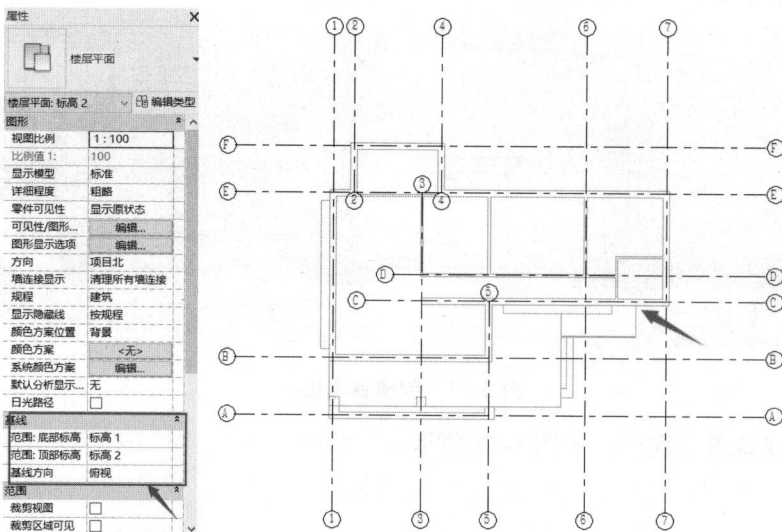

图 5-23 标高 2 基线设置

（2）分析中间层房屋平面图、立面图和详图，中间层建模思路为：复制首层墙体、结构柱、楼板、门窗和楼梯构件，粘贴到"标高2"平面视图中，依据中间层图纸的要求，逐一修改墙体、结构柱、楼板、门窗和楼梯等。

（3）创建二层墙体、结构柱、楼板、门窗、楼梯。

① 将一层墙体、柱子、楼板、门窗、楼梯全部选中，复制，与选定的标高 2 对齐，此时二层复制了一层的相关构件，如图 5-24 所示。

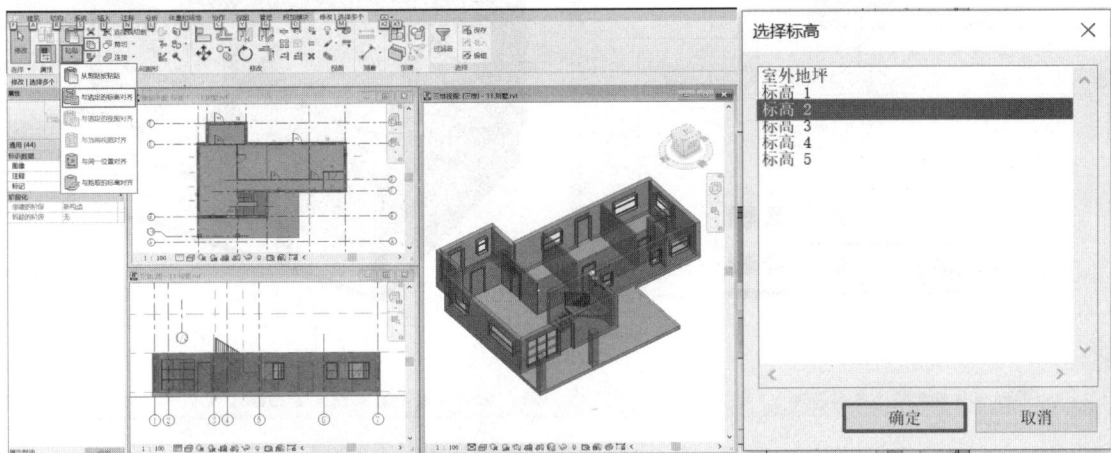

图 5-24 复制首层模型到二层

② 调整墙体：按照中间层平面图所示，删除多余墙体，补充缺少的内墙和外墙，如图 5-25 所示。

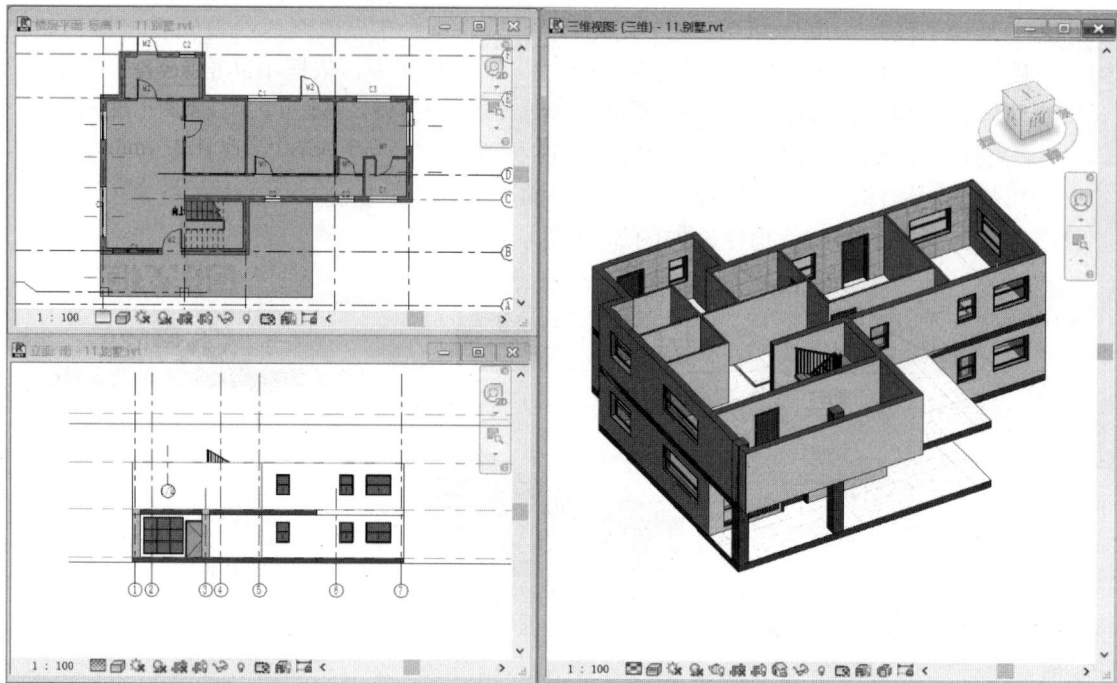

图 5-25　调整中间层墙体

③　调整门窗：按照中间层平面图、立面图所示，删除多余和错误放置的门窗，补充缺少的门窗类型，如图 5-26 所示。

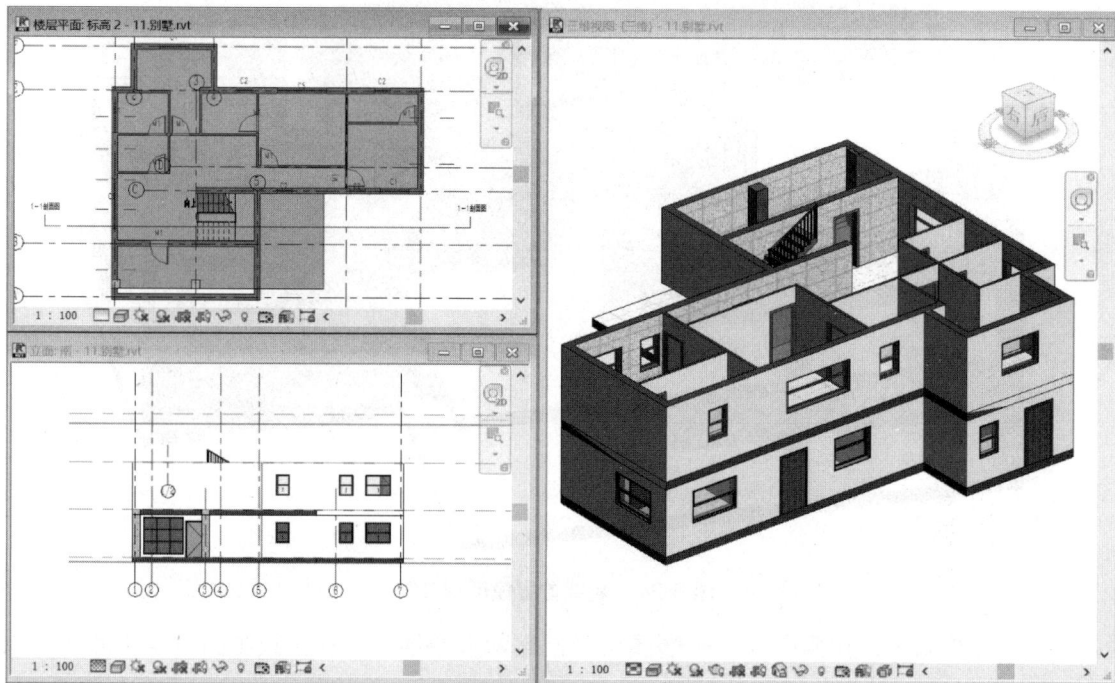

图 5-26　调整中间层门窗

④ 调整楼板：双击楼板，编辑楼板边界，为楼梯增加洞口边界，完成楼板，在弹出的"是否希望将高达此处楼层标高的墙附着到此楼层的底部"，一定要选择"否"，否则楼板会将墙体连接处裁剪，如图 5-27 所示。

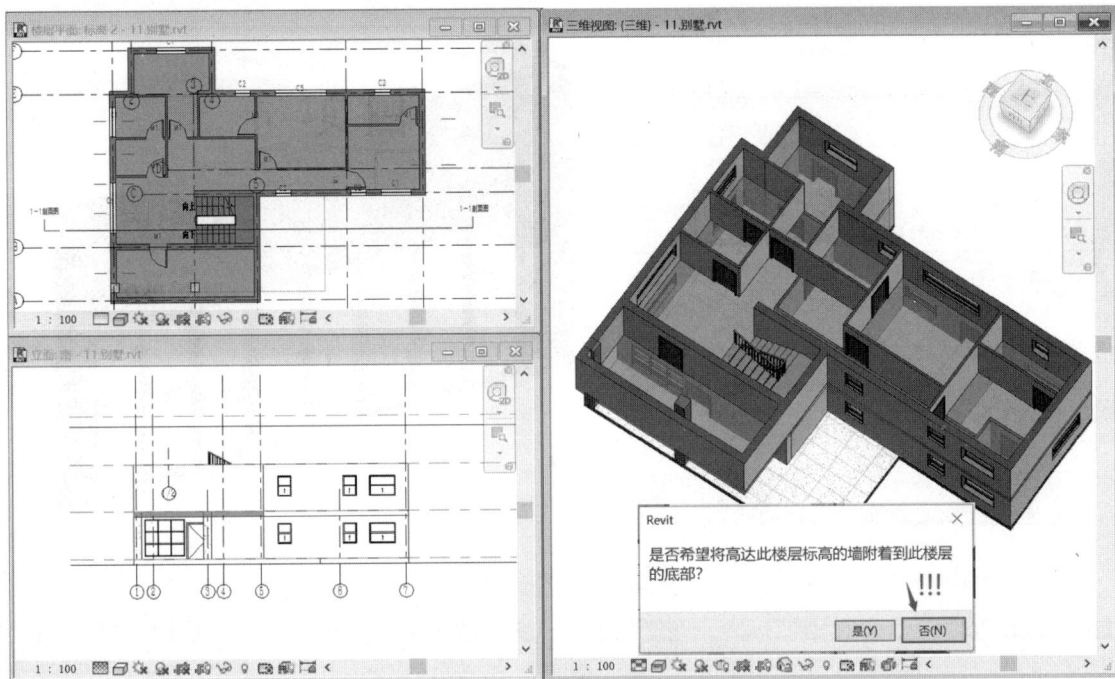

图 5-27 调整中间层楼板

⑤ 细节调整：删除中间层结构柱，补充栏杆扶手。

(4) 创建窗族 C6：选择"文件""新建""族""基于墙的公制常规模型"，选择"文件"菜单下的"族类别和族参数"，将常规模型的属性定义为"窗"，根据图纸给定的 C6 详图，应用"拉伸"工具创建窗族模型，方法见图 5-17～图 5-19。将 C6 载入到项目中，按图纸位置进行准确放置，在属性栏中设定窗底部高度(如窗族创建过程中已经将窗底高绘制在相应高度，那么窗族载入项目后无需调整窗底高)，如图 5-28 所示。

(5) 完成建筑中间层建模。

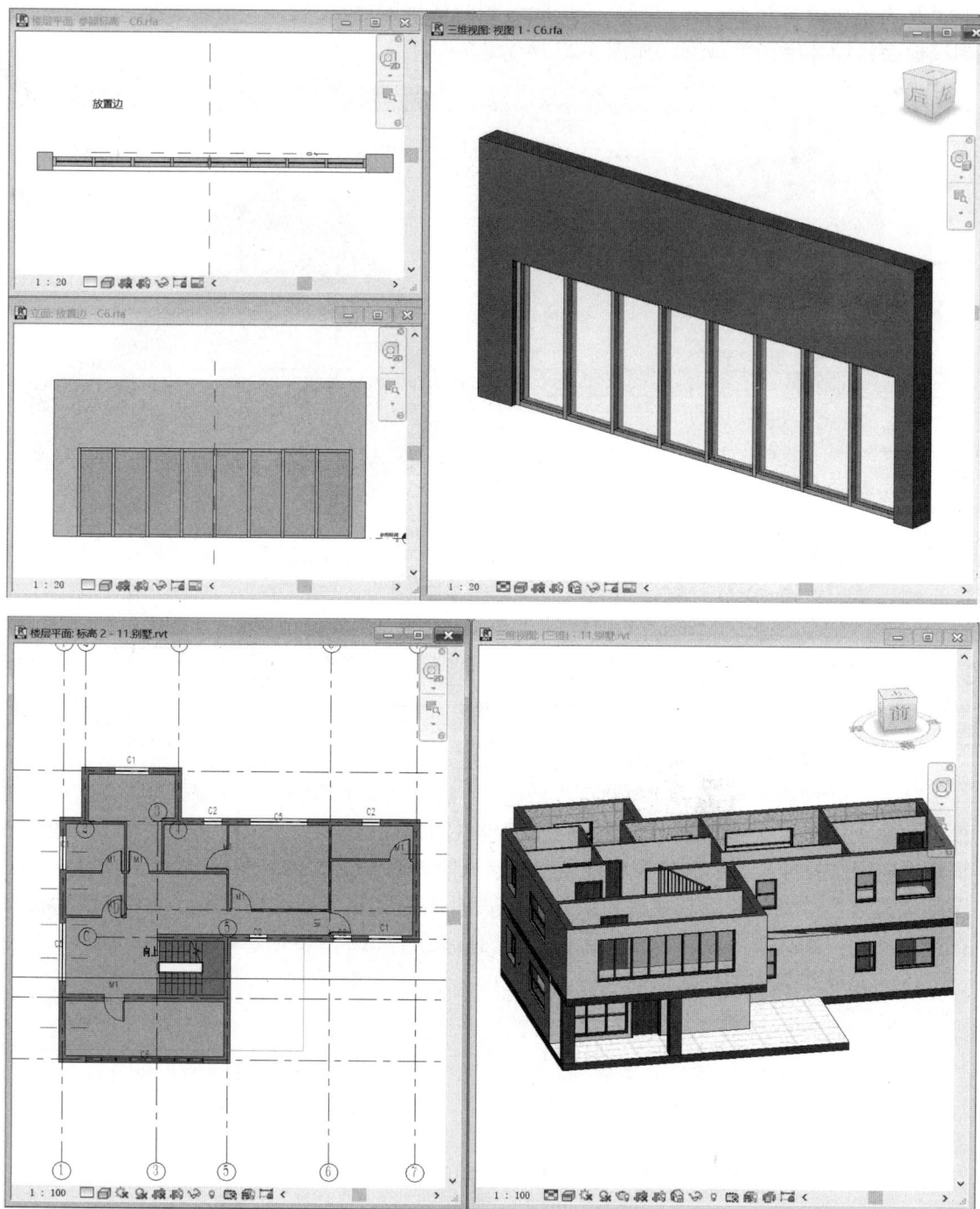

图 5-28　绘制窗族 C6

任务 3：屋面层建模

一、任务实施

（1）在属性栏中设置屋面层房屋项目基线，屋面房屋绘制参照二层基线，二层构件在屋面层高度呈现暗线显示，提高建模准确度。

（2）分析屋面层房屋平面图、立面图和剖面图，屋面层建模思路为：复制二层外墙和楼板构件，粘贴到"标高 3"楼层平面视图中，依据屋面层图纸要求，逐一修改墙体、楼板，放置门、栏杆扶手，绘制屋顶和女儿墙等。

综合体屋面层建模（微课视频）

（3）创建屋面层墙体、结构柱、楼板、门窗、栏杆扶手。

①　将二层外墙、楼板选中，复制，与选定的标高 3 对齐，如图 5-29 所示。

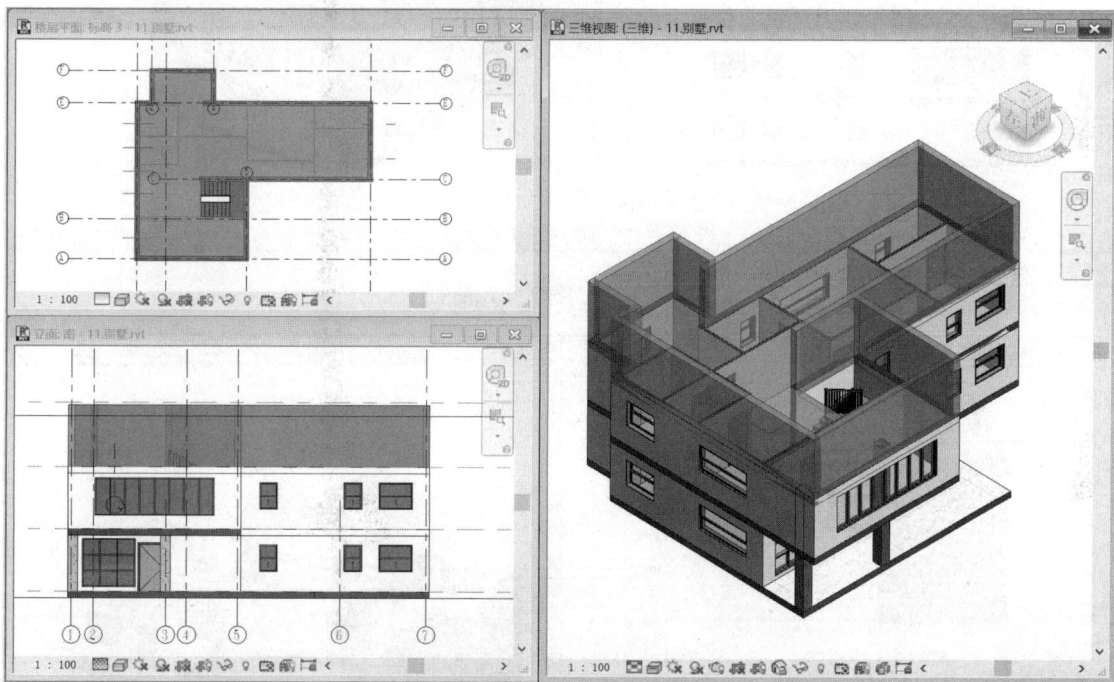

图 5-29　复制中间层构件到屋面层

②　将女儿墙顶部高度限制到标高 3 往上偏移 1300 的高度上，删除无用的墙体，补充未建楼梯间墙体。用参照平面定位女儿墙栏杆扶手位置，用"拆分图元"修改工具将女儿墙拆分，删除部分墙体，如图 5-30 所示。

③　在女儿墙空缺位置创建 1100 高的栏杆与扶手，栏杆扶手的路径创建只能创建一段，完成一段，无法一次性创建完成，只有连续性的栏杆扶手可以一次创建完成，如图 5-31 所示。

④　放置门与结构柱：在"标高 3"平面图中放置 M1 及 3 个结构柱，如图 5-32 所示。

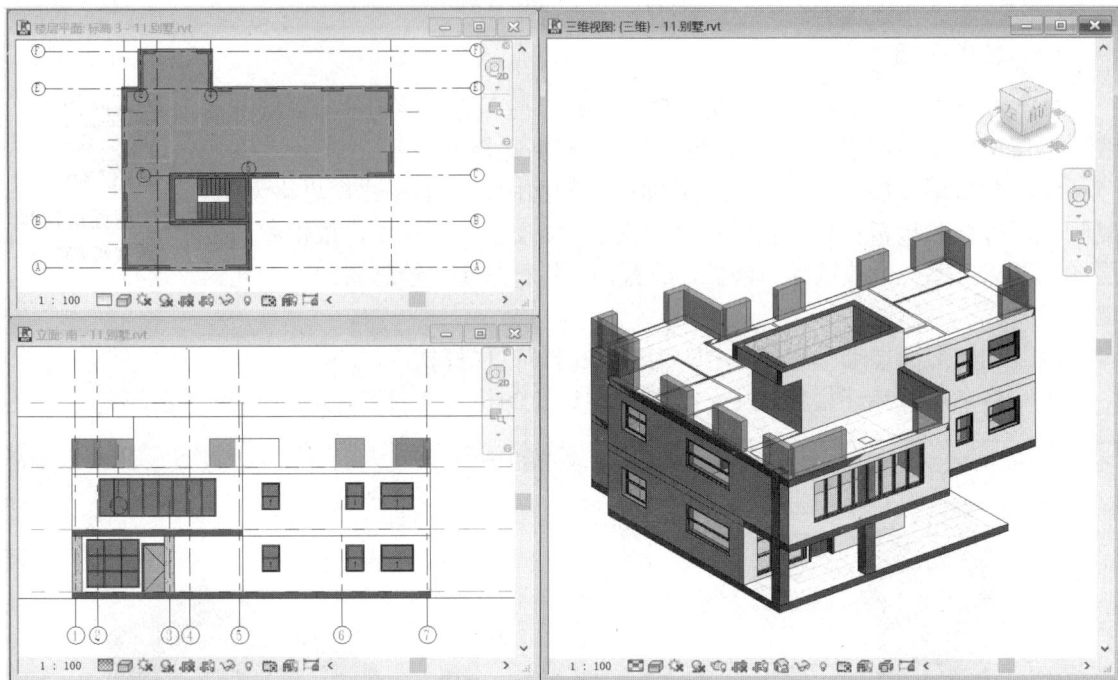

图 5-30　编辑女儿墙

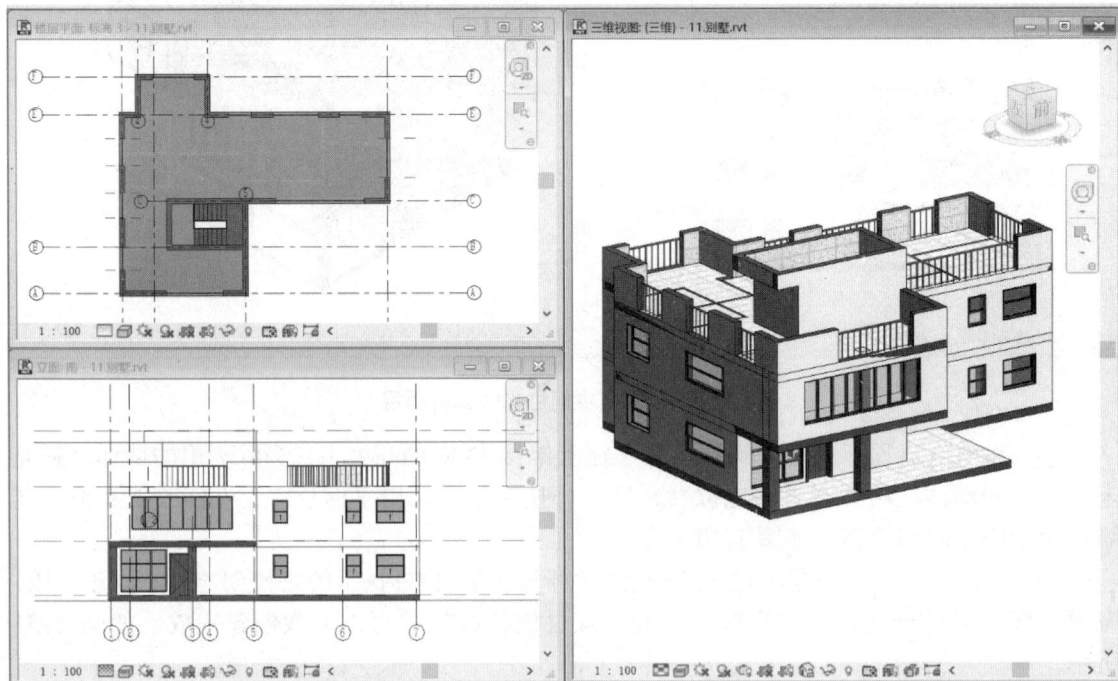

图 5-31　绘制栏杆与扶手

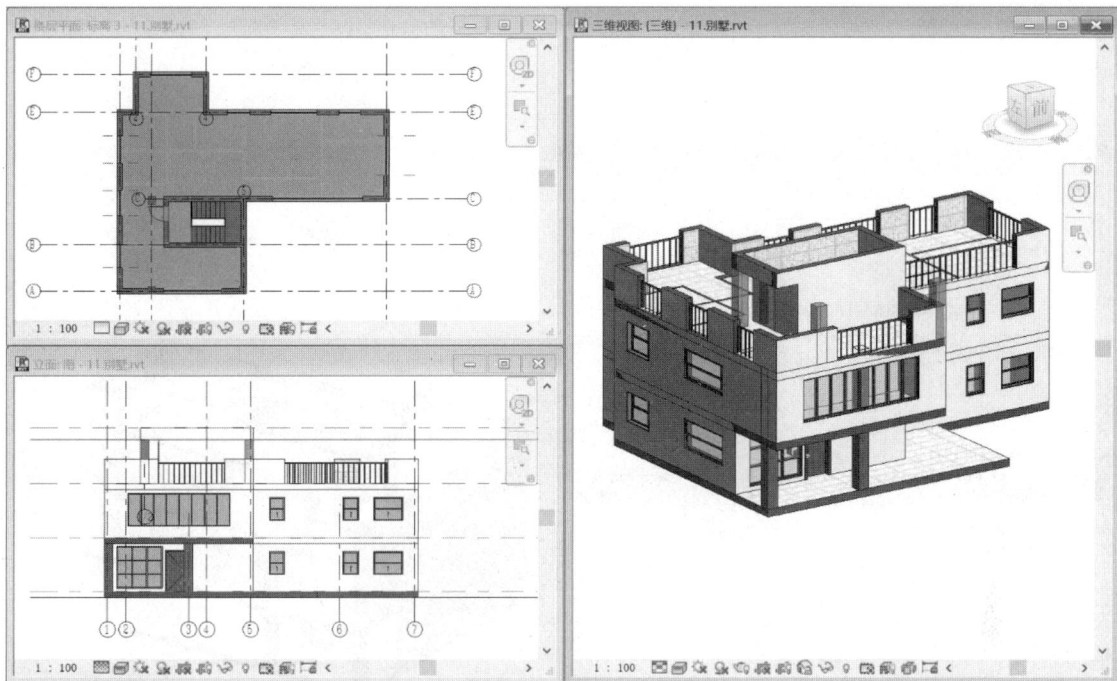

图 5-32　放置门与结构柱

(4) 创建屋面：本项目楼梯间屋面的编辑方法有两种。第一种，因题目要求在剖面视图中设置楼板截面填充为黑色，而屋顶没有设置，在该图上楼梯间屋面截面为黑色，且厚度为 300 与题目所给楼板参数一致，以此判断可使用"楼板"来完成屋顶的创建。第二种，从工程项目角度而言，该构件属于建筑屋顶，在统计工程量时需将其属性归属为屋顶构件，从这一角度出发，别墅模型应该使用"迹线屋顶"来创建。基于题目没有明确要求，可自行理解和选择方法。下面详细介绍两种创建方法。

① 方法一，使用"楼板"工具创建屋面。进入"标高 4"平面视图中，运用参照平面对屋顶进行边界线定位，选择"建筑""楼板"命令，如图 5-33 所示完成楼板边界的创建，确定楼板为 300mm 类型，完成楼板创建。

② 方法二，使用"极限屋顶"工具创建屋面。进入"标高 4"平面视图中，选择"建筑""屋顶""迹线屋顶"，按照图纸完成迹线创建，将所有迹线全部选中，去掉勾选"定义坡度"，完成屋面创建。最后查看楼梯间屋顶平面图、建筑立面图及剖面图，屋面顶部高度是自标高 4 往下创建 300 厚屋顶，选中屋面模型，在属性栏中单击"编辑类型"，将"屋顶厚度"编辑为 300mm，约束条件设置："底部标高"为"标高 4""自标高的底部偏移"为-300，如图 5-34 所示。

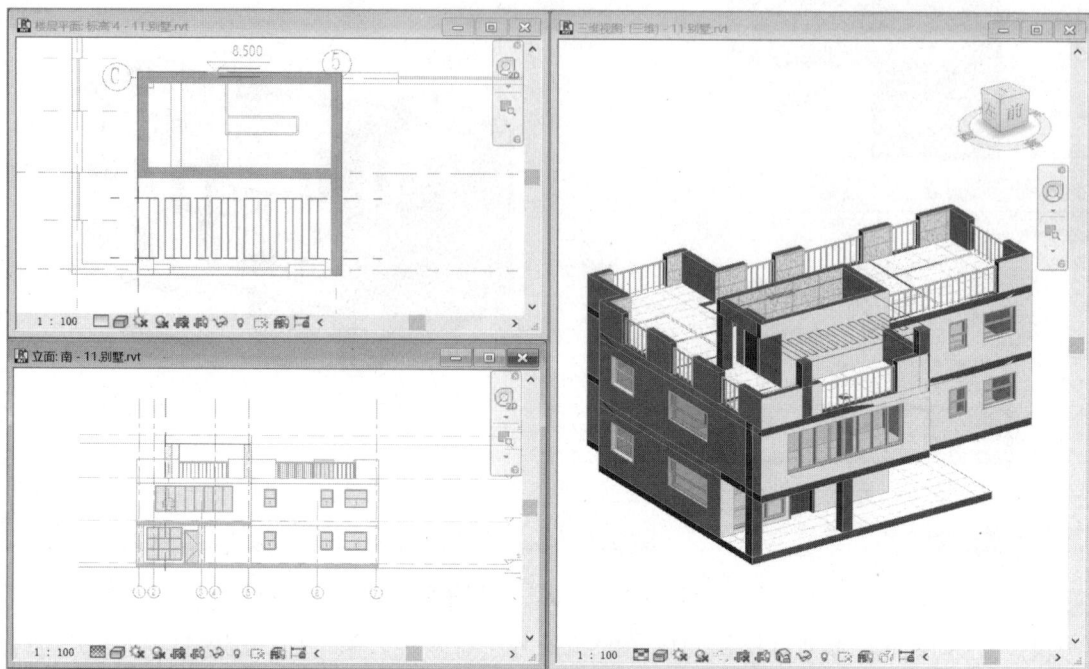

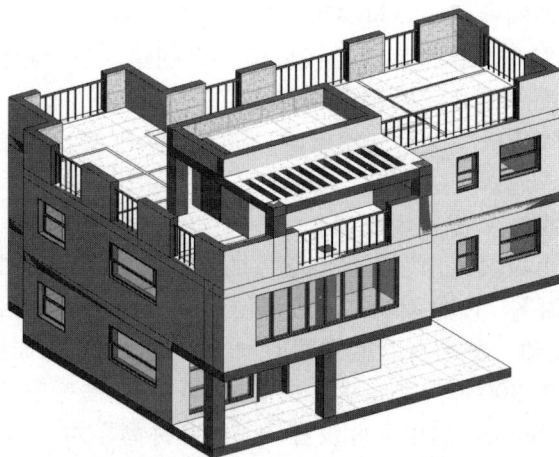

图 5-33 楼板工具创建楼梯间屋面

188

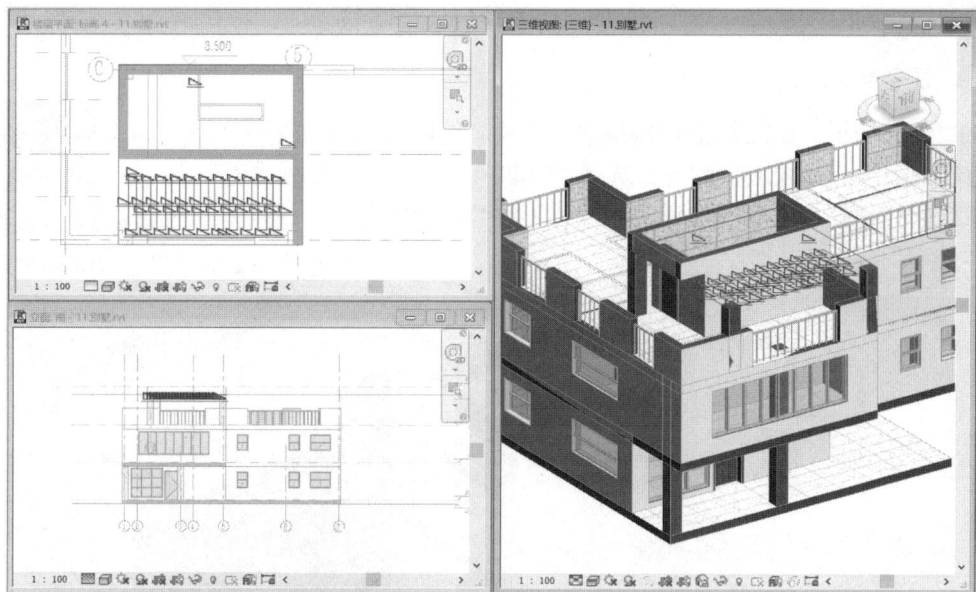

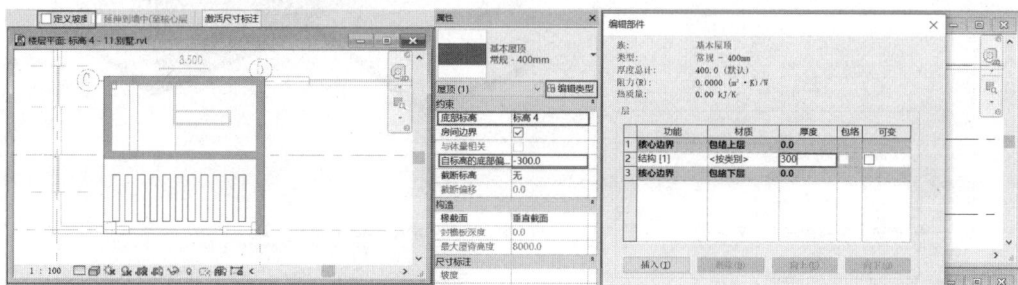

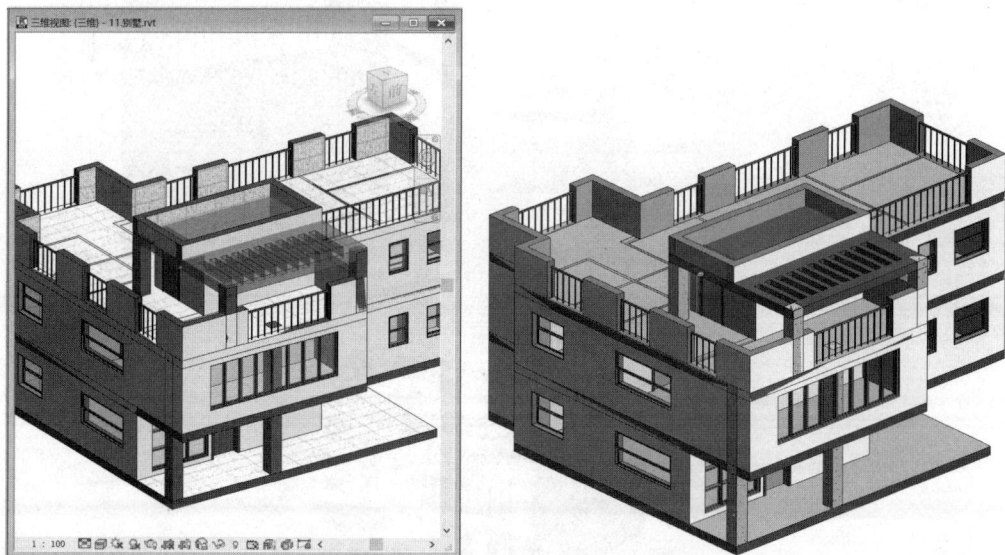

图 5-34　迹线顶工具创建楼梯间屋面

(5) 完成建筑屋面层建模。

任务4：附属构件建模

一、任务实施

(1) 创建坡道，在室外地坪楼层平面图中，绘制坡道参照平面，确定坡道起点、终点、坡道宽度等。选择"建筑""坡道""绘制坡道"，删除靠墙的栏杆扶手，编辑坡道类型属性：将"结构板"改为"实体"，如图 5-35 所示。

综合体附属构件建模
(微课视频)

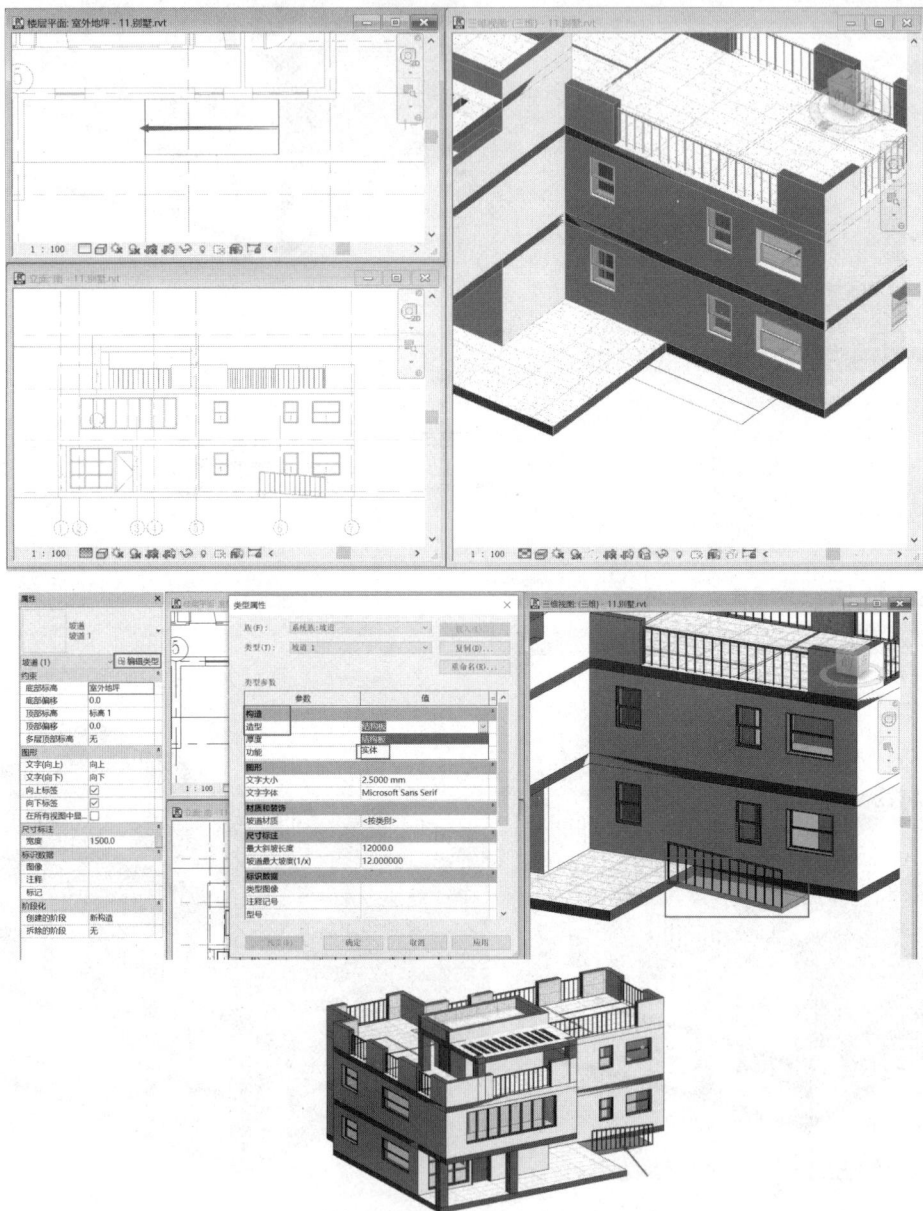

图 5-35　创建坡道

（2）创建室外台阶：在室外地坪楼层平面图中，选择"建筑""楼板""绘制室外台阶"，应用常规 150mm 楼板类型，创建四块独立楼板拼凑形成室外台阶，如图 5-36 所示。

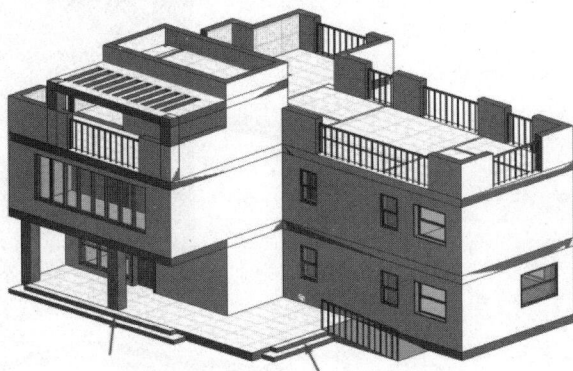

图 5-36 创建室外台阶

（3）创建窗顶饰条：选择"建筑""构件""内建模型""公制常规模型"，选择"放样"工具，按照图纸要求创建窗顶饰条。首先在立面视图中创建一个窗顶饰条的路径，如图 5-37 所示。转入到"标高 1"平面视图中，创建窗顶饰条截面图形，如图 5-38 所示。完成截面轮廓、完成放样，在属性栏中编辑模型材质为"黄色-涂料"，如图 5-39 所示。

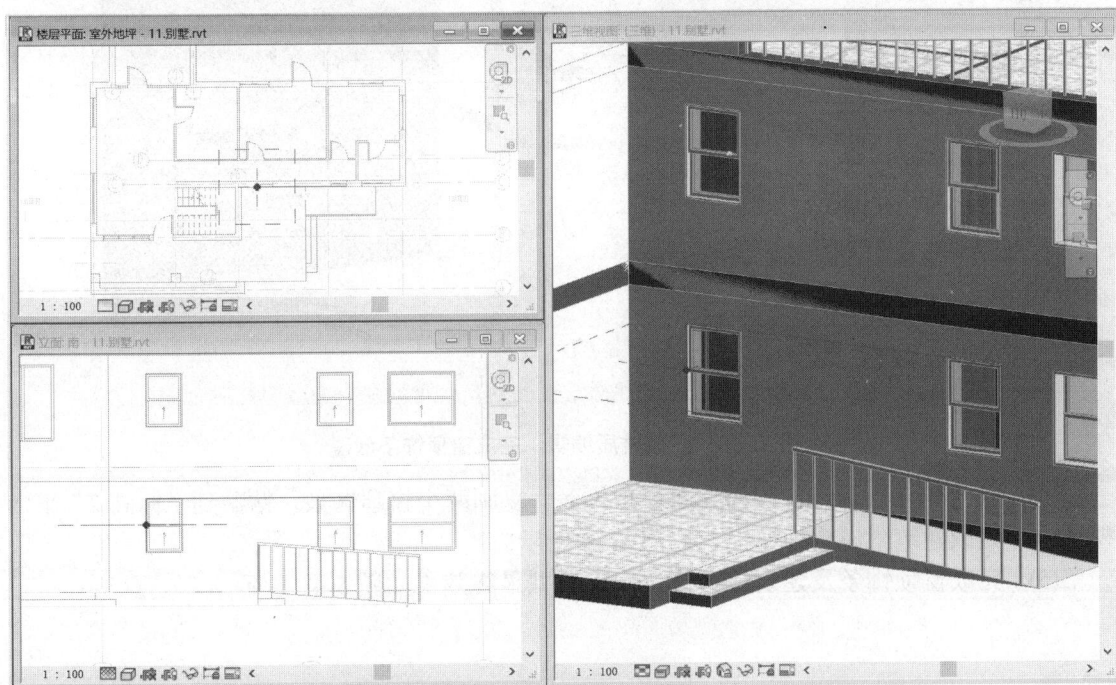

图 5-37 创建放样路径

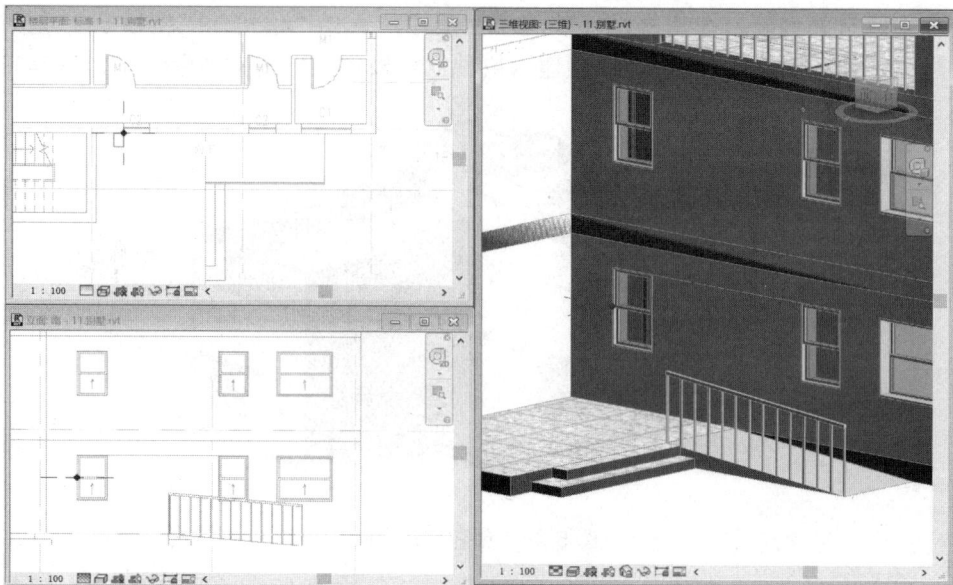

图 5-38　创建放样截面图形

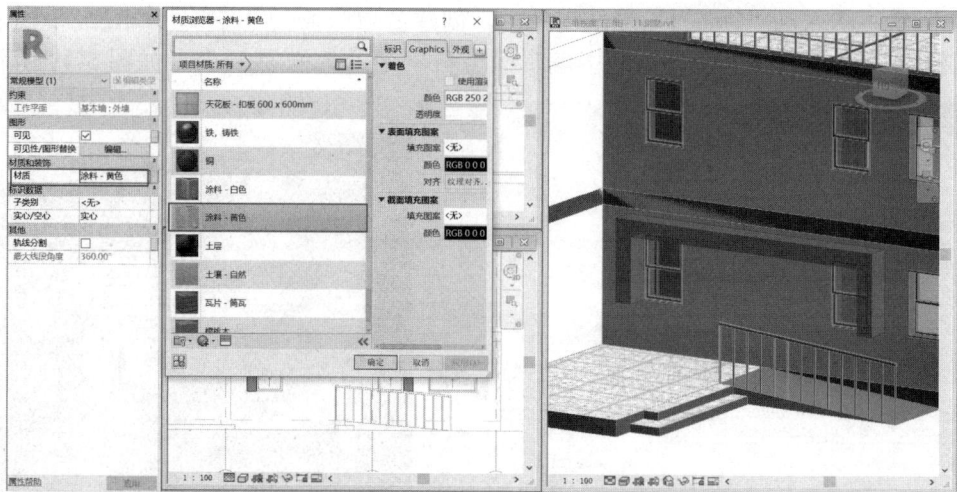

图 5-39　完成材质编辑，完成窗顶饰条创建

　　(4)　以同样方法编辑首层西立面窗顶饰条，复制两个窗顶饰条，粘贴到"标高 2"平面视图中。完成建筑附属构件建模，如图 5-40 所示。

　　(5)　完成窗顶饰条及建筑综合体建模，模型最终效果如图 5-41 所示。

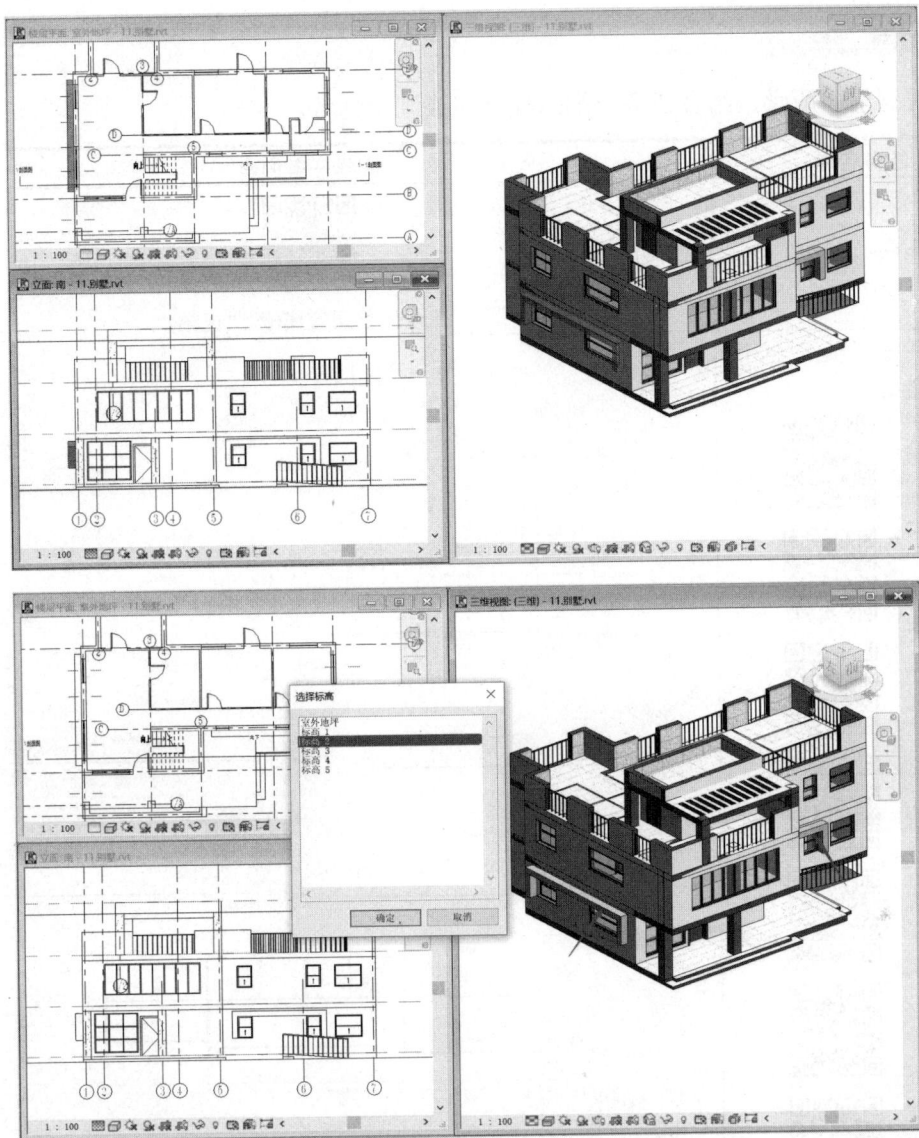

图 5-40 复制窗顶饰条

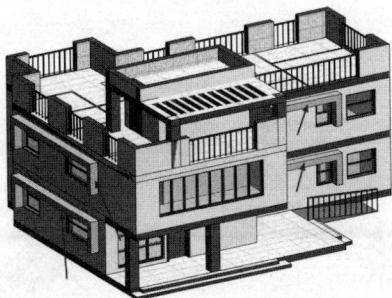

图 5-41 复制窗顶饰条

任务固学

请根据前面所学，结合任务二维码独立完成固学任务。

任务名称	固学任务内容
重难点归纳	 综合体首层建模(微课视频)
证书考核任务	任务：创建综合体模型 全国 BIM 技能等级考试十六期第四题
工程案例任务	基础一般的学习者，尝试完成建筑综合体首层模型；基础较好的学习者，鼓励完成建筑综合体整体模型

项目 6　BIM 成果输出

目标导学

1. 证书考核要求

(1) 掌握综合体模型门窗明细表创建。

(2) 掌握综合体模型图纸创建。

(3) 掌握综合体模型效果图渲染。

(4) 掌握综合体模型漫游视频创建。

2. 知识要求

(1) 了解成果输出的主要内容和一般输出要素。

(2) 掌握各类综合体模型成果输出方法。

3. 能力要求

(1) 能根据项目需要创建门窗明细表，进行图纸布图与出图。

(2) 能根据项目需要设置渲染参数，完成效果图渲染。

(3) 能根据项目需要设置漫游路径、编辑调整路径，导出漫游视频。

4. 思维导图

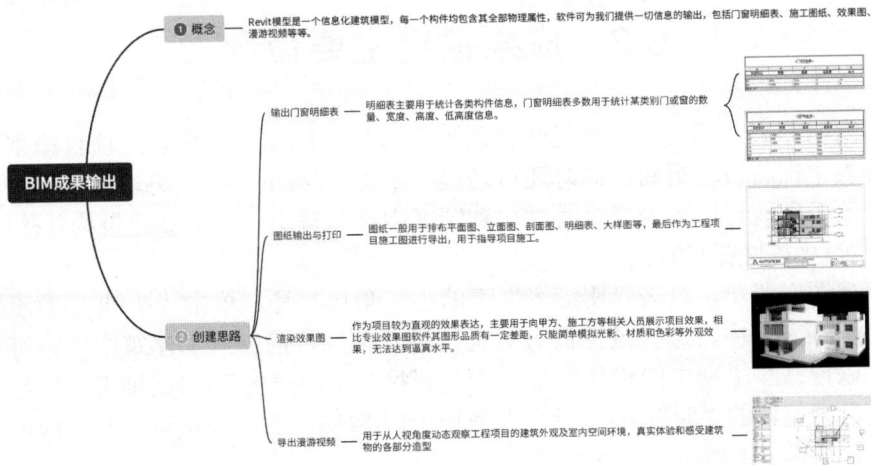

案例引入："滨海新城综合交通枢纽"项目位于沿海地区的经济特区，建成后是一个集地铁、公交、出租车、长途客运等多种交通方式于一体的综合性交通枢纽。由于地处沿海地带，经常受到台风、暴雨等自然灾害的威胁，因此灾害应急管理显得尤为重要。为了确保交通枢纽在灾害发生时的安全与稳定运行，项目团队利用 BIM 技术建立了交通枢纽的三维数字化模型，包括建筑结构、管线、设备等方面。通过结合专业的灾害分析模拟软件，对台风、暴雨等常见灾害进行了模拟分析，找出了可能存在的安全隐患和薄弱环节。基于模拟结果，团队制定了针对性的灾害预防规划，包括加固建筑结构、优化排水系统、设置防灾设施等。项目通过引入 BIM 技术进行灾害应急管理，取得了显著的成效。

问题思考：在现代科技飞速发展的背景下，作为未来的工程师或管理者，如何利用先进技术提升灾害应急管理能力？应该如何肩负起保障公共安全和社会稳定的责任？

理论展学

6.1 BIM 成果类型

需要掌握的 BIM 成果输出主要有门窗明细表、图纸、渲染效果图、漫游视频四大内容，各成果文件在工程项目中的作用介绍如下。

门窗明细表：明细表主要用于统计各类构件信息，门窗明细表多数用于统计某类别门或窗的数量、宽度、高度、低高度等信息。

图纸：图纸一般用于排布平面图、立面图、剖面图、明细表、大样图等，最后作为工程项目施工图进行导出，用于指导项目施工。

渲染效果图：作为项目较为直观的效果表达，主要用于向甲方、施工方等相关人员展示项目效果，相比专业效果图软件其图形品质有一定差距，只能简单模拟光影、材质和色彩等外观效果，无法达到逼真水平。

漫游视频：从人视角度动态观察工程项目的建筑外观及室内空间环境，真实体验和感受建筑物的各部分造型。

6.2 成果输出主要命令

(1) 门窗明细表。明细表是通过表格的形式来展现图元参数信息。项目模型中的任何修改，明细表中都将自动更新，同时还可通过"明细表/数量"工具将项目模型中各类图元信息通过对象类别统计以列表显示并添加到图纸中打印输出，如各类建筑构件(门、窗、幕墙嵌板、墙等)及其材质明细。

选择"视图"菜单，单击"明细表"下的小三角形符号，单击"明细表/数量"，在打开的"新建明细表"中，选择过滤器可对类别进行筛选，门窗属于建筑构件，可单独选中"建筑"，以便减少类别中的构件数量，方便查找需要新建的门/窗明细表。明细表添加成功后，在项目浏览器的"明细表/数量"中增加了门/窗明细表，双击可打开对应的表格进行查看、修改，如图 6-1 所示。

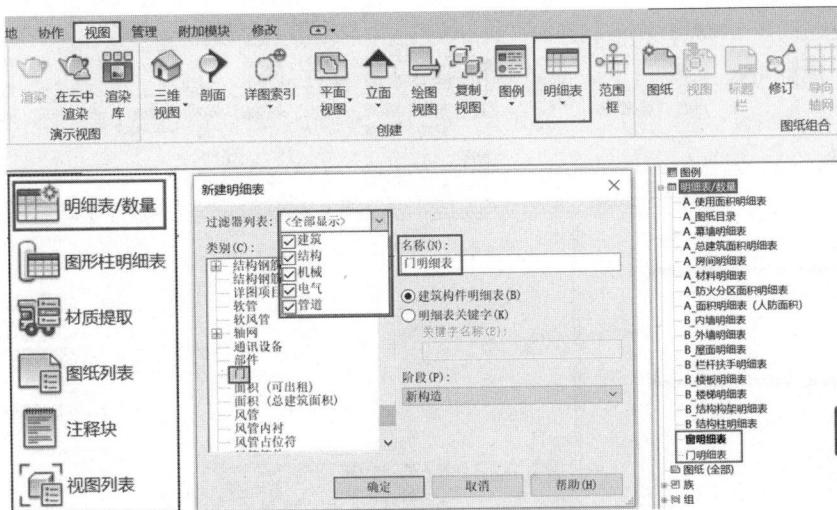

图 6-1　创建门窗明细表

（2）图纸输出与打印：图纸输出首先要创建图纸，Revit 中的图纸创建一般是指剖面图的创建和新建图框图纸，具体是哪一种，题目有明确要求。

①　创建剖面图：选择"视图""剖面"，在项目的平面或立面视图中创建剖面，此时项目浏览器中新增"剖面(建筑剖面)"，如图 6-2 所示，剖面按创建先后顺序从剖面 1 依次后推。双击对应的剖面，可进行剖面图浏览或修改，项目模型中的任何修改，剖面图都将自动更新。

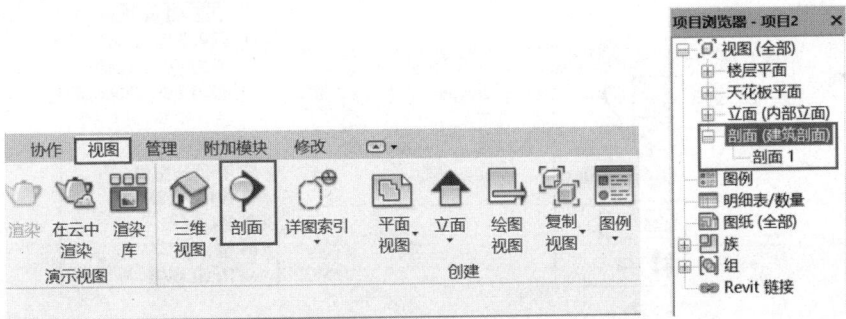

图 6-2　创建剖面图

②　创建图纸：选择"视图""图纸"，弹出"新建图纸"对话框，在对话框中根据题目需要选择合适的图纸大小，项目浏览器中会自动增加图纸，双击可打开图纸进行浏览/修改。可将项目平面图、立面图、大样图、剖面图、明细表等放置到图框里进行排版，最后导出 CAD 格式文件，如图 6-3 所示。项目模型中的任何修改，图纸内容都将自动更新。

（3）渲染效果图：选择"视图""三维视图"下的小三角形符号，单击"相机"，即可在楼层平面视图中创建所需角度的摄像机，此时项目浏览器"三维视图"下新增"三维视图 1"，如图 6-4 所示，按创建先后顺序从三维视图 1 依次后推。双击对应的三维视图，可进行三维图浏览或相机调整，项目模型中的任何修改，三维视图效果图都将自动更新。

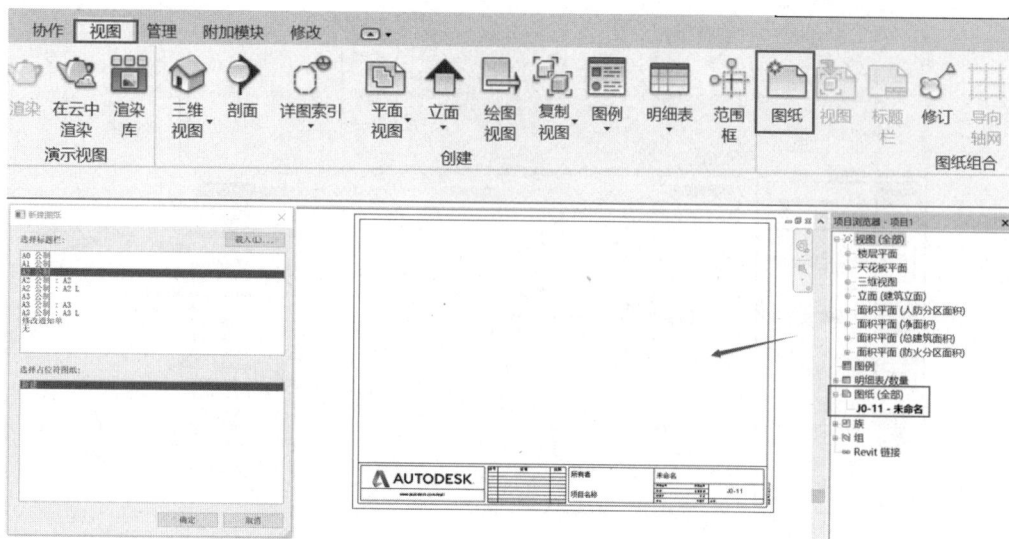

图 6-3　创建图纸

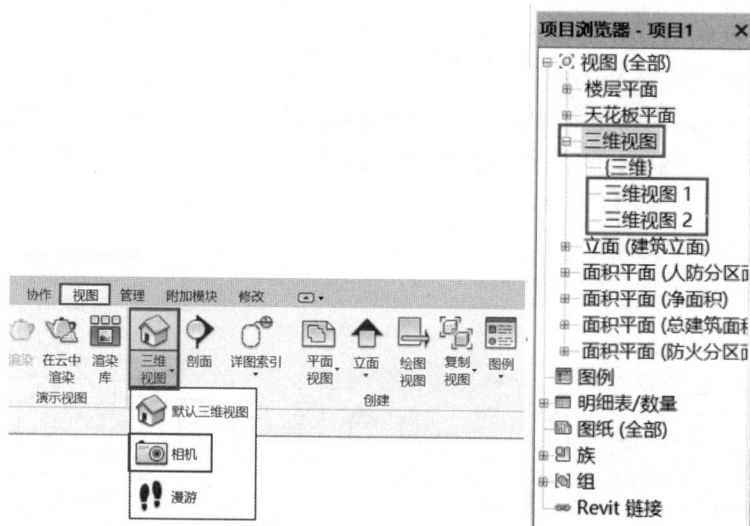

图 6-4　创建三维效果图

（4）漫游：选择"视图""三维视图"下的小三角形符号，单击"漫游"，即可在楼层平面视图中创建所需漫游路径，在视图中每单击一下，该点则为漫游路径上的关键帧。此时项目浏览器中新增"漫游"视图，按漫游路径创建先后顺序从漫游 1 依次后推，如图 6-5 所示。双击对应的漫游视图，可进行三维视角的浏览，如需修改调整漫游路径，则需回到楼层平面视图中单击路径进行调整。项目模型中的任何修改，漫游视图中的模型将自动更新。

漫游路径一般在"标高 1"平面视图中进行创建，如不做任何高度设定，则该路径下的视觉高度始终保持在默认的 1750 高度上巡视。如需在漫游过程中改变视觉高度，那么在创建路径过程中，对创建属性栏上"偏移"数据进行修改后再单击，创建下一个关键帧，此时该关键帧的视觉高度已被修改。

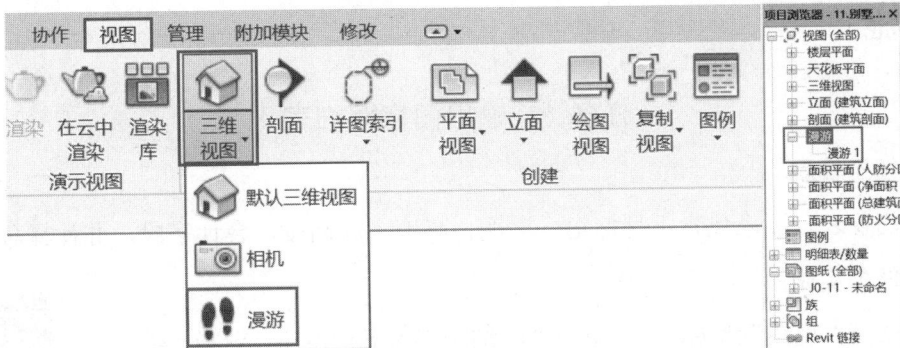

图 6-5　创建漫游路径

BIM 成果输出对比如表 6-1 所示。

表 6-1　BIM 成果输出对比分析

类型	创建过程	应用场景	注意事项
门窗明细表	在"视图"菜单下创建明细表	成果文件一般不独立导出,如需导出时,一般随图纸一并导出	注意字段的添加
图纸	在"视图"菜单下创建剖面图/图纸	成果文件可导出为独立文件,文件格式可保存为 CAD 格式文件	剖面图注意创建方向和位置;图纸大小适合布图
渲染效果图	在"视图"菜单三维视图中创建相机	成果文件需导出为独立文件,文件格式可保存为 JPEG 图片格式	注意角度的选取
漫游	在"视图"菜单三维视图中创建漫游	成果文件需导出为独立文件,文件格式可保存为 AVI 视频格式	注意路径的设置、关键帧的数量、时间长度等

实操研学

任务概览

任务名称	任务内容
任务 1:输出门窗明细表 任务 2:输出图纸 任务 3:渲染效果图 任务 4:导出漫游视频	(3) 创建图纸(8分) 1) 创建门窗表,要求包含类型标记、宽度、高度、底高度、合计,并计算总数。(2分) 2) 建立A3或A4尺寸图纸,创建"1-1剖面图",样式要求(尺寸标注:视图比例:1:100;图纸命名:1-1剖面图;轴头显示样式:在底部显示)与试卷一致。(6分) (3) 渲染及漫游(5分) a. 对二层泳池和露台处进行渲染,结果以"酒店渲染+考生姓名.xxx"为文件名保存到考生文件夹。 b. 设置室外漫游,要求经过露台、泳池和一层地面,地点角度自定义,时间不超过15秒,对导出视频进行设置,每秒20帧,视频不必导出。 全国 BIM 技能等级考试十一期第四题

任务实施

任务 1：输出门窗明细表

一、任务信息

创建门窗表，要求包含类型标记、宽度、高度、底高度、合计字段，并计算总数。

二、任务实施

(1) 选择"视图""创建"，单击"明细表"的下拉按钮，选择"类别""门"，修改"明细表名称"为"门明细表"，确认类型为"建筑构件明细表"，单击"确定"按钮完成图纸列表的创建。

输出门窗明细表
(微课视频)

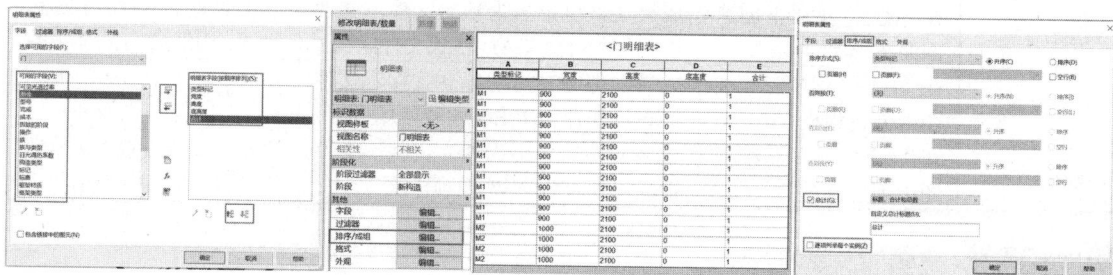

(2) 在弹出的"明细表属性"对话框"字段"选项卡中，"可用的字段"列表框中显示即为可在明细表中显示的各类参数，一般选择类型、宽度、高度、注释、合计等参数，添加到右侧"明细表字段"列表框，并单击"上移"或"下移"按钮调整顺序，单击"确定"按钮完成创建，如图 6-6 所示。也可以根据项目要求添加自定义字段(在族中自定义的参数仅使用共享参数才能显示在明细表中)。

图 6-6　创建明细表字段

(3) 保存和导出明细表。使用快捷键 Ctrl+S 可将创建好的明细表保存到已建好的项目文件中，打开"应用程序菜单"，选择"另存为""库""视图"命令，在弹出列表中选中创建好的明细表，单击"确定"即可保存为独立的 RVT 文件，如图 6-7 所示。

<门明细表>

A	B	C	D	E
类型标记	宽度	高度	底高度	合计
M1	900	2100	0	13
M2	1000	2100	0	4
总计: 17				

<窗明细表>

A	B	C	D	E
类型标记	宽度	高度	底高度	合计
C1	1500	1200	900	6
C2	800	1200	900	7
C3	1800	1200	900	2
C4			190	1
C5	2600	1200	900	3
C6			600	1
总计 20				

图 6-7　创建明细表

任务 2：图纸输出与打印

一、任务信息

建立 A3 或 A4 尺寸图纸，创建"1-1 剖面图"，样式要求(尺寸标注；视图比例：1∶100；图纸命名：1-1 剖面图；轴头显示样式：在底部显示)与图纸一致。

二、任务实施

输出图纸
(微课视频)

(1) 剖面图的创建与设置：标高 0.000 中，创建 1-1 剖面图，根据题目要求进行图纸样式设置(楼梯、屋顶等填充颜色设置：快捷键 VV，视图可见性设置中，找到楼板、屋顶、楼梯等，在截面填充样式格中，将其设置为实体黑色)。

(2) 图纸创建：建立 A4 尺寸图纸，将 1-1 剖面图拖到 A4 图纸中，如图 6-8 所示。

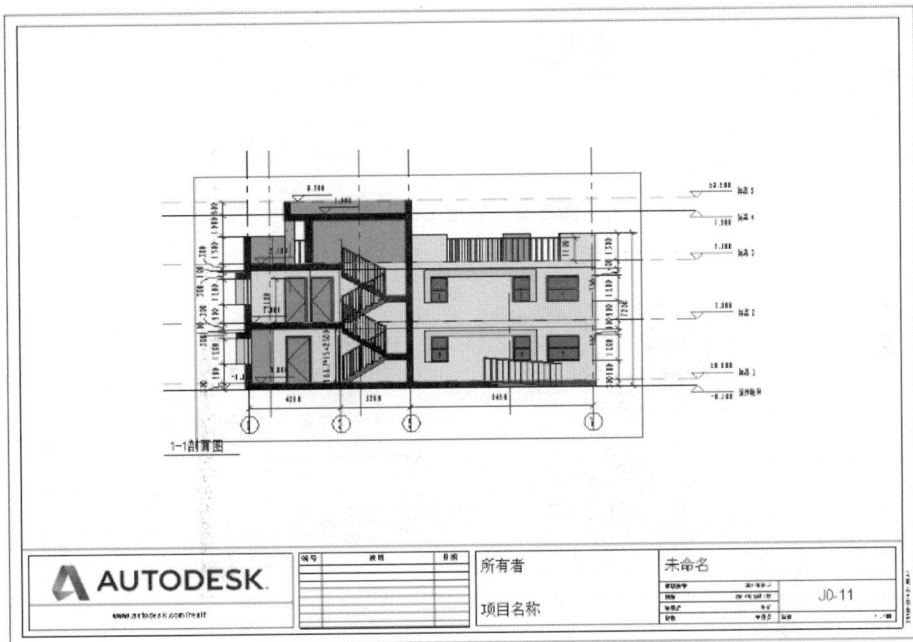

图 6-8 创建图纸

(3) 导出 CAD 图纸：在"文件"菜单中，单击"导出"右侧三角形符号，单击"CAD格式"右侧三角形符号，选择 DWG，导出 DWG 格式文件。在打开的对话框中单击"下一步"，打开"导出 CAD 格式"对话框，浏览保存位置，按题目要求修改导出文件名、文件类型(尽量选择常规的低版本，根据题目要求选择是否勾选"将图片上的视图和链接作为外部参照导出"，若题目没提，可保持默认勾选状态，如图 6-9 所示。

(4) 成果文件：若勾选"将图片上的视图和链接作为外部参照导出"，除图纸本身一个 CAD 文件外，同时还会导出作为单独 CAD 文件的剖面图，如图 6-10 所示。

(5) 图纸打印：创建图纸之后，可以直接打印出图。选择"应用程序菜单""文件""打印""打印设置"，弹出"打印"对话框，如图 6-11 所示。

① 在"名称"下拉列表框中选择可用的打印机名称。

② 单击"名称"后的"属性"按钮，弹出打印机的"文档属性"对话框。选择方向为"横向"，并单击"高级"按钮，弹出"高级选项"对话框，如图 6-12 所示。

图 6-9 导出 CAD 图纸

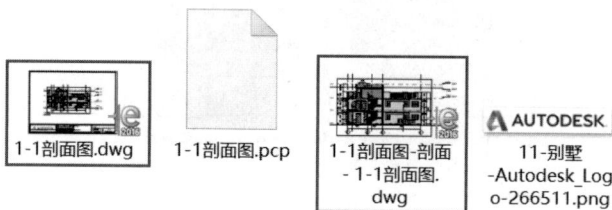

1-1剖面图.dwg   1-1剖面图.pcp   1-1剖面图-剖面   11-别墅
                                 - 1-1剖面图.   -Autodesk_Log
                                 dwg   o-266511.png

图 6-10 导出的 CAD 图纸文件

图 6-11 打印图纸

图 6-12 打印设置

③ 在"纸张规格"下拉列表框中根据要求选择纸张大小。例如，选择 A2，单击"确定"按钮，返回"打印"对话框，如图 6-13 所示。

④ 在"打印范围"选项区域中选中"所选视图/图纸"，单击下方的"选择"按钮，弹出"视图/图纸集"对话框，如图 6-14 所示。

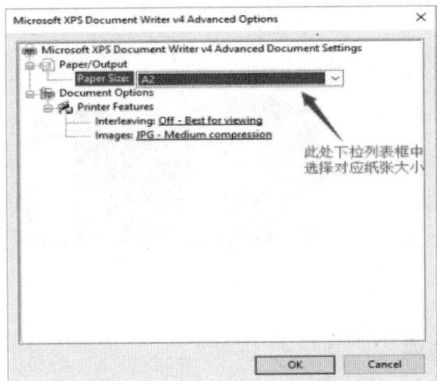

图 6-13   打印设置

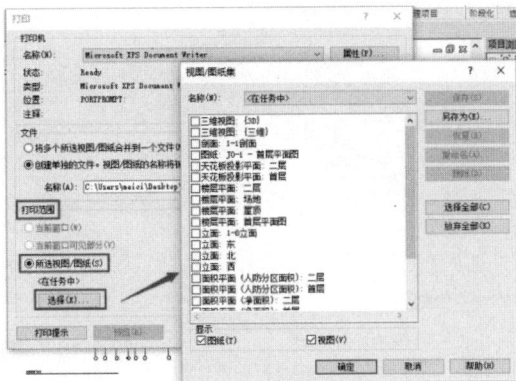

图 6-14   打印设置

⑤   勾选对话框底部"显示"选项区域中的"图纸",取消勾选"视图",对话框中将只显示所有图纸,如图 6-15 所示;单击右边的"选择全部"按钮自动勾选所有已创建的项目图纸,单击"确定"按钮回到"打印"对话框。单击"确定"按钮,打印图纸。

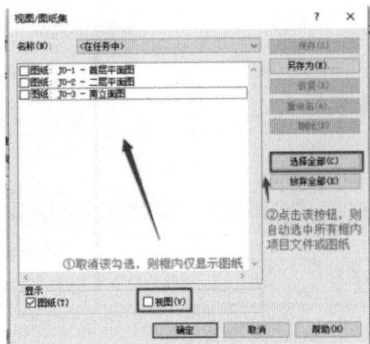

图 6-15   打印设置

任务 3:渲染效果图

一、任务信息

对项目东南角度进行渲染,结果以"别墅效果图.jpg"为文件名保存。

二、任务实施

(1)   创建摄像机。一般在"标高 1"平面视图中创建摄像机,选择合适角度单击进行放置,在打开的摄像机三维视图中,拖动四个小蓝点确定视图范围。

渲染效果图
(微课视频)

(2)   视点高度与目标高度设定:在相机的属性参数中将"视点高度"和"目标高度"两个参数值设为一致,保证相机为两点透视,垂直线垂直(仅人视视角时需要保持一致,鸟瞰图忽略这一点,数值不一致时,画面不稳定),如图 6-16 所示。

图 6-16　摄像机创建

（3）太阳光线的调节。调整太阳的高度角和方位角，使画面中的光影效果比较丰富，从而通过阴影关系来进一步表达、烘托建筑的特点。调节整体曝光来调整画面效果、三维渲染，如图 6-17 所示。

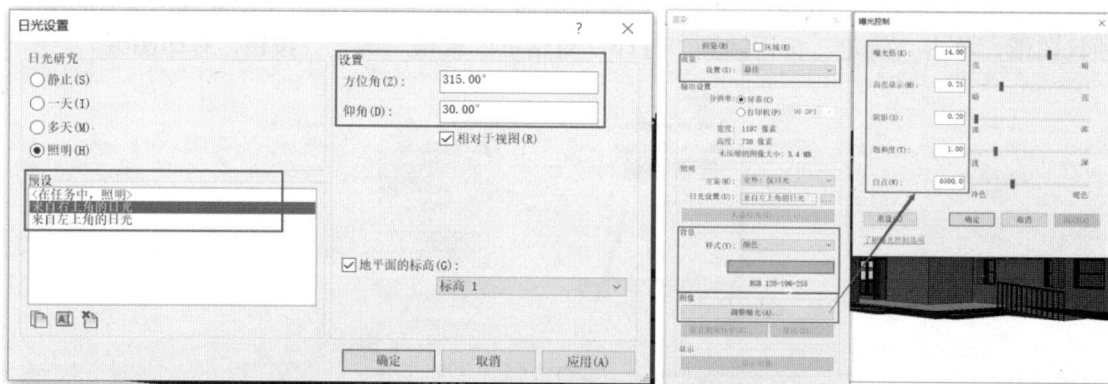

图 6-17　效果图渲染设置

任务 4：导出漫游视频

一、任务信息

设置室外漫游，要求经过别墅东、西、南、北四个外立面，地点角度自定义，时间不超过 15 秒。对导出视频进行设置，每秒 20 帧。

二、任务实施

(1) 创建漫游路径。一般在"标高 1"平面视图中创建漫游路径，选择合适角度进行关键帧放置，围绕别墅绘制一圈漫游路径，两个关键帧之间是一段时长，因此关键帧不宜过多，能完成所需路径线即可。

导出漫游
(微课视频)

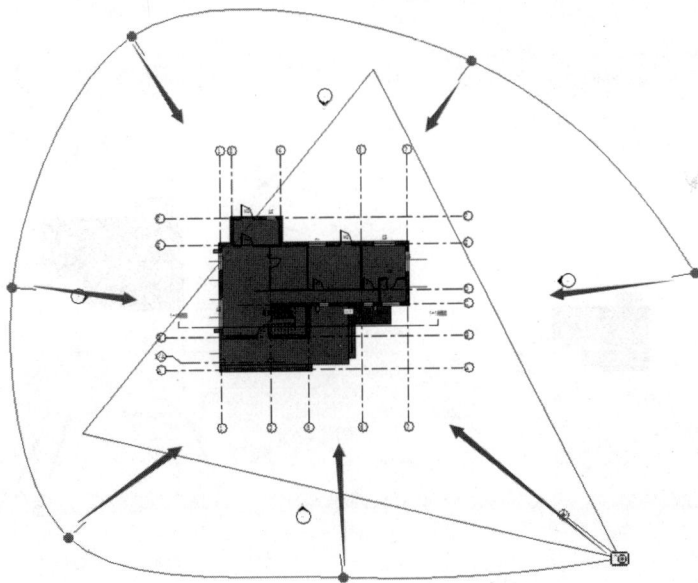

(2) 编辑漫游路径。选择"修改/相机""编辑漫游"，通过"上一关键帧"或"下一关键帧"进行关键帧切换，可逐一调整每一个关键帧的相关数据。首先，所有关键帧相机方向均需朝向建筑方向，相机视野范围需覆盖建筑，如图 6-18 所示。

图 6-18　漫游路径创建与编辑

(3) 播放漫游视频。在项目浏览器中双击"漫游 1"视图进入三维界面，可通过单击相机框的四个小蓝点进行漫游视野的调整，通过"上一关键帧"或"下一关键帧"切换每个关键帧相机并进行调节，最后回到第一个关键帧"上一关键帧"为灰色显示时即为第一个关键帧)，单击"播放"按钮，预览效果，如图 6-19 所示。

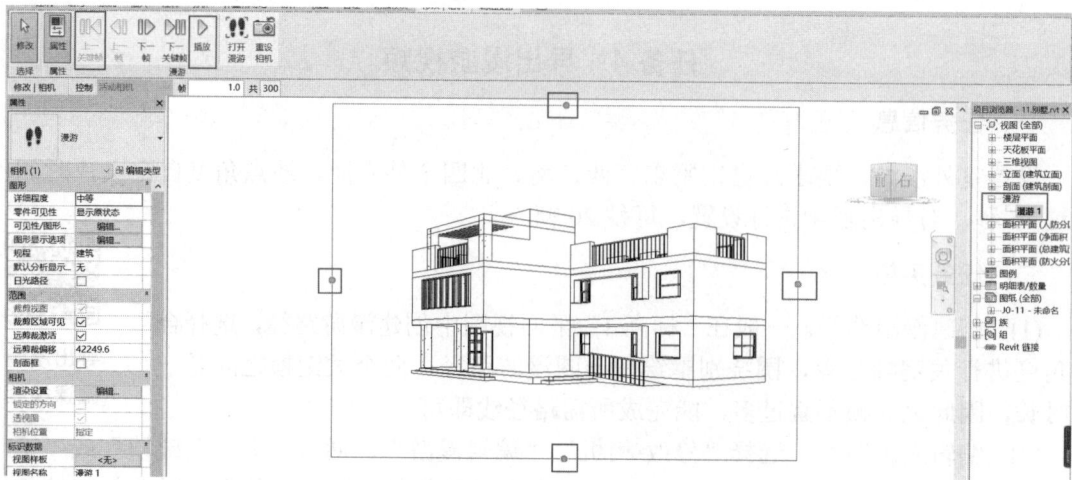

图 6-19　漫游视频预览

（4）在创建关键帧时，可在属性栏中同时设定关键帧的高度，通过水平漫游路径实现高度改变，每一个关键帧创建前均可设定高度。关键帧的调节除按上述操作从平面图调整外，还需从立面视图对关键帧摄像机视角进行调节，进入立面视图后可发现关键帧高度不一，在每个关键帧上，调节相机前面的粉红色小圆点可使相机呈现仰视/俯视角度，如图 6-20 所示。

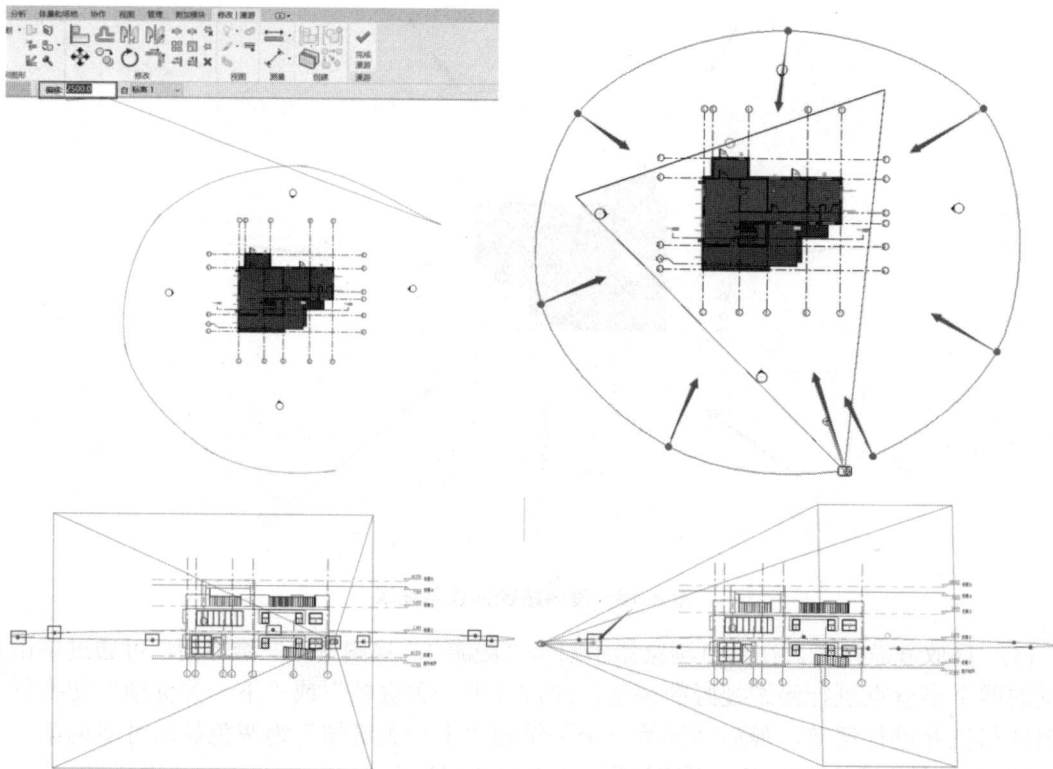

图 6-20　漫游路径高度设置

（5）导出漫游视频。

①   确定路径调整完毕后，进入漫游三维视图，将视图显示样式修改为"真实"效果。在"文件"菜单中，单击"导出"右侧的三角形符号，单击"图像和动画"右侧的三角形符号，选择"漫游"，导出文件，如图 6-21 所示。

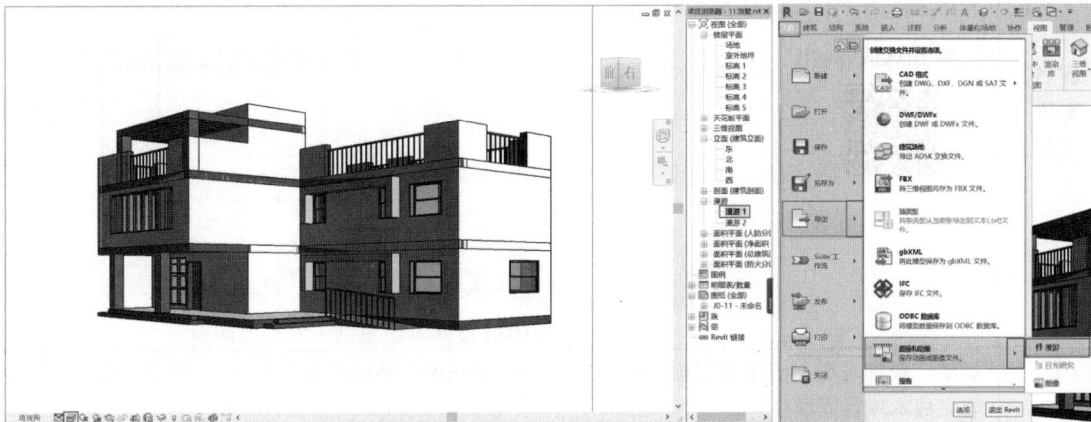

图 6-21   导出视频

②   在打开的"长度/格式"对话框中，将输入长度切换为"帧范围"，每"帧/秒"设置为 20，总时间会自动改为 15 秒钟，单击"确定"按钮。浏览导出位置，修改文件名，单击"保存"按钮，如图 6-22 所示。

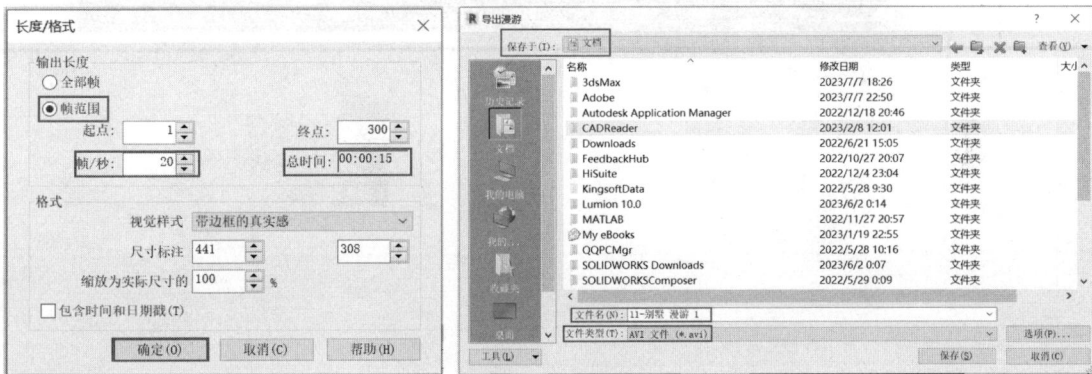

图 6-22   导出视频

任务固学

请根据前面所学，独立完成固学任务：全国 BIM 技能等级考试十六期第四题及工程案例项目：创建门窗明细表，建立 A4 尺寸图纸，创建 2-2 剖面图，将剖面图放置到图纸中，渲染效果图，创建并导出漫游视频。

任务名称	固学任务内容
证书 考核 任务	**任务: BIM 成果输出** 3. 创建图纸 (12分) (1) 创建门窗表, 要求包含类型标记、宽度、高度、合计, 并计算总数。(4分) (2) 建立A4尺寸图纸, 创建 "2-2剖面图", 尺寸、标高、轴线等标注须符合国家房屋建筑制图标准。要求: 作图比例: 1:200; 截面填充样式: 实心填充; 图纸命名  (3) 渲染及漫游 (5分) a. 对二层泳池和露台处进行渲染, 结果以 "酒店渲染+考生姓名.xxx" 为文件名保存到考生文件夹。 b. 设置室外漫游, 要求经过露台、泳池和一层地面, 地点角度自定义, 时间不超过15秒, 对导出视频进行设置, 每秒20帧。视频不必导出。 **全国 BIM 技能等级考试十六期第四题**
工程 案例 任务	基础一般学习者, 应用首层模型完成本项目固学任务; 基础较好学习者, 应用建筑综合体模型完成本项目固学任务。

项目 7   BIM 应用拓展

目标导学

1. 证书考核要求

(1) 了解建筑信息模型(BIM)建模精度等级。

(2) 了解项目文件管理、数据共享与转换。

(3) 了解 BIM 项目管理流程、协同工作知识与方法。

2. 知识要求

(1) 认识建筑信息模型(BIM)建模精度等级。

(2) 清楚国内外 BIM 建模标准，重点认识我国建模国家标准、行业标准。

(3) 明确 BIM 建模规则。

(4) 了解 BIM 协同方法与模型应用体现。

3. 能力要求

(1) 能运用模型精度等级要求开展建模工作。

(2) 能运用信息化模型国家标准、行业标准开展模型建模工作。

(3) 能主动关注国内外 BIM 政策和标准变化，形成创新思维。

4. 思维导图

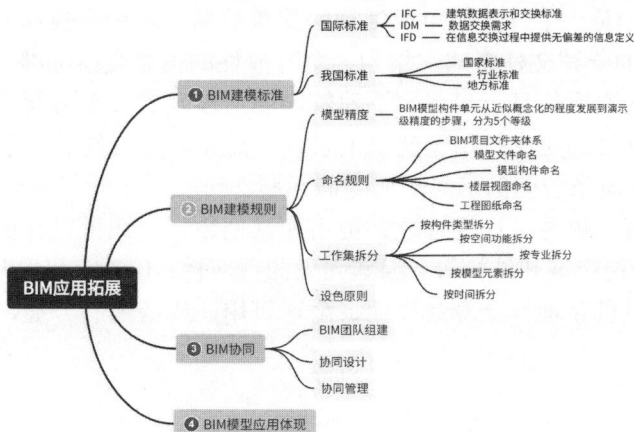

案例引入：中国西部国际博览城项目位于天府新区秦皇寺中央商务区，占地面积约 60 万平方米，总建筑面积约 57 万平方米。地上展厅建筑面积约 20 万平方米，除展厅外设有配套餐饮、会议、办公及相关设备用房；地下室建筑面积约 18 万平方米，主要为地下车库及部分展厅配套餐饮和设备用房。中国西部国际博览城是中国中西部最大的展览中心，并作为中国西部国际博览会永久会址及大型国际、国内会展举办场地。项目建设过程中，建筑设计师、结构工程师、机电工程师等通过 BIM 平台共享模型信息，实时交流设计思路和意见。这种协同设计的方式不仅避免了传统设计中的信息孤岛问题，还大大地提高了设计效率和质量。同时，BIM 技术的应用也促进了团队成员之间的沟通。通过 BIM 模型的可视化展示，团队成员能够更直观地理解设计意图和工程细节，减少了沟通障碍。在项目实施过程中，团队成员通过 BIM 平台及时反馈问题和建议，形成了良好的互动和合作氛围。

问题思考：当你在 BIM 平台上提出自己的设计建议时，如何确保你的观点能够被其他团队成员理解和接受？请分享你的沟通技巧。

理论展学

7.1 BIM 建模标准

在 BIM 技术应用过程中，涉及各种软件之间的配合及协同设计工作、信息集成与共享等，因此需要制定相应的标准来规范操作。经济全球化和"一带一路"的发展建设，以及跨国、跨专业的参与各方进行信息对接与共享需要一套完整的 BIM 标准体系提供支撑和指导。

当前已发布的 BIM 标准主要有两类：一是经国际 ISO 组织认证的普适性的国际标准；二是各国根据本国 BIM 具体实施制定的国家标准。

7.1.1 BIM 国际标准

1. IFC

IFC(工业基础类)是一个计算机可以处理的建筑数据表示和交换标准，可以理解为任何 BIM 软件都可打开的一种文件格式。作为一个开放性的信息交换标准，其不仅用于在不同的系统间共享和交换数据信息，也包含了建筑产品所涉及的各个方面的信息，并能以模型的方式进行展现，其目的是支持用于建筑的设计、施工和运行等各阶段中各种特定软件的协同工作，解决了异质系统间的信息沟通障碍问题。

它可以使用几何、数量、设施管理、费用和其他数据，还可以存储不同专业的数据，例如建筑、电力、暖通空调和结构等。因其强大的适应性，IFC 标准成为连接各种不同软件之间的桥梁，能满足贯穿项目全寿命周期、全球可用、横跨所有专业，以及在不同应用软件之间可用的要求。

2. IDM

IDM(信息交付手册)标准表示数据交换的需求,是为了补充 IFC 无法关注到的阶段性信息数据,将 IFC 所传递的信息模型进行分解,进而保证参与方能明确无误的理解和使用 IFC 所传递的信息内容,同时保证 IFC 模型在不同的建筑阶段保持一致的关联性。其实现的功能是能够将各个项目阶段的信息需求进行明确定义并将工作流程标准化,降低工程项目过程中信息传递的失真率,同时提高信息传递与共享的质量,保证 BIM 应用过程中数据传递和信息共享的完整性、协调性。

IDM 提供了一种简单明了的表达方式为使用者进行指引,通过对各个不同阶段需求及目标进行定义,可以方便地获取该阶段的关键信息,方便使用者正确地完成自己的工作目标,极大地提高了信息获取质量,对共享建筑数据及提高决策效率起到了很大的帮助。

3. IFD

IFD(国际框架字典)用于解决 IFC 信息交换与需求中的一致性问题,即确定在 IDM 中进行交换的信息和所需要的信息是否一致。由于 IFC 对大量的建筑元素进行了描述,各建筑元素都包含了其相关的材质、类型、几何尺寸、空间位置等信息。而为了避免来自各个国家、各个专业文化背景不同的参与方在对建筑元素的定义上出现理解偏差,对每一个元素赋予了全球唯一标识码(GUID),形成了一个关于此元素的所有属性的集合,通过将每个 GUID 与全球不同国家语言中的相对应的名称关联,不同国家、地区、语言的名称和描述与唯一的 GUID 进行对应。

IFD 标准类似一个字典,能够在信息交换过程中提供无偏差的信息定义,以此来为用户提供准确一致的信息,从而解决信息交换中所需求数据的准确性问题。

7.1.2　我国 BIM 标准简介

我国 BIM 标准分为国家标准、行业标准和地方标准,按内容分类如表 7-1 所示。

表 7-1　BIM 标准按内容分类

标准类型	研究内容
BIM 建模标准	①适合项目的 BIM 建模流程; ②适合项目的 BIM 模型规则和出图规则
BIM 交付标准	①BIM 交付内容的广度与深度,BIM 建模交付的设施设备清单及其属性信息; ②确定需要交付的具体内容和形式
BIM 应用标准	①项目建筑信息模型数据等级定义; ②项目规划、设计、施工阶段 BIM 应用内容,编制 BIM 应用点数据需求列表,规范各应用点实施流程及各参与方职责,明确各 BIM 应用点最终交付成果
BIM 分类与编码标准	①调研分析各单位现有设施设备分类与编码; ②研究确定设施设备分类原则和方法; ③确定编码规则,按类别编制代码表
BIM 存储标准	①定义 BIM 信息存储与交换的方法、数据格式、存储技术; ②为 BIM 数据的创建与存储提供指导方法和实施规则

1. 已发布实施的国家标准

已发布实施的国家标准主要如下。

《建筑信息模型应用统一标准》(GB/T 51212—2016)，自 2017 年 7 月 1 日起实施。该标准对建筑信息模型在工程项目全寿命期的各个阶段建立、共享和应用进行统一规定，包括模型的数据要求、模型的交换及共享要求、模型的应用要求、项目或企业具体实施的其他要求等，其他标准应遵循统一标准的要求和原则。它对 BIM 模型在整个项目生命周期里，怎么建立、怎么共享、怎么使用等做出了统一的规定，其他所有的标准都要以该标准为基本原则。

《建筑信息模型施工应用标准》(GB/T 51235—2017)，自 2018 年 1 月 1 日起实施。该标准规定了如何在施工过程中应用 BIM 技术，以及如何将施工模型信息交付给他人，包括深入设计、施工模拟、预处理、进度管理、成本管理等。

《建筑信息模型分类和编码标准》(GB/T 51269—2017)，自 2018 年 5 月 1 日起实施。该标准与 IFD 相关联，规定了各类信息的分类和编码方法，包括施工资源、施工过程和施工结果的分类和编码。该标准的出台及应用对于信息的整理、关系的建立、信息的使用都起到了关键性作用。

《建筑信息模型设计交付标准》(GB/T 51301—2018)，自 2019 年 6 月 1 日起实施。该标准含有 IDM 的部分概念，也包括设计应用方法，对建筑信息模型的设计交付标准进行了规定，用于建筑工程设计中建筑信息模型的建立和设计信息的交付过程，以及参与者之间和参与者内部的信息传递。规定了交付准备、交付物、交付协同三方面内容，包括建筑信息模型的基本架构，模型精细度，几何表达精度，信息深度、交付物、表达方法、协同要求等。另外，该标准指明了 BIM 的本质，就是建筑物自身的数字化描述，从而在 BIM 数据流转方面发挥了标准引领作用。

《工程设计信息模型在制造业的应用标准》(GB/T51362-2019)，自 2019 年 10 月 1 日起实施。该标准提出了工程设计信息模型在制造业应用的技术要求，指导如何统筹管理工程规划、设计、施工和运维的信息，包括型号分类、工程设计特征信息、型号设计深度、型号产品交付和数据安全。

《建筑信息模型存储标准》(GB/T 51447—2021)是住房和城乡建设部于 2021 年 9 月 8 日发布的国家标准，自 2022 年 2 月 1 日起实施，该标准旨在规范建筑信息模型数据在建筑全生命期各阶段的存储，保证建筑信息模型应用效率。

2. 行业标准

行业标准示例如下。

《建筑工程设计信息模型制图标准》(JGJ/T 448—2018)，自 2019 年 6 月 1 日起实施。该标准规范建筑工程设计的信息模型表示，提供可操作性强、兼容性强的统一标准。统一建筑信息模型的表达，用于指导不同专业之间各阶段数据的建立、传递和解释，提高信息传递效率，协调工程各参与方识别设计信息的方式，适应工程建设的需求。

3. 地方标准

地方标准如下。

江苏省南京市 BIM 施工图审查作为全国试点，2023 年结合 BIM 施工图审查对数据安全、设计成果交付、施工成果交付、审查管理范围等要求，制定了符合南京市 BIM 施工图审查管理实际要求的地方标准，指导审查机构、设计咨询机构、施工单位、施工质量监督部门以及研发机构等相关单位工作。

《建筑工程施工图信息模型智能审查系统数据规范》(DB3201/T 1142—2023)明确了施工图信息模型智能审查阶段数据组成，自主研发了"宁建模"数据格式，对建筑信息数据、单位统一要求。

《建筑工程施工图信息模型设计交付规范》(DB3201/T 1145—2023)规定了信息模型要以统一的标准来交付。在智能化审查模式下，施工图信息模型的设计流程及设计要求，保障施工图信息模型进入系统审查前的数据完整性，能避免因模型构件不完整或模型信息属性不规范导致审查中出现误报，保障审查的有效性。

《建筑工程施工图信息模型智能审查规范》(DB3201/T 1143—2023)明确了计算机智能化审查的方式及内容，有利于帮助审查人员区分人工审查与机器审查的界面。随着技术的发展，进一步完善扩大计算机审查的覆盖面，减少审查人员工作量，帮助发现和解决更多设计问题，提高审查效率。

《建筑工程竣工信息模型交付规范》(DB3201/T 1144—2023)在竣工验收环节提出了更细致的要求。明确了竣工信息模型的深化与交付内容，保障设计、施工基于同一个模型进行专项应用，　政府监管角度完成施工许可、施工监督、竣工验收备案的全过程闭环管控，为智慧城市提供可靠数据基础。

7.2　BIM 建模规则

为实现 BIM 技术和模型在项目全生命周期的价值作用，便于各参与方在项目各阶段调用 BIM 模型进行协调应用，减少沟通成本、提高工作效率和成果应用价值，在 BIM 工作启动时需建立基于项目的 BIM 建模规则(也称 BIM 项目建模标准或 BIM 项目建模规范)。在规则中应明确项目 BIM 应用目的、模型精度、软件类型与版本、模型及构件命名规则、工作集拆分原则、颜色设置规则、模型输入输出格式等内容，形成统一标准和必须遵守的规范，用于指导各参与方和施工方在具体的 BIM 应用点中正确地开展工作。

7.2.1　模型精度

模型精度也称建模精度，美国的建筑师协会(AIA)提出用于表示模型的细致程度，英文称为 Level of Details(LOD)，描述了一个 BIM 模型构件单元从最低级的近似概念化的程度发展到最高级的演示级精度的步骤，从概念设计到竣工设计，LOD 被定义为 5 个等级，分别为 LOD100 到 LOD500，如表 7-2 所示。

表7-2　模型精度等级(AIA)

等级	研究内容	应用阶段	示例[①]
LOD100	展示建筑整体类型，表现为建筑的体量、形状、大小、位置、高度、朝向等	概念设计	
LOD200	展示主要几何特征，如关键尺寸和大致位置、材质及数量等；能满足系统分析和基本性能的要求	方案设计	
LOD300	展示详细几何特征，如精确尺寸和准确形状、位置、材质、数量等；模型已经能够很好地用于成本估算以及施工协调(包括碰撞检查、施工进度计划以及可视化)	施工图设计	
LOD400	展示真实形状、尺寸、位置、材质，包含真实属性、参数和说明等信息；此阶段的模型可以用于指导承包商和制造商构件加工和安装	加工、制造和安装	
LOD500	此阶段模型包含模型的竣工后构建参数和属性，可作为中心数据库整合到建筑运维平台中，能在三维模型中展示、模拟，同步信息更新开展实时运维	竣工、运维阶段	

在以上模型精度基础上，我国在 2018 年颁布的国标《建筑信息模型设计交付标准》(GB/T 51301—2018)中将模型精细度分为 4 个等级：1.0 级模型精细度～4.0 级模型精细度(见表 7-3)，并指出根据工程项目的应用需求，可在基本等级之间扩充模型精细度等级。此外，还在同年颁布实施的《建筑工程设计信息模型制图标准》(JGJ/T 448—2018)中详细规定了场地、建筑、结构、给排水系统、暖通空调系统、电气系统、智能化系统、动力系统等所包含的各类模型单元 G1 到 G4 共计 4 个等级的详细几何表达精度要求。

表7-3　模型精细度基本等级划分

等级	代号	包含最小模型单元	模型单元用途
1.0 级模型精细度	LOD1.0	项目级模型单元	承载项目、子项目或局部建筑信息
1.0 级模型精细度	LOD2.0	功能级模型单元	承载完整功能的模块或空间信息
1.0 级模型精细度	LOD3.0	构件级模型单元	承载单一的构配件或产品信息
1.0 级模型精细度	LOD4.0	零件级模型单元	承载从属于构配件或产品的组成零件或安装零件信息

7.2.2　命名规则

BIM 命名规则和设计师的设计行为、项目数据管理、协同工作开展、BIM 成果交付等密切相关，项目模型按策划阶段制定的标准、规范化命名规则命名能避免数据冗杂、传递

---

① 四川时代信建工程管理有限公司的项目案例。

错误，最大限度提高信息准确性和工作效率。以《建筑信息模型设计交付标准》(GB/T 51301
—2018)为原则性指导，根据项目实际灵活编制。按照国标要求，建筑信息模型及其交付物
的命名应简明且易于辨识。

BIM 命名规则主要包括以下几个方面。

文件命名：规定了 BIM 项目的文件夹结构、文件名称、文件格式等要求，以便于文件
的组织、管理和交付。

属性命名：规定了 BIM 项目的各专业模型的属性类型、属性名称、属性值等要求，以
便于属性的定义、赋值和应用。

图层命名：规定了 BIM 项目的各专业模型的图层类型、图层名称、图层颜色等要求，
以便于图层的设置、控制和显示。

1. BIM 项目文件夹体系

BIM 项目文件夹目录要以 BIM 文件最终交付为思路来确定，在国标建筑信息模型设计
交付标准中将交付的 BIM 文件分为建筑信息模型、属性信息表、工程图纸、项目需求书、
建筑信息模型执行计划、建筑指标表、模型工程量清单等内容，具体项目工作中可在此基
础上添加。据此可参考的"××项目"文件夹体系有：①项目资料；②图纸文件；③模型
文件；④模型应用文件；⑤分析报告文件；⑥工程量文件；⑦收发文文件等。

2. 模型文件命名

模型文件命名需考虑文件名长度和管理需要，应包含项目名称、空间位置、专业类别
等，表现为：项目简称+专业+模型+楼栋号(分区号)+版本，按国标符号要求具体表现，如
SYLY-土建模型-1 号楼-V1。其中模型专业用途常用专业代码表示，常用专业代码如表 7-4
所示。

表 7-4　常用专业代码(部分示例)

专业(中文)	专业代码(中文)	专业(英文)	专业代码(英文)
建筑	建	Architecture	A
结构	结	Structural	S
给排水	水	Plumbing	P
暖通	暖	Mechanical	M
电气	电	Electrical	E
通讯(智能化)	讯	Telecommunications	T
总图	总	General	G
景观	景	Landscape	L
消防	消	Fire Protection	F
室内装饰	室内	Interior Design	I

3. 模型构件命名

为方便构件类型、用量等信息统计和后期模型应用及运维管理，需根据工作和项目需
要编制构件命名方案，由设计单位审核、提交参建单位会议审定。如，建筑柱：矩形柱

−400×400。

4. 楼层视图命名

BIM 模型中包含必要的视图(获视口)，包括但不限于立面图、平面图、剖面图等。楼层平面图需采用统一格式，例如，B1 表示地下一层、F3 表示地上三层。

5. 工程图纸命名

交付工程图纸文件名称应由专业代码和设计阶段、项目或子项目名称、图纸编号、图名等字段组成。如，建施-1 号楼-00-一层平面图。

7.2.3 工作集拆分原则

在 BIM 设计和模型创建及使用过程中，为便于发挥专业优势，基于协同共享，工作团队会拆分项目模型，开展各专业模型创建工作，由此诞生了工作集概念。此处将工作集理解为项目模型，模型的拆分可以帮助各参与方更好地理解和管理项目，保证模型的流程运行，使模型的应用匹配现场需求。针对不同应用需要，需预先设定拆分原则，以便更好地应用 BIM 技术，提高工作效率和质量，最终实现项目的成功。应遵循基本的拆分原则：①保障计算机等硬件设备运行流畅性；②降低对图纸输出和模型应用的影响；③不破坏建筑结构机电模型的结构逻辑；④单个模型不大于 200M。常见拆分原则如表 7-5 所示。

表 7-5 工作集拆分方法

拆分类型	拆分方法	方法优势	注意事项
按构件类型拆分	BIM 模型根据构件的类型进行拆分，例如墙体、楼板、梁柱等	按构件类型拆分能更好地理解建筑的结构和构造，并进行相关的分析和优化	拆分时需根据实际项目的需求和复杂程度来确定拆分的粒度，以便更好地进行后续的工作
按空间功能拆分	BIM 模型按照建筑的空间功能进行拆分。例如，将建筑按照功能分为办公区、会议区、休息区等	按空间功能拆分能更好地理解建筑的功能布局和空间利用，并进行相关的分析和优化	拆分时需参考建筑的功能需求和使用规划，以便更好地满足用户的需求
按工程阶段拆分	BIM 模型在不同的工程阶段具有不同的应用需求，可以根据工程阶段的不同进行模型的拆分。例如，将模型按照设计阶段、施工阶段和运营阶段进行拆分	按工程阶段拆分可以更好地管理和协调不同阶段的工作，并提高工作效率和质量	拆分时需根据实际项目的工程流程和阶段要求来确定拆分的方式和内容
按专业拆分	BIM 模型按照不同的专业进行拆分，以便各个专业在设计和施工过程中进行独立的工作。例如分为建筑、结构、给排水、电气等专业建模	按专业拆分可以更好地协调和管理不同专业之间的工作，并提高项目的协同效率	拆分时需根据实际项目的专业需求和协作方式来确定拆分的方式和内容

续表

拆分类型	拆分方法	方法优势	注意事项
按模型元素拆分	BIM模型中的元素可以是建筑构件、家具设备、材料等。按模型元素将模型按照不同的构件部位及材料类型进行拆分,以便更好地进行材料计量和构件管理	按模型元素拆分可以更好地掌握项目的材料和构件信息,并进行相关的分析和优化	拆分时需根据实际项目的用料需求和构件部位来确定拆分的方式和内容
按时间拆分	BIM模型可按照时间进行拆分,以便更好地进行工期管理和进度控制。例如,可以将模型按照不同的时间阶段进行拆分,以便更好地进行施工过程的模拟和优化	按时间拆分可以更好地掌握项目的工期和进度信息,并进行相关的分析和管理	拆分时需根据实际项目的施工进度组织来确定拆分的方式和内容

上述拆分原则和方法仅为建议,具体项目工作集拆分原则需综合考虑项目复杂程度和规模大小、人员配备以及软硬件等实际情况和需求进行划分。

7.2.4 设色原则

BIM模型的可视化呈现除了按照软件默认规则及构件属性材质编辑外,还可自定义模型颜色规则,从而实现专业、系统、空间表达的一致性,突显信息化模型的可视仿真、模拟应用和协调共享。设置颜色规则可从构件及图元属性编辑中的材质进行设置,还可从"建筑"选项卡"房间与面积"中的"颜色方案"对空间区域设置不同显色规则。针对机电系统,可通过"属性卡"中图形替换和材质添加、图例添加颜色创建样板、"可见性设置"过滤器添加等方式设置颜色类型。根据《建筑工程设计信息模型制图标准》(JGJ/T 448—2018)机电模型颜色设置原则见二维码。

颜色设置(部分示例)

7.3 BIM协同

BIM技术的特点包含协调性和优化性。其中协调是建筑业中的重点内容和难点内容,各建设参与方在项目全生命周期中都在做着协调及相配合的工作,BIM技术的出现和应用可以实现从设计、施工到运营的全过程模拟、优化,使得项目目标高效实现。在应用过程中BIM协同管理一直都是企业与团队最为关注的应用点。项目团队组建、BIM模型作业与应用、数据分析及共享等都是协同关键点在现在互联网、大数据、人工智能等信息技术与

建筑业深度融合背景下 BIM 项目协同管理平台开发及应用都在不断改变传统设计建造和项目管理方式，升级建筑智能化应用水平，以智慧建造，助绿色发展。

7.3.1 项目团队组建

BIM 技术的应用需有效整合各专业人才的技术和经验，项目团队相互协调、协同工作，将他们的优势充分发挥从而促使项目目标高效高质实现。项目团队的组建须结构合理、权责清晰，才能确保沟通顺畅、执行到位。团队搭建可从公司层、项目层、协作层三个层级进行设计，团队成员和职责分工如表 7-6 所示。

表 7-6　BIM 项目团队成员构成及职责分工表

层级	职务	职责分工
公司层	总工程师	结合企业发展目标制定 BIM 发展规划，对 BIM 工作进行考核。组织各专业工程师对 BIM 成果进行会审
	BIM 中心负责人	负责企业的 BIM 项目决策，制定企业 BIM 工作计划和实施方案，确定 BIM 应用的目标、范围、内容和标准。 建立并管理项目 BIM 团队，确定各角色人员的职责和权限，组织和协调 BIM 团队的工作任务和进度，定期进行考核、评价和奖惩。 负责设计和维护 BIM 项目的软硬件环境。 负责制定和执行 BIM 项目的标准和规范。 负责组织和协调企业 BIM 资源。 负责与其他相关合作方进行数据交换和信息共享。 负责对 BIM 项目的效果和价值进行评估和分析
	专业工程师	负责对项目的 BIM 模型相关专业建模进行审查。
项目层	项目 BIM 经理	参与企业或业主的 BIM 项目决策，制定 BIM 工作计划和实施方案，确定 BIM 应用的目标、范围、内容和标准。 建立并管理项目 BIM 团队，确定各角色人员的职责和权限，组织和协调 BIM 团队的工作任务和进度，定期进行考核、评价和奖惩。 负责设计和维护 BIM 项目的软硬件环境，包括 BIM 软件的安装、配置、更新和维护，BIM 数据的存储、备份、恢复和安全，BIM 协同平台的建立和管理等。 负责制定和执行 BIM 项目的标准和规范，包括模型建立、模型交换、模型审核、模型协调、模型应用等方面的规范，确保 BIM 项目的质量和效率。 负责组织和协调各专业的 BIM 模型的创建、分析、优化和应用，包括建筑、结构、机电等专业的模型建模、模型检查、模型整合、模型分析等工作。 负责与业主及其他相关合作方进行数据交换和信息共享，包括模型数据、图纸数据、文档数据等，按照合同或协议要求完成 BIM 项目的交付成果。 负责对 BIM 项目的效果和价值进行评估和分析，包括对比传统方法和 BIM 方法在时间、成本、质量等方面的差异，以及对于企业竞争力和发展潜力的影响

续表

层级	职务	职责分工
项目层	土建工程师	负责土建专业建模、与其他专业协调、模型自查
	结构工程师	负责结构专业建模、与其他专业协调、模型自查
	电气工程师	负责电气专业建模、与其他专业协调、模型自查
	暖通工程师	负责暖通专业建模、与其他专业协调、模型自查
	给排水工程师	负责给排水专业建模、与其他专业协调、模型自查
	装饰装修工程师	负责装饰装修专业建模、与其他专业协调、模型自查
协作层	专业分包工程师	负责与项目 BIM 团队沟通，负责分包范围内的 BIM 模型建模，与其它专业协调、模型自查
	材料设备供应商	负责与项目 BIM 团队沟通，进行所供材料或设备的加工、生产和建模
	设计师	根据 BIM 协调情况进行设计的变更和调整

7.3.2 协同设计

协同设计是指利用 BIM 技术和网络平台，实现建筑工程项目各参与方在不同时间、不同地点的协作、沟通、管理和交付的过程。BIM 协同设计的目的是提高项目的效率和质量，降低项目的风险和成本，增强项目的可持续性和创新性。对于建模软件 Revit 平台，此处的协同设计主要是指 BIM 项目团队在建模策划和建模设计阶段选择合适的模型搭建方式。目前应用最广方的搭建方式分为两类：模型链接和工作集。

(1) 模型链接，适用于不同专业间、不同模型间的协同，工作人员可将其他专业模型成果作为外部参照链入本专业模型中，作为参照和碰撞检测依据，如图 7-1 所示。链入的模型在解绑后也可编辑，但通常不做跨专业修改，可将相关问题反馈至对应专业工作人员处做对应调整，因此该协同方法可将专业间的干扰降到最低，所以适合跨专业、跨模型使用。

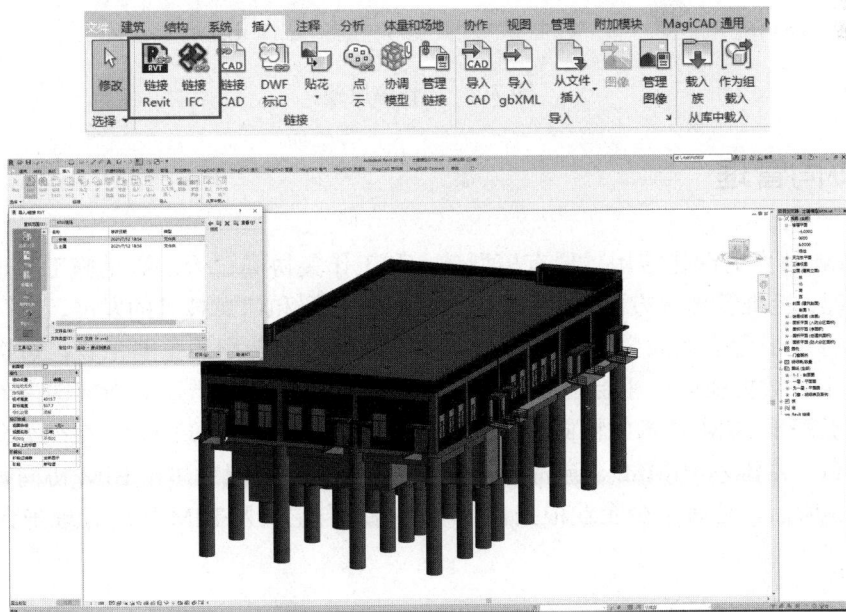

图 7-1 模型链接

(2) 工作集，适用于同一模型内部协同，通过中心服务器创建"工作集"中心文件，多个用户可以通过一个"中心模型"和多个"本地文件"副本同时搭建一个模型文件。采取工作集方式协同可以实现不同工作人员在本地中心文件和副本文件中操作属于自己权限的构件部分，与中心模型同步更新，如图 7-2 所示。这种方式对硬件配置和网络带宽有一定要求，运用时需注意以下几点：①中心模型保存在一个可共享的位置，如网络共享文件夹或云存储服务；②中心模型设置访问权限，确保只有授权用户才可以进行修改；③每个用户在开始工作之前，应先创建本地副本，在完成工作后再将修改上传到中心模型中；④中心模型定期备份，以防止数据丢失或损坏。

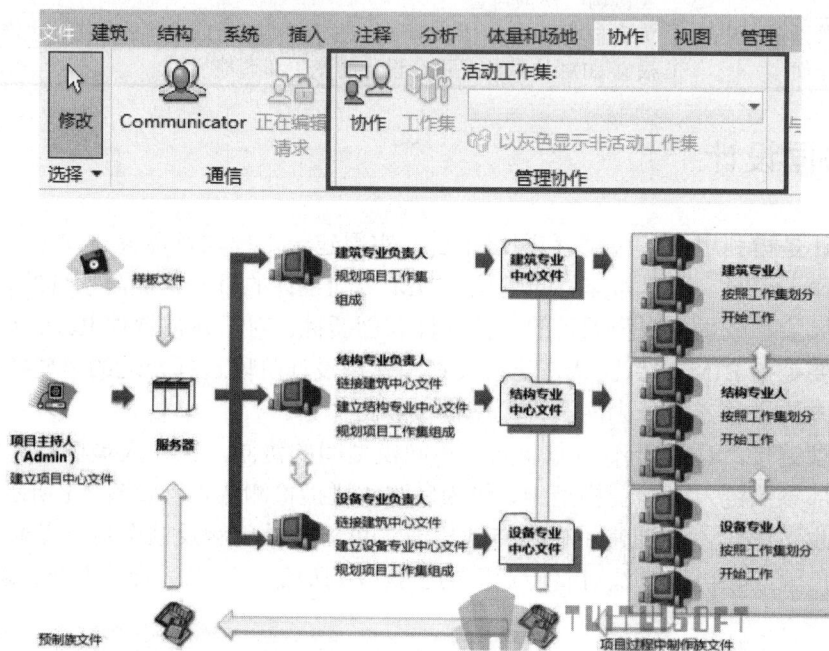

图 7-2　工作集原理

7.3.3　协同管理

随着 BIM 技术的深化应用，原有模型链入和工作集协同已无法满足施工管理、合同管理、成本管理、运维管理等方面的需求，物联网、大数据和信息技术的发展，使得基于 BIM 技术的协同管理平台应运而生。协同平台是建筑业数字化转型的重要工具，可以帮助项目各参与方基于云数据在同一平台上协同工作，提高效率和减少错误。当前国内外多家公司已开发出各类基于 BIM 技术的协同平台，如广联达 BIM5D、鲁班 BIM 系统平台、品茗智慧工地云平台、斯维尔 BIM5D、奔特力(Bentley) PW 平台、智慧建设 BIM 协同管理云平台等，所图 7-3 所示，还有不少企业根据自身项目需求自主研发 BIM 协同管理平台。

图 7-3 协同管理平台案例[①]

协同管理平台应用价值体现在：①招投标阶段通过 BIM 模型统计工程量提供参考依据，加强后期的资金成本把控；②施工阶段可利用平台将施工方案、施工进度计划和 BIM 模型匹配，实现可视化动态模拟，对施工过程进度进行追踪，实现计划进度及实际进度的对比，分析进度偏差并及时调整资源调配，及时优化施工方案和施工进度，加强施工落地环节的计划性和执行性；③协调管理平台可增加实现预制构件追踪、快速提取物资量、质量安全监控跟踪、工艺、功法指导标准化作业以及竣工交付等功能。协同管理平台采用两端一云的模式(包括 Web 端、手机端、云协同及云存储)，利用 BIM 模型的数据集成能力，集成工程项目全过程信息，发挥 BIM 信息化、云技术的优势，通过可视化、模拟化、过程化、精细化、数字化管理实现减少设计变更、缩短工期、预防安全事故、控制成本、提升工程质量的工程项目高效管理目标。

7.4 BIM 模型应用体现

BIM 模型是 BIM 技术的开始和核心，本书核心内容为利用 Revit 软件创建三维信息模型，理解模型在工程项目各阶段工作中的实际应用、价值体现和成果形式能够帮助项目负责人、管理人员和 BIM 工作人员更好地组织、开展、完成 BIM 项目，因此将 BIM 模型在项目各阶段应用的内容和成果形式总结如下。

(1) 前期规划阶段：利用 BIM 技术进行项目可行性分析、选址分析、规划设计、方案评估等工作，提高项目投资回报率和社会效益。具体工作内容如下。

- 利用 BIM 技术进行项目可行性分析，通过建立三维模型，对项目建设条件、市场需求、经济效益、社会效益等进行综合评估，为项目决策提供依据。
- 利用 BIM 技术进行项目选址分析，通过建立项目的三维模型，对项目地理位置、

---

① 品茗科技股份有限公司的萧山大厦项目智慧工地云平台案例。

交通状况、周边环境、城市规划等进行分析,为项目的选址提供参考。

- 利用 BIM 技术进行项目规划设计,通过建立项目的三维模型,对项目总体布局、功能分区、空间形态、景观风貌等进行设计,为项目建设提供方案。
- 利用 BIM 技术进行项目方案评估,通过建立项目的三维模型,对不同设计方案进行对比分析,从美学、功能、经济、环保等多个角度进行评价,为项目优化提供依据。

(2) 设计阶段:利用 BIM 技术进行项目的概念设计、方案设计、初步设计、施工图设计等工作,提高项目的设计质量和效率,减少设计变更和错误。具体的工作内容如下。

- 利用 BIM 技术进行项目概念设计,通过建立项目的三维模型,对项目主题思想、创意构思、形式表达等进行设计,为项目方案提供灵感。
- 利用 BIM 技术进行项目方案设计,通过建立项目的三维模型,对项目平面布局、立面造型、结构系统等进行设计,为项目初步设计提供方案。
- 利用 BIM 技术进行项目初步设计,通过建立项目的三维模型,对项目结构计算、设备选型、材料预算等进行设计,为项目施工图设计提供依据。
- 利用 BIM 技术进行项目施工图设计,通过建立项目的三维模型,对项目详细尺寸、构造细节、施工要求等进行设计,为项目施工提供指导。

(3) 施工阶段:利用 BIM 技术进行项目施工组织、施工模拟、施工协调、施工监控等工作,提高项目的施工安全和进度,降低项目施工成本和资源消耗。具体的工作内容如下。

- 利用 BIM 技术进行项目施工组织,通过建立项目 4D 模型(增加时间维度),对施工过程中各个环节和资源(人力、物力、财力)进行合理安排和调配,为施工过程提供计划。
- 利用 BIM 技术进行项目施工模拟,通过建立项目 4D 模型,对施工过程中可能出现的问题和风险进行预测和预防,为施工过程提供预警。
- 利用 BIM 技术进行项目施工协调,通过建立项目 5D 模型(增加成本维度),对施工过程中各专业之间(建筑、结构、机电)或各参与方之间(业主、设计师、施工方)的信息进行交换和共享,为施工过程提供协作。
- 利用 BIM 技术进行项目施工监控,通过建立项目 6D 模型(增加质量维度),对施工过程中的进度、成本、质量等进行实时监测和控制,为施工过程提供管理。

(4) 运维阶段:利用 BIM 技术进行项目运营管理、设备管理、维修管理、能耗管理等工作,提高项目运维效率和质量,延长项目使用寿命。具体工作内容如下。

- 利用 BIM 技术进行项目运营管理,通过建立项目 7D 模型(增加运营维度),对项目使用功能、使用效果、使用满意度等进行评估和优化,为项目运营提供支持。
- 利用 BIM 技术进行项目设备管理,通过建立项目 7D 模型,对项目中各种设备状态、参数、性能等进行监测和分析,为项目设备提供保障。
- 利用 BIM 技术进行项目维修管理,通过建立项目 7D 模型,对项目中可能出现的故障和损坏进行预测和预防,为项目维修提供指导。
- 利用 BIM 技术进行项目能耗管理,通过建立项目 7D 模型,对项目中各种能源消耗和节约进行监测和分析,为项目节能提供方案。

BIM 技术工作和模型应用体现如图 7-4 所示。

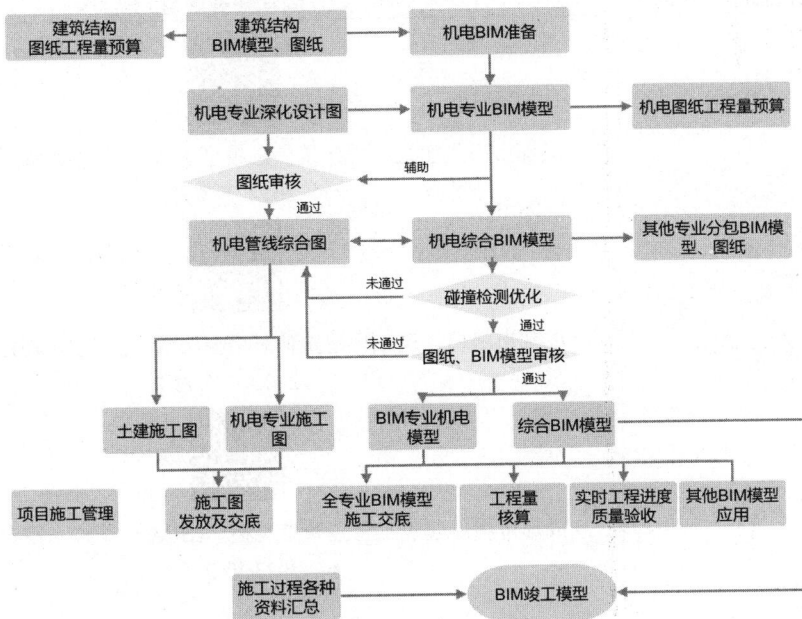

图 7-4　BIM 工作流程及成果形式

任务研学

请根据前面所学内容，结合任务信息完成拓展学习任务。

任务名称		固学任务练习
拓展任务	国家标准学习	GBT 51212—2016 建筑信息模型应用统一标准 GBT 51301—2018 建筑信息模型设计交付标准 GBT 51447—2021 建筑信息模型存储标准 JGJ/T 448—2018 建筑工程设计信息模型制图标准

续表

任务名称		固学任务练习
拓展 任务	地方标准学习	 成都市房屋建筑工程建筑信息模型(BIM)设计技术规定(试用版) 2022 年 3 月 成都市房屋建筑工程建筑信息模型(BIM)施工技术规定(试用版) 2023 年 2 月 成都市房屋建筑工程建筑信息模型(BIM)运维技术规定(试用版) 2023 年 2 月 1. 学习成都市房屋建筑工程建筑信息模型(BIM)相关技术规定； 2. 查询你所在地区 BIM 相关标准并进行学习

附   录

Revit 常用快捷命令表如表 A-1 所示。

表 A-1   Revit 常用快捷命令表

建模与绘图工具		编辑修改工具		系统设置及视图控制工具	
功能	快捷命令	功能	快捷命令	功能	快捷命令
轴线	GR	删除	DE	可见性设置	VV
标高	LL	移动	MV	属性	PP
辅助线/参照平面	RP	复制	CO/CC	项目单位	UN
墙	WA	阵列	AR	区域放大	ZR
门	DR	旋转	RO	匹配缩放	ZF
窗	WN	定义旋转中心	R3	线框显示模式	WF
柱：结构柱	CL	镜像-拾取轴	MM	隐藏线显示模式	HL
楼板	SB	镜像-绘制轴	DM	带边框着色显示模式	SD
放置构件	CM	对齐	AL	细线显示模式	TL
尺寸标注	DI	拆分图元	SL	临时隐藏图元	HH
渲染	RR	修建/延伸	TR	隐藏临时隐藏	HR
房间	RM	偏移	OF	视图中隐藏图元	EH
房间标记	RT	选择全部实例	SA	渲染	RR
类别标记	TG	重复上一个命令	RC/回车		
高程点标注	EL	匹配对象类型	MA		
文字	TX	拆分区域	SF		
模型线	LI	填色	PT		
详图线	DL	线处理	LW		

参 考 文 献

[1] 潘孝全. BIM 技术的起源与定义[R/OL], 2017-07-04. https://zhuanlan.zhihu.com/p/27693932.

[2] 蔡兰峰. BIM 技术应用基础[M]. 武汉:武汉大学出版社,2018.

[3] 拉斐尔·萨克斯,查尔斯·伊斯曼,等. BIM 手册[M]. 张志宏,郭红领,刘辰,译. 北京:中国建筑工业出版社,2023.

[4] 张凤春. BIM 工程项目管理[M]. 北京:化学工业出版社,2019.

[5] 张泳. BIM 技术原理及应用[M]. 北京:北京大学出版社,2020.